高等职业教育水利类BIM应用型教材

水利工程

BIM

建模与应用

（基于 Autodesk Revit 2022）

主编 卢德友

中国水利水电出版社
www.waterpub.com.cn
·北京·

内 容 提 要

　　本教材包括 BIM 技术概述、创建基准和工作平面、内建模型创建水利工程模型、创建模型族和水利工程常见模型族、创建几种常见水利工程模型、为构件模型配置钢筋、创建水利工程图和图纸打印、创建场地模型和在场地上放置水利工程模型、水利工程模型的渲染与动画 9 个项目 23 个任务，着重培养学生应用 BIM 技术（Autodesk Revit 2022 软件）创建水利工程模型并进行模型应用的能力，是 BIM 技术应用的核心内容。本教材使用项目教学法与案例教学法相结合，采用项目引领、任务驱动、活动支持、实战演练的编排形式，讲解理论知识的同时注重技能训练，实现教学练一体化的教学目标。

　　本教材可以作为高职高专水利工程、水利水电建筑工程、智慧水利技术、水利工程造价、水利工程监理等专业的核心课教材使用，同时也可以作为建筑、施工、设计、监理、咨询等单位水利 BIM 人才的培训教材。

图书在版编目（C I P）数据

水利工程BIM建模与应用：基于Autodesk Revit
2022 / 卢德友主编. -- 北京：中国水利水电出版社，
2023.2(2025.1重印).
高等职业教育水利类BIM应用型教材
ISBN 978-7-5226-1175-4

Ⅰ．①水… Ⅱ．①卢… Ⅲ．①水利工程－计算机辅助
设计－应用软件－高等职业教育－教材 Ⅳ.
①TV222.1-39

中国版本图书馆CIP数据核字(2022)第249390号

书　　名	高等职业教育水利类 BIM 应用型教材 **水利工程 BIM 建模与应用（基于 Autodesk Revit 2022）** SHUILI GONGCHENG BIM JIANMO YU YINGYONG （JIYU Autodesk Revit 2022）
作　　者	主编　卢德友
出版发行	中国水利水电出版社 （北京市海淀区玉渊潭南路 1 号 D 座　100038） 网址：www.waterpub.com.cn E-mail：sales@mwr.gov.cn 电话：（010）68545888（营销中心）
经　　售	北京科水图书销售有限公司 电话：（010）68545874、63202643 全国各地新华书店和相关出版物销售网点
排　　版	中国水利水电出版社微机排版中心
印　　刷	北京印匠彩色印刷有限公司
规　　格	184mm×260mm　16 开本　19.75 印张　481 千字
版　　次	2023 年 2 月第 1 版　2025 年 1 月第 4 次印刷
印　　数	11001—16000 册
定　　价	**64.50 元**

凡购买我社图书，如有缺页、倒页、脱页的，本社营销中心负责调换
版权所有·侵权必究

2011 年住房和城乡建设部发布的《2011—2015 年建筑业信息化发展纲要》开启了国内 "BIM 元年"。2016—2017 年国务院先后出台意见，要求积极应用、大力推广建筑信息模型技术（BIM 技术），BIM 技术在全国范围内得到了广泛推广。目前应用最多的是房屋建筑，但是随着其应用范围不断扩大，深度不断拓展，越来越多的基础设施类工程（如电力、铁路、交通等）也开始逐渐应用。

在水利水电行业，BIM 技术发展相对滞后，仅在部分项目、部分专业有所应用，尚未形成整体性和系统性。相较于建筑行业，水利水电勘测设计方面 BIM 应用较好，主要由设计单位率先引入，解决设计问题。水利 BIM 在施工方面的应用，目前处于探索阶段。

BIM 技术在水利工程方面的运用是必然的，故水利行业急需大量掌握 BIM 技术的人才，学校自身也认识到应该承担起培养 BIM 人才的大任，全国水利院校大都在不同程度上开设了 BIM 课程。全国水利职业院校技能大赛 "水利工程成图技术" 和大学生先进成图技术与产品信息建模创新大赛也将水利 BIM 引入竞赛内容，推进了 BIM 课程在学校中的教学。

我们在推进水利 BIM 教学时一直致力于选择一本合适的教材，市面上流行的相关教材和专著给了我们启发和动力。结合水利高职院校的基本情况，我们编写了这本教材。

本教材基于 BIM 技术 Revit 2022 软件编写，软件具有先进性和前瞻性，兼容早期多种版本。教材采用项目教学法与案例教学法相结合的形式编写，实现项目引领、任务驱动、活动支持的教学过程，形式新颖，内容丰富。本教材着重培养学生应用 Revit 2022 软件创建水利工程模型并进行模型应用的能力，是 BIM 技术应用的核心内容。主要内容包括 BIM 技术概述、创建基准和工作平面、内建模型创建水利工程模型、创建模型族和水利工程常见模型族、创建几种常见水利工程模型、为构件模型配置钢筋、创建水利工程图和图纸打印、创建场地模型和在场地上放置水利工程模型、水利工程模型的渲染与动画 9 个项目，每个项目均有不同数量的任务，一个项目解决一个具体问题。

本教材由卢德友任主编并统稿，具体编写分工如下：李璞媛编写项目 1；燕永芳编写项目 2；刘新生编写项目 3；冀健红编写项目 4 和项目 6；卢德友编写项目 5 和项目 8；姜璇编写项目 7，赵辰编写项目 9。本教材编写过程中，参考借鉴了大量文献，对相关参考文献的编者表示衷心的感谢！

由于 BIM 技术正处于推广期，水利 BIM 教学也处在探索阶段，加上编者对 BIM 认知的局限，书中难免有不足之处，欢迎广大读者批评指正！

编者

2022 年 8 月

目 录

扫码获取课后答案

项目 1 BIM 技 术 概 述

【项目导入】

随着科学技术的发展，5G、BIM、GIS、人工智能、云计算、大数据等技术发展迅猛，将信息技术应用于水利工程建设中，使建设过程智能化，以提升工程建设管理水平和管理效率。现如今我国建筑、水利行业迅速发展，人们对工程的建设质量也有了更高的要求。BIM 技术是当前智慧水利发展中的重要技术，这项技术打开了水利工程建设的新局面。学校开设 BIM 课程必将为 BIM 技术在工程中的应用提供人才支撑。

【项目描述】

BIM 技术起步晚，但发展很快。BIM 早期主要运用在建筑行业，水利行业的运用还在推广期。BIM 技术软件有多种，但没有一款软件是专为水利行业研发的。本项目针对 BIM 技术国内外发展和应用状况进行介绍，对其在水利工程领域的应用和优点、缺点进行分析，同时讲解 Revit 2022 软件基本操作。

【学习目标】

1. 知识目标

（1）掌握 BIM 的定义及核心。

（2）了解 BIM 在水利工程中应用的优点和特点。

（3）掌握 Revit 2022 软件的基本术语和基本操作。

2. 能力目标

（1）能够进行 Revit 2022 软件的基本操作。

（2）能够解决 Revit 2022 软件安装和启动过程中出现的问题。

（3）会使用 Revit 2022 常用功能。

3. 素质目标

（1）通过了解 BIM 在水利工程中的应用，建立学生的专业自豪感。

（2）借助软件，在细节中培养学生的规则意识。

【思政元素】

（1）介绍 Revit 2022 软件的应用和发展，使学生感受到我国水利事业的日新月异，激发学生的爱国情怀。

（2）讲解软件的细节操作，展示模型搭建成果，增强学生对专业知识学习的兴趣，引导学生体会中国智慧。

（3）通过学习 Revit 2022 软件在工程各环节的应用，使学生深刻体会集体协作和工匠精神。

任务 1.1　BIM 技 术 简 介

1.1.1　BIM 简介

BIM（building information modeling）即建筑信息模型。

BIM 是在计算机软件技术应用的基础上，利用三维的技术手段，创建包含工程所有信息的数据集合，并以此为基础实现工程所有信息数据在全生命周期维度下的统一管理和综合应用。BIM 以三维数字技术为基础，集成建筑工程项目各种相关信息的工程数据模型，是对工程项目相关信息的详尽表达，是建筑设施的物理特征和功能特征数字化表示的途径，同时也是应用于概念、设计、施工、建造、管理运营和拆除的数字化方法，可以用作设施信息的共享知识资源，为建设项目的全生命周期提供集成管理环境，使建筑工程在其整个进程中显著提高效率和大量减少风险。

BIM 是数字技术在建筑工程中的直接应用，其满足了工程管理、设施管理、建筑设计和工程设计等不同角色的需求，解决建筑工程在软件中的描述问题，使设计人员和工程技术人员能够对各种建筑信息做出正确的应对，并为协同工作提供坚实的基础。

1.1.2　BIM 技术的特点和优势

在传统的水利工程和建筑工程设计 CAD 中，二维视图的方式复杂，遇到复杂建筑造型时不能充分表达，而 BIM 作为建筑业中的一种新概念和新技术，在我国已越来越多地应用于各种建设项目中，这种技术应用，使建筑从二维平面向三维甚至四维空间实现跨越，很大程度上提高了各单位（设计、建设等单位）之间的信息交流效率。

BIM 具有可视化、协调性、模拟性、优化性、可出图性几个特征，能够在很大程度上提高建筑工程的精细化管理水平。

1.1.2.1　可视化

可视化即"所见所得"的形式，在 BIM 技术中，其整个过程均为可视化，可视化的效果可以用作效果图展示，同时可以生成报表，在项目的设计、建造、运营中，沟通、讨论、决策都可以在可视化的前提下进行。三维的模拟可以使项目在整个建设过程中可视化，使沟通更加方便，讨论决策更加科学。

例如，项目建设过程中拿到的图纸，是用线条绘制在图纸上的图样，用以表达构件的信息，无法提供构件真正的形式，全靠从业人员的想象，BIM 提供的可视化的功能，将原本的二维线条模拟成三维的立体构件，以实体图的形式展示出来，将抽象化的数据具体化；另外，通过 BIM 可以生成包含有构件的大小、位置和颜色以及材料等信息的可视化效果图，用以展示立体模型及报表生成。

1.1.2.2　协调性

协调性是建筑业中的重点内容，项目建设过程中各单位之间的信息交流协调是工作开展的前提。项目在实施中如果遇到问题，要组织各相关单位开协调会，找出问题发生的原因，作出变更，或采取相应的补救措施来解决问题。

在传统设计时，往往由于各专业设计师之间的沟通不到位，出现各种专业之间的碰撞问题。往往这类问题的协调解决只能在问题出现之后再进行解决。BIM 的协调性服务就可以帮助处理这种问题，即 BIM 可在建筑物建造前期对各专业的碰撞问题进行协调，生成协调数据。例如，暖通专业的管道布置中，各单位的施工图纸可能会存在结构设计梁等阻碍管线的布置，这个时候，就可以通过 BIM 软件的碰撞功能，在施工前就发现问题、解决问题。

BIM 的协调作用除了能解决各专业之间的碰撞问题，还可以解决很多相关协调问题，例如：电梯井布置与其他设计布置及净空要求的协调、防火分区与其他设计布置的协调、地下排水布置与其他设计布置的协调等。

1.1.2.3　模拟性

模拟性不仅可以模拟设计出的建筑物实体模型，还可模拟在现实生活中不能操作的实物。在建筑物设计阶段，BIM 可模拟一些不易操作的实验，如日照模拟、节能实验模拟、紧急疏散模拟、热能传导模拟等；在招投标和施工阶段，在三维模型模拟的基础上，可以增加项目发展时间的模拟，将原本的三维模拟变为四维模拟，进而科学合理地确定施工方案，用以指导施工，在原本四维模拟的基础上，还可以增加工程造价控制模型，将四维模拟升级为五维模拟，实现有效的成本控制；在项目完工后的运营阶段，BIM 技术可以在数据的支持下模拟紧急情况下的逃生或消防人员紧急疏散模拟等。

1.1.2.4　优化性

项目建设过程中，设计、施工、运营等过程符合戴明环"PDCA"的循环模式，这是一个不断优化的过程。在建设活动中，把各种工作按照"计划（P）→计划实施（D）→检查（C）→实施（A）"的顺序进行规划实施，成功的可以留用，不成功的进入下一循环继续去解决，直至成功。这样的优化本身和 BIM 没有实施性的必然联系，但是可以在 BIM 技术的基础上，对于建筑物模拟做出更好的优化。

优化过程会受到三种因素的制约，包括信息、复杂程度和时间。信息的准确性决定了优化结果的合理性，BIM 技术的模型提供了建筑物大量翔实的信息数据，通常包括几何、物理、规则等信息，除此之外，BIM 技术还可以提供建筑物变化之后的实际信息。现代工程多为大型复杂工程，遇到这种非常复杂的工程时，项目参与人员处理的信息超出自身的能力范围后，通常需要通过多种途径，借助大量的科学技术手段和设备来掌握信息，优化工程模拟，BIM 技术及其配套的优化工具，为现代大型复杂工程的优化提供了可能。

1.1.2.5　可出图性

BIM 模型可以绘制常规的建筑设计图纸及构件加工的图纸，还能通过对建筑物进行可视化展示、协调、模拟、优化，并出具各专业图纸并且能深化图纸，使工程表达更加详细。

总的来说，BIM 技术将多维（三维、四维、五维）数字模型为基础，可以容纳并表达多维语义信息；在建筑的设计、招投标、施工、运营等整个过程中各个阶段，通过 BIM 模型实现信息共享，体现出"设施全生命期信息共享理念"；支持面向对象的直接操作，将结构基础、垫层、柱子、楼板等对象像真实施工一样搭建起来；支持参数化的设计，将模型赋予参数，在应用过程中修改参数，模型会按照工作人员的需求做出相应改变，比如立面曲线等；同时，BIM 技术也支持开放式的标准，BIM 技术支持的 IFC（industry foundation class）标准，是行业内的通用标准，同时也是国际标准，是建筑工程软件交换和共享信息的基础。

1.1.3 BIM 技术常用软件介绍

BIM 技术常用的软件通常被称为 BIM 软件，国际上现存的 BIM 软件有 70 多款，我国常用的有 20 多款，目前国内主流的 BIM 软件大致包括以下几类：

1.1.3.1 Revit 系列软件

Revit 是 BIM 技术最常见的工具之一，其占据着建筑行业设计的主要地位，是国内运用最广泛的软件之一，同时也是本项目中用到的软件。

Revit 系列软件是 Autodesk 公司在 2002 年发布的一套系列软件。Revit 系列软件是针对 BIM（建筑信息模型）的专用软件，可以在设计、建造、运维阶段帮助建筑师打造高质量、高能效的建筑。Revit 软件结合了 Architecture、Autodesk Revit MEP、Autodesk Revit 以及 Autodesk Revit Structure 的软件功能，同时还包括载重结构分析接口和能源仿真接口等。在减少错误和浪费的同时，提高了项目利润，提高了客户的满意度。除此之外，Revit 的运用能够使建筑项目参建各方提前发现问题，快速有效沟通，提高项目团队协作能力。

1.1.3.2 ArchiCAD

ArchiCAD 简称 AC，是匈牙利 Graphisoft 公司早期推出的 BIM 软件，是唯一可以在苹果计算机 Mac 系统中运作的软件。ArchiCAD 软件具备的用户接口包括 ArchiFM 的设备管理、SketchUp 的模型汇入以及 Maxon 可支持曲线表面的模型与动画。ArchiCAD 采用直觉式的使用者界面，操作简单容易，具备庞大的数据库和丰富的外部支持，运用非常广泛。

1.1.3.3 Bentley System

MicroStation 是国际上一款与 AutoCAD 齐名的三维设计软件，可以称为三维 CAD 软件，是 Bentley 工程软件系统有限公司推出的一个基础平台，可以在土木工程、建筑、加工工厂、交通运输、制造业、公用事业、电信网络和政府部门等各个领域使用。MicroStation 是 Bentley 兄弟在 1986 年开发完成的，其可以兼容 DWG 和 DXF 等 AutoCAD 相关的诸多格式，系统中的建筑用 BIM 软件工具为 Bentley Architecture。Bentley Architecture 以项目的档案为系统的基础，将近十种软件整合在一起，当某一个软件有变动的时候，变动相关的内容即刻写进档案，减少在内存中读取变动信息的过程。

Bentley System 在建筑工程中运用广泛，支持复杂的曲线表面，可以解决大部分工程常见问题，遇到较为复杂的大型工程时也能应对自如。

1.1.3.4 天宝的 Tekla 系列软件

Tekla 公司成立于 1966 年，是一家专门研究钢结构软件的公司，在绘图、制造、结构设计方面有非常丰富的经验。Tekla 公司推出的 Tekla Structures 就是可以实现 BIM 功能的一款钢结构详图设计软件。Tekla Structures 可以实现三维钢结构细部设计、钢筋混凝土设计、实体结构模型的结构分析等，同时还支持工程档案管理、报表产生等功能。

Tekla Structures 可以有效地控制结构设计的整个流程，建造的模型将设计、制造、构装的全部信息纳入管理，可随时调用结构相关的全部资讯。除此之外，结构相关的信息也可以利用三维模型进行共享，同时可以将结构相关的图文报表整合在一起输出，便于结构设计师在最短的时间内得到最好的结果，将结构设计高效化、精确化。

1.1.3.5 达索的 CATIA 系列软件

CATIA 是法国达索公司的产品开发旗舰解决方案，主要运用在机械设计、航空航天、汽车制造、电子电器等领域。它可以通过建模帮助制造商进行全方位的工业设计，将整个设计流程模拟出来，包括结构项目的设计、分析、模型模拟、组装维护等。

CATIA 系列软件因其功能强大，在汽车、航空等领域近乎有垄断的能力，运用在建筑行业也具有明显的优势，无论建筑复杂与否，规模大与小，这款软件都能有效运用。Digital Project 是以达索系统的建模平台为基础的具有强大三维建筑信息建模和项目管理的工具，其为项目的全生命周期提供了可供协调、提交和审批的信息化管理环境，适合复杂的建筑工程从设计、施工到运行的全阶段工程信息管理。

1.1.4 BIM 技术在国内外的应用和发展简介

1975 年，"BIM 之父"——佐治亚理工学院的 Chunk Eastman 教授创建了 BIM 理念。

BIM 理念的启蒙，受到了 1973 年全球石油危机的影响，BIM 之父 Eastman 教授在 1975 年提出 "acomputer – based deion of a building" 理念，即支持建筑要素和空间，将建筑设计信息有效储存，将建筑工程设计可视化、高效化。1987 年，BIM 技术第一次在信息系统中体现时，被称为 "虚拟建筑"。1992 年，BIM 概念首次提出，一经提出便被普遍认为是建筑行业的顶尖技术，同时，Autodesk 公司在 "信息技术在建筑行业的应用" 的白皮书中将 BIM 描述为信息技术。20 年代初，BIM 技术开始在建筑设计行业中试用，主要运用于建筑设计、碰撞、改进等方面，并取得良好效果。如今，BIM 技术在建筑行业运用已经非常广泛，得到国内外专业人士的广泛认可。

1.1.4.1 BIM 技术在国外的应用和发展

1. BIM 在美国的发展状况

美国联邦政府主管全美联邦政府不动产资产管理的总务署（General Service Administration，GSA）是倡议公营项目采用建筑信息模型的先锋。2003 年，GSA 建立了建筑信息模型指引，2007 年，GSA 要求部分大型项目，必须在设计阶段提交 BIM 建模。随着 GSA 的大力推进，美国较为积极的政府、大学、退伍军人部、工兵署等开始将 BIM 的采购纳入规划中，此举推进 BIM 采购纳入建筑项目采购的发展目标。随后，美国逐渐推行了 BIM 相关的标准规范。

美国国家建筑信息建模标准（National BIM Standard – USTM，NBIMS – US）由美国的建筑科学研究院（National Institute of Building Sciences，NIBS）组织编制。2007 年第一版发行之后，在使用过程中有一定的演变，所以 NIBS 通过与多个组织的协商，达成了合作意向，将原本的标准扩大了使用范围，赋予标准更大的普遍性。2012 年发行第二版，2015 年发行第三版。其涵盖内容主要包含有 ISO 标准、信息交换、应用范例、参考流程、技术文献等诸多内容。

2. BIM 在英国的发展状况

英国使用 BIM 较美国略晚，但是发展迅速。通过 2010—2011 年英国 NBS 的调研报告中可知，在 2010 年之前，英国的 BIM 技术发展并不理想，但是到了 2011 年，有 78% 的人认为 BIM 技术会是未来的潮流。

BIM 技术最早在英国提出是 2011 年 5 月英国内阁办公室发布的一则政府建设战略文件，文件中指出：英国政府将在 2016 年要求其公共工程导入合作式 3D·BIM 应用，同时提出 BIM 技术发展阶段性的目标——"五年计划"。这项五年计划，正式拉开了英国建筑迈向 BIM 世纪的序幕。

在英国政府的政策支持下，英国的官方组织和民间团体也意识到了 BIM 技术的重要性，积极组织各种活动推动 BIM 技术在英国国内的发展，2011 年由英国内阁办公室公布与推动 BIM 技术相关的政策。

英国的 BIM 发展策略包括：运用"推力与拉力"的策略，利用公共工程采用 BIM，创造一个合适推展 BIM 的环境；同时培养技术能力、去除产业执行障碍、形成群聚效应。由中央政府组织、英国皇家建筑师学会、英国营造业协会等协会共同合作，投入巨大的财力物力推动 BIM 的发展。

3. BIM 在新加坡的发展状况

在 BIM 这一术语引进之前，新加坡就注意到信息技术对建筑业的重要作用。早在 1982 年，BCA 提出了人工智能规划审批的想法，2000—2004 年，用于电子规划的自动审批和在线提交，是世界首创的自动化审批系统。

2011 年，BCA 发布了新加坡 BIM 发展路线规划，明确在 2015 年前整个建筑业广泛使用 BIM 技术。2011 年，BCA 与部分政府部门合作确立了多个示范项目。BCA 在 2013 年将强制要求提交建筑 BIM 模型，2014 年，强制提交结构与机电 BIM 模型，2015 年，实现所有建筑面积大于 5000m² 的项目都必须提交 BIM 模型的目标。为了鼓励 BIM 应用者，BCA 更是于 2010 年成立了一个 600 万元新币的 BIM 基金项目，鼓励企业申请。

1.1.4.2　BIM 技术在国内的应用和发展

BIM 技术在 2003 年进入我国，在最初几年，因国内技术水平发展较低，没有得到有效推广，但是其优势突出，弥补了二维图纸协调性差、可视性差的缺点，随着科学技术水平的发展，近几年 BIM 技术在国内发展迅猛，已经得到国内大小型企业的广泛认可。

在 2011 年，我国将 BIM 技术纳入第十二个五年计划。2012 年，"BIM 发展联盟"成立，联盟的成立为我国 BIM 技术与标准、软件开发提供了平台。2014 年，住房和城乡建设部与国家市场监督管理总局联合发布 BIM 设计信息模型交付模型标准、建筑工程信息模型应用统一标准（征求意见稿）。住房和城乡建设部颁布的《2016—2020 年建筑业信息化发展纲要》中，提出要增强企业信息化，鼓励施工企业在"十三五"期间加快 BIM 普及应用，实现勘察设计技术升级。2017 年以来，我国住房和城乡建设部及各地方建设负责部门出台的 BIM 政策更加细致、落地、实操性更强，中国建筑业有了可参考的 BIM 标准。

除此之外，在国家各类宏观性政策的指引下，在住房和城乡建设部的大力推动下，各省市关于 BIM 的政策陆续出台，为 BIM 在建筑行业的快速发展奠定了坚实的基础。2018 年，北京市住房和城乡建设委员会发布了《北京市推进建筑信息模型应用工作的指导意见（征求意见稿）》；2019 年，上海市政府也发布了《关于促进本市建筑业持续健康发展的实施意见》。这些政策性文件的推出，为 BIM 技术在国内的推广提供了政策性依据。

自 2011 年住房和城乡建设部第一次将 BIM 技术纳入信息化标准建设内容以来，我国循序渐进地推动 BIM 技术在建筑行业的推广和实施，使得 BIM 技术已成为当前数字建筑业中最基础性的应用，成为了继 CAD 后建筑行业的第二次科技革命。可以说，在未来 BIM 技术在建筑领域、水利领域、工业领域或其他领域都是很有发展前景的数字信息化技术。BIM 技术进入中国市场，将各参建方紧密联系在一起，对工程项目进行统筹规划，大大增加了项目管理和施工的全面性和协调性。

任务 1.2　水利工程 BIM 技术简介

1.2.1　水利工程 BIM 在国内的发展和应用

1.2.1.1　水利工程 BIM 在国内的发展

随着科技信息化的不断发展，水利工程建设领域对信息化技术的需求度越来越高，BIM 技术在水利工程建设领域应用也越来越广。BIM 因其可视化、协调性、模拟性、优化性、可出图性几个突出的特点，在水利工程建设项目进行全生命周期管理中的应用得到了广泛认可，故在水利领域运用 BIM 技术逐渐成为行业共识。BIM 技术以及由 BIM 技术衍生的 CIM（city information modeling，城市信息模型）、GIM（geology information modeling，地质信息模型）逐渐成为数字中国建设的基础，给 BIM 技术的应用带来了更加广阔的市场前景。

水利工程规模大、覆盖面广、产业链长、投资巨大，在施工过程中技术难度大，需要极强的技术保证。我国大型水利工程对于 BIM 技术的应用很早就有，但运用有限。

2008 年的《中华建筑报》中提到，长江水利委员会与欧特克合作，运用 AutoCAD Civil 3D、Geospatial 等三维建模软件进行了二次开发，在南水北调工程中有效解决了在复杂地形环境下的设计和施工的问题，在方案选择和决策方面大大提高了效率，推进了项目的进度。

2013 年，重庆小南海水电站和云南的黄登水电站的建设将 BIM 技术引入施工中，对水电站枢纽的位置、场内交通、料场选择、施工导流等部分进行了有效模拟展示，在计算工程的填挖方量时也提供了较为准确的数据，在很大程度上增加了水电站枢纽工程的科学性和高效性。

2019 年，水利部水利水电规划设计总院联合水利部信息中心在全面调研梳理需求、广泛征求意见的基础上，编制了推进水利工程 BIM 技术应用指导意见，标志着水利工程建设和管理走进了"BIM 定义的时代"。水利行业的设计、施工等单位也纷纷开始在工程项目中运用 BIM 技术。

随后，全国各地陆续出台 BIM 应用政策，广东、上海、重庆、海南等 17 个省（自治区、直辖市）陆续发布推进 BIM 技术应用的指导性意见，对于项目审查、招标投标管理等方面进行了政策方面的支持。其中，上海、湖南等地要求全面应用 BIM 技术的政府投资新建项目在 2020 年达到 90％以上；重庆要求 2023—2024 年实现调水工程和新建大型水库工程全面应用 BIM 技术、新建中型水库工程普遍运用 BIM 技术。由此可见，BIM 技术应用正在快速发展。

越来越多的大型水利枢纽采用 BIM 技术，加快了水利行业向"智慧化""信息化"转型。2020 年全国水利工作会议指出，要聚焦水利信息化补短板，充分运用 BIM 等技术，推动信息技术与水利业务的深度融合。

1.2.1.2 BIM 在国内水利工程建设中的应用实例

1. 南水北调中线穿黄工程

南水北调中线穿黄工程是南水北调工程的重要部分，项目全长 19.3km，由明渠、进出口建筑物、汇水建筑物、穿黄工程隧洞部分组成。主体工程穿黄隧洞长 4.7km，全部位于地下，是双层衬砌结构，工程复杂且监测设备繁多。为实现重要工程的可视化管理，南水北调中线干线工程建设管理局，采用了由 BIM、GRS、IOT 等技术综合研发出的系统——南水北调穿黄信息管理系统。

该系统主要用于实时监测和信息查询，提高了穿黄工程的管理水平，保证安全运行。项目采用实景模型与 BIM 模型相结合作为模型建设的基础，运用无人机航拍获取大量数据。在大量数据和多种软件建模的基础上实现多项功能，如安全监测、水雨情信息显示、闸站监控等功能，满足了管理的全方面需求，图 1.2.1 所示为南水北调穿黄信息管理系统和穿黄工程 BIM 建模图。

 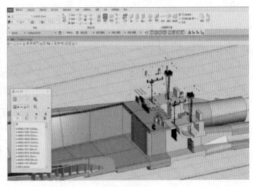

（a）信息管理系统　　　　　　　（b）BIM建模图

图 1.2.1　南水北调穿黄信息管理系统和穿黄工程 BIM 建模图

2. 三峡水利枢纽

在三峡水利枢纽建设过程中，利用无人机航拍、钻孔成像等手段采集了诸多实景数据，其中也包含了利用地震波等专业手段对地质、物探等物理数据的获取。数据

图 1.2.2　三峡大坝模拟图

采集中，对水库区、坝址区等进行了全方位的数据采集，经过处理，以统一格式进行汇集整理，最终和坝体工程模型、BIM 三维地质模型等对接，精细化还原现实。例如，在 BIM 地质模型数据的基础上，利用地下水位渗流规律结合地下水空间分布，综合分析了掩体的透水率，为库区防渗工作提供依据，图 1.2.2 为三峡大坝模拟图。

3. 向家坝水利枢纽

向家坝水电站是金沙江水电基地下游 4 级开发中的最末一个梯级电站，上距溪洛渡水电站坝址 157km，下距水富城区 1.5km、距宜宾市区 33km。向家坝和 1386 万 kW 的溪洛渡水电站，其总发电量大于三峡水电站。单机 80 万 kW 的水轮发电机组为世界最大，装机规模仅次于三峡、溪洛渡水电站。2002 年 10 月，向家坝水电站经国务院正式批准立项，2006 年 11 月 26 日正式开工建设，2014 年 7 月 10 日全面投产发电，如图 1.2.3 所示向家坝右岸坝后水电站 BIM 应用实例。

4. 港珠澳大桥

港珠澳大桥连接香港、澳门、珠海，是目前世界上最长的跨海大桥。正式通车后，港珠澳将形成"一小时生活圈"。BIM 技术在该项目设计阶段主要运用在路线设计、BIM 多专业协同设计、BIM 模型出图、设计方案论证等多个方向。在该项目施工阶段主要应用有路线线形设计、多专业协同管理、隧道设计、建模和出图、工作井选址、施工进度管理、施工模型漫游以及工序模拟等诸多方面。除此之外，经过充分的调研和专家咨询，该项目组针对拱北冻结法施工，结合 BIM 技术特点，制定了管幕冻结设计方案，开发了管幕温度监控系统，是该项目的一大创新，图 1.2.4 为港珠澳大桥江海直达航道桥模拟图。

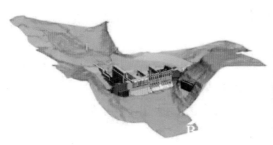 

图 1.2.3　向家坝右岸坝后水电站 BIM 应用实例　　图 1.2.4　港珠澳大桥江海直达航道桥模拟图

5. 乌东德水电站枢纽工程

乌东德水电站坝址位于四川省会东县和云南省禄劝县交界的金沙江下游河道上。电站上距攀枝花市 213.9km、下距白鹤滩水电站 182.5km，下距重庆市 928km。坝址控制流域面积 40.6 万 km²，占金沙江流域面积的 86%，占长江宜昌以上流域面积的 40% 以上。电站开发任务以发电为主，兼顾防洪。

乌东德水电站正常蓄水位 975m，坝顶高程 988.00m，最大坝高 270.00m（世界第 5 高拱坝），总库容 74.08 亿 m³，装机容量 10200MW（世界第 5），工程静态总投资为 789 亿元，为 Ⅰ 等大（1）型工程。枢纽工程主体建筑物由混凝土双曲拱坝、坝身 5 个表孔和 6 个中孔、右岸 2 条泄洪洞、两岸地下电站等组成，图 1.2.5 为乌东德水电站枢纽工程 CATIA 三维勘测设计模型与效果图。

除此之外，引汉济渭三河口水利枢纽、羊曲大坝、海河口泵站、桃园水电站等水利枢纽均在工程勘察设计阶段运用了 BIM 软件，在一定程度上解决了高耗能、环境污染、

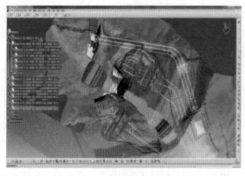

（a）模型图 　　　　　　　　　　　　　　　　　　（b）效果图

图 1.2.5　乌东德水电站枢纽工程 CATIA 三维勘测设计模型与效果图

用工短缺的问题；引江济淮工程将 BIM 技术与建设管理深度结合，建立了基于 BIM 技术的建设管理平台，精准管理工程质量、进度和安全；珠江三角洲水资源配置工程以 BIM 技术为基础，打造了基于 BIM 技术的工程数据中心，全面支撑建设管理、智能监管、安全监测、征地移民等综合管理；引汉济渭二期工程在初步设计中大量应用 BIM 技术。

1.2.2　水利工程 BIM 在国外的发展和应用

1.2.2.1　水利工程 BIM 在国外的发展

21 世纪初，国外部分水利行业较为发达、技术水平较为先进的国家率先将 BIM 技术运用到了工程中，在运用的过程中明确了水利 BIM 技术的重要性，同时对于水利行业 BIM 技术的应用做出了一定规划，为水利行业 BIM 技术的发展指明了方向。最早开始运用 BIM 技术的国家有美国、英国、新加坡等。

（1）美国：美国是最早开始使用 BIM 应用技术的国家之一。2007 年起，美国要求主要计划必须提交 3D BIM 信息模型。美国建筑师协会 AIA 于 2008 年提出全面以 BIM 为主整合各项作业流程，彻底改变了传统建筑设计思维。

（2）英国：2009 年伦敦地铁系统以 BIM 作为全线设计与施工的平台，并制定 BIM 模型建置作业标准［AEC（UK）BIM Standard］。

（3）新加坡：应用 BIM 处理与建筑物整个生命周期项目文件相关的议题。2010 年新加坡公共工程全面要求设计施工导入 BIM，2015 年开始要求以 BIM 兴建所有公私建筑工程。

（4）韩国：制订全国性 BIM 应用技术发展项目计划，并于 2010 年 1 月发布《建筑领域 BIM 应用指南》。

（5）丹麦：规定公共工程项目若超过 200 万欧元，就必须使用 BIM 应用技术模型与 IFC 标准。

通过 BIM 应用技术，将建筑工程项目全生命周期的信息整合在一起并加以利用，既缩短了建筑工期还能节约成本，同时还提高了设计质量和决策效率。

1.2.2.2　BIM 在国外水利工程建设中的应用实例

1. 大体积混凝土高坝——美国胡佛大坝

运用 BIM 技术在胡佛大坝在方案比选阶段建立了三维模型，结合地形模型形成项目总体模型，使决策人员更加直观地了解各个方案中建筑物之间的相互联系与制约。为项目方案决策提供了技术支持，图 1.2.6 为胡佛大坝三维模拟效果图。

图 1.2.6　胡佛大坝三维模拟效果图

2. 洪都拉斯帕图卡Ⅲ水电站

洪都拉斯帕图卡Ⅲ水电站是我国企业与洪都拉斯以 EPC 方式合作的水电项目，该工程枢纽建筑物由碾压混凝土重力坝、坝身泄洪系统、岸边引水发电系统组成。由于项目工期紧、建筑物布置不合理，通过 BIM 技术进行枢纽布置的调整及工期优化。如图 1.2.7 所示洪都拉斯帕图卡Ⅲ水电站效果图。

3. 英国泰晤士河潮汐隧道工程

泰晤士河潮汐隧道工程是一项重大工程，这个项目由西部、中部和东部三个标段构成，它解决了伦敦污水外溢的问题，并扩大伦敦污水网络的容量，以满足欧洲的环境标准。该工程是有史以来英国水利行业最大的基础设施工程，BIM 技术在保障工程的质量和进度方面发挥了关键作用，如图 1.2.8 所示泰晤士河潮汐隧道工程。

图 1.2.7　洪都拉斯帕图卡Ⅲ水电站效果图

图 1.2.8　泰晤士河潮汐隧道工程

4. 斯里兰卡南部引调水工程

斯里兰卡南部引调水工程从水资源丰富的加勒地区引调水至东南部缺水地区，用于补给沿途各城乡生活、生产用水以及汉班托塔港的开发用水，项目由 G-N 和 Walawe 两个引水系统组成，设计引水流量 20m³/s，年引水量 3.24 亿 m³，G-N 系统由 3 座水库、1 座电站和 3 条输水隧洞组成，线路总长约 30km。Walawe 系统通过明渠连接两座水库，在下水库岸边建提水泵站，项目总投资约 6.9 亿美元，总工期 60 个月，图 1.2.9 为斯里兰卡南部引调水工程效果图。

图 1.2.9　斯里兰卡南部引调水工程效果图

该工程线路长，建设内容多，地形地质复杂，设计施工难度大，基于三维协同设计平台创建测量、地质、水工、施工、水机、电气、金结、建筑等专业负责人，建立统一的样板文件和项目基点，进行 BIM 协同设计与校审，模型随可研、初设、施工图阶段逐步深化，传递与集成项目信息。

任务 1.3　Revit 2022 软件操作

1.3.1　Revit 2022 基础知识

Revit 2022 是一款功能丰富的 BIM 设计软件，是 Autodesk 公司发布的版本中较新的一款，此系列软件凭借优异的功能和良好的交互在我国建筑行业 BIM 体系中得到了广泛使用，能够帮助众多从事建筑行业的用户打造出质量可靠、能效出众的模型。它结合了 Autodesk Revit Architecture、Autodesk Revit MEP 和 Autodesk Revit Structure 三大软件的功能于一身，用户完全不用担心功能不够用的问题。该软件支持创建多学科、多协作的设计流程，从概念设计到施工文档都能见到它的身影，还提供了路线图、多监视器、3D 视图、过滤器、双重填充图案等功能，可以帮助用户快速打造建筑模型以及完成分析和模拟系统结构的功能，还能让用户制作的模型具有更强的 3D 视觉效果。

1.3.2　Revit 2022 安装与启动

1.3.2.1　Revit 2022 安装

（1）安装软件首先要确保计算机满足相关配置要求，并按照一定的顺序安装。Revit 2022 安装需要的配置见表 1.3.1。

表 1.3.1　　　　　　　　　　　　　　Revit 2022 安装配置要求

配置要求	进阶级（可以完成基础操作）	专业级（自由操作）
操作系统	64 位 Win7sp1 以上系统	64 位 Win7sp1 以上系统
CPU	i5 四代及以上，主频在 2.6GHz 以上，4 核以上（现在大部分 CPU 都能达到）	i7 四代及以上（更推荐 i9），8 核以上（为了执行多任务，进行真实照片级渲染操作需要多达 16 核）
内存	8GB 以上	16GB 以上
硬盘	500GB 以上机械硬盘＋128G 以上固态硬盘（固态别分盘，电脑系统跟 Revit 软件都装在固态的盘里）	500GB 以上机械硬盘＋128G 以上固态硬盘（如果电脑软件较多或者文件较多就适当配置较高的内存，一般可以配置到 1T 机械＋256G 固态）
显卡	独立显卡，显存 2GB 以上（基本可以带得动 Revit 自带渲染）	独立显卡，显存 4G 以上（对模型渲染要求越高需求就越大）
显示器	1280×1024 真彩色显示器	1920×1200 真彩色显示器，最高可以配到超高清（4k）显示器

（2）双击打开"Revit 2022 64bit"文件夹，选中 Setup.exe，右击鼠标，选择"以管理员身份运行"，如图 1.3.1 所示。

（3）进入法律协议界面，勾选"我同意使用条款"，点击"下一步"，如图 1.3.2 所示。

（4）进入"选择安装位置"界面选择软件安装路径，点击"安装"。如不需修改则不做任何改动直接点击"安装"，如图 1.3.3 所示。

图 1.3.1 安装程序

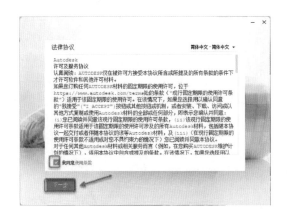

图 1.3.2 法律协议

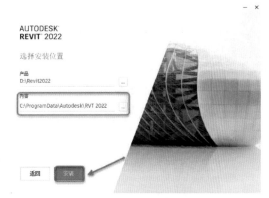

图 1.3.3 选择安装位置

（5）进入软件安装界面，请耐心等待，如图 1.3.4 所示。

（6）安装结束，点击右上角的"×"关闭该界面，如图 1.3.5 所示。

图 1.3.4 正在安装

图 1.3.5 安装完成

1.3.2.2 Revit 2022 启动

（1）双击 图标，启动软件。

图 1.3.6　数据收集和使用

（2）在弹出的"数据收集和使用"界面点击"确定"，如图 1.3.6 所示。

（3）进入"最近使用的文件"界面，如图 1.3.7 所示。

（4）如果不需要显示"最近使用的文件"界面，则点击操作界面左上角应用程序菜单按钮，单击"选项"按钮，在打开的"选项"对话框中，选择"用户界面"选项，取消勾选"启用'最近使用的文件'页面"，右键单击"确定"，再次打开后即为空白界面，如图 1.3.8 所示。

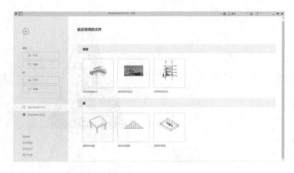

图 1.3.7　"最近使用的文件"

图 1.3.8　空白界面

1.3.2.3　Revit 2022 基本术语

1. 项目

Revit 2022 中，项目是单个设计信息数据库模型。新建的项目中分为项目和项目样板，其中项目文件包含了建筑的所有几何图形及构造数据（包含但不仅限于设计模型的构件、项目视图和设计图纸）。通过单个项目文件，用户可以轻松修改设计，并在各个相关平立面中体现，仅需跟踪一个文件，方便项目管理。项目文件的格式为".rvt"，该格式是基于 Revit 平台建立的建筑信息模型保存的格式，在项目完成后保存的格式，其中包括各阶段的全部数据信息，从最基本的几何模型到最后的施工图、明细表等包含在项目文件的数据库中。

另外，在新建项目里还有".rte"的文件格式，是为了避免多次重复设置一些常用的通用型要求，而提供的可以自行定义的文件，这样的文件称之为样板文件。样板文件中通常包含注释样式、尺寸标注样式、视图样板、项目单位等。

2. 图元

图元是建筑模型中的单个实际项。图元指的是图形数据，所对应的就是绘图界面上看得见的实体。图元在 Revit 中，按照类别、族、类型对图元进行分类。三者关系如图 1.3.9 所示。

3. 类别

类别适用于建筑设计、建模或已归档的一组图元。模型图元类别包括墙或梁，主视图

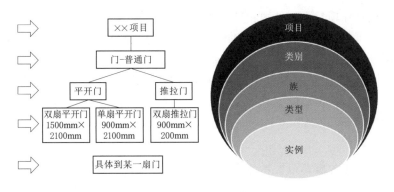

图 1.3.9　图元架构

元类别包括标记和文字注释。Revit 2022 中的轴网、墙、尺寸标注、文字注释等对象以类别的方式进行自动归类和管理。

在项目视图中输入快捷命令 "VV"，即可打开 "可见性/图形替换" 对话框，如图 1.3.10 所示，在该对话框中可以了解分类的详细内容。

4. 族

Revit 中族是很重要的一部分，Revit 中使用的所有图元都是族。某些族（如墙、楼板等）包括在模型环境中，其他族（如特定的门或装置）需要从外部库载入到模型中。如果不使用族，则无法在 Revit 中创建任何对象。通俗地讲就是在 Revit 中所有模型都是由多个不同种类的图元组成的，而这些图元都可以统称为族。

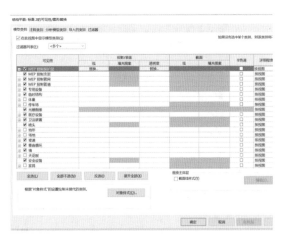

图 1.3.10　"可见性/图形替换" 对话框

Revit 包含标准构件族（可载入族）、系统族和内建族三种。

（1）标准构件族：在默认情况下，在项目样板中载入标准构件族，但更多标准构件族存储在构件库中。使用族编辑器创建和修改构件，可以复制和修改现有构件族，也可以根据各种族样板创建新的构件族。族样板可以是基于主体的样板，也可以是独立的样板。基于主体的族包括需要主体的构件。

（2）系统族：系统族是在 Autodesk Revit 中预定义的族，包含基本建筑构件，例如墙、窗和门。例如：基本墙系统族包含定义内墙、外墙、基础墙、常规墙和隔断墙样式的墙类型。可以复制和修改现有系统族并传递系统族类型，但不能创建新系统族；可以通过指定新参数定义新的族类型。

（3）内建族：在当前项目中新建的族，"内建族" 只能存储在当前的项目文件里，不能单独存成 .rfa 文件，也不能用在别的项目文件中。内建族可以是特定项目中的模型构件，也可以是注释构件，例如：自定义墙的处理。创建内建族时，可以选择类别，且使用的类别将决定构件在项目中的外观和显示控制。

族类型：族可以有多个类型，类型用于表示同一族的不同参数值，即一个固定窗族包含有"固定窗 900mm×2100mm""固定窗 1500mm×1800mm"等多种族类型。

族实例：实例是放置在项目中的实际项（单个图元），在建筑（模型实例）或图纸（注释实例）中有特定的位置。

1.3.3 Revit 2022 界面介绍

1.3.3.1 新建项目

（1）单击"应用程序菜单"按钮 ，出现类似于传统界面下的"文件"菜单，包括"新建""保存""发布""打印""关闭"等均可以在此菜单下执行，如图 1.3.11 所示。在应用程序菜单中，可以单击各菜单右侧的箭头查看每个菜单项的展开选择项，然后再单击列表中各选项执行相应的操作。

（2）单击"新建"→"项目"选项，开始新建项目，如图 1.3.12 所示。

图 1.3.11 应用菜单栏　　　　　　图 1.3.12 新建项目

在"新建项目"中可以选择"构造样板""建筑样板""结构样板""机械样板"。以结构样板为例，在"样板文件"下拉列表中选择"结构样板"选项。

（3）单击"确定"进入用户界面，如图 1.3.13 所示。用户界面一般包括：应用程序菜单、快速访问工具栏、功能区、当前活动信息栏、属性选项板、项目浏览器、显示控制栏、选择控制栏、绘图区、立面标记符号、信息中心、导航栏等。

1.3.3.2 用户界面

1. 当前活动信息栏

当前活动信息栏包含 Revit 版本号、项目名称、视图方式，如图 1.3.14 所示。

2. 快速访问工具栏

快速访问工具栏如图 1.3.15 所示。

主视图：打开主视图，访问模型和族，或创建新模型和族。

打开：打开当前项目文件、族文件、注释文件或样板文件。

图 1.3.13　用户界面

Autodesk Revit 2022 - 项目1 - 楼层平面: 标高 1

图 1.3.14　当前活动信息栏

图 1.3.15　快速访问工具栏

保存：保存当前项目文件、族文件、注释文件或样板文件。

同步并修改设置：执行同步操作，可以放弃工作集或者图元，添加有关最新修改的注释，并在同步期间自动保存本地模型。

撤销：用于在默认情况下取消上次的操作。

恢复：恢复上次取消的操作。

打印：打印当前文档。

测量：测量两个参照之间的距离或沿图元测量。

对齐尺寸标注：用于在平行之间或多点之间放置尺寸标注。

文字：用于将文字注释添加到当前视图中。

三维视图：打开默认三维视图。

剖面：用于创建剖面视图。

细线：用于按照单一宽度在屏幕显示所有线，无论缩放级别如何。

关闭隐藏窗口：用于关闭当前窗口隐藏的窗口。

切换窗口：点击下拉箭头，然后选择切换的视图。

定义快速访问工具栏：用于自定义快速访问工具栏上显示的项目。

3. 功能区

如图 1.3.16 所示，功能区主要由功能选项卡、功能面板和面板工具组成，每个选项卡都包含不同的功能面板，每个功能面板里集合了不同的面板工具。

图 1.3.16　功能区

4. 属性选项板

属性选项板也称为属性面板，可以查看和修改 Revit 中实例参数，修改属性面板中的参数可以创建不同的实例模型，如图 1.3.17 所示。

5. 项目浏览器

项目浏览器用于组织和管理当前项目中所有视图、明细表、图纸、族、组、链接的 Revit 模型等项目资源，如图 1.3.18 所示。

6. 绘图区

如图 1.3.19 所示是 Revit 绘图区域，在此创建模型。每当切换至新视图时，都在绘图区域创建新的视图窗口，且保留所有已打开的其他视图。

  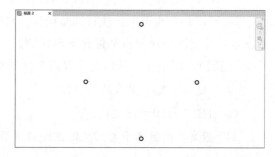

图 1.3.17　属性选项板　　图 1.3.18　项目浏览器　　　　图 1.3.19　绘图区

默认情况下，绘图区域的背景颜色为白色。在"选项"对话框"图形"选项卡中，可以设置视图中的绘图区域背景反转为黑色。

如图 1.3.20 所示，使用"视图"→"窗口"→"平铺"或"层叠"工具，可设置所有已打开的视图排列方式为平铺、层叠等。

7. 显示控制栏

如图 1.3.21 所示，显示控制栏位于绘图区域的左下侧。

1：100：视图比例。

图 1.3.20 "窗口"面板

1 : 100

图 1.3.21 显示控制栏

: 模型显示详细程度。

: 视觉样式。

: 打开/关闭日光路径。

: 打开/关闭阴影。

: 裁剪视图。

: 显示/隐藏裁剪区域。

: 临时隐藏/隔离。

: 显示隐藏的图元

: 临时视图属性。

: 隐藏分析模型。

: 显示约束。

8. 选择控制栏

如图 1.3.22 所示，选择控制栏位于绘图区的右下角。

: 0

图 1.3.22 选择控制栏

: 选择链接。

: 选择基线图元。

: 选择锁定图元。

: 按面选择图元。

: 选择时拖动图元。

: 后台进程。

: 0 : 优化视图中选定的图元类型。

1.3.4 Revit 2022 基本操作

1.3.4.1 图元的选择和过滤

1. 图元的选择

在对图元进行编辑之前要先确定编辑对象，即在图形中选择若干图源对象构成选择集。图元的选择是设计中最基本的操作，常用的选择方式如下：

（1）单选。在图元上直接单击进行选择的方式称为单选，它是最常用的图元选择方式。在视图中移动光标到某一构件图元上，当该图元高亮显示时单击，即可选中该图元。此外，按住〈Ctrl〉键当光标箭头右上角出现"＋"时，连续单击选取相应的图元，即可一次选择多个图元。

（2）窗选。窗选（窗口选取）是以指定对角点的方式定义矩形选取范围的一种选取方法。Revit 2022 窗选的操作方式与 AutoCAD 相似，即只有被完全包含在矩形框中的图元才会被选中，而只有一部分进入矩形框中的图元将不会被选中。

窗选时，首先单击确定第一个对角点，然后向右侧移动显示指针，此时选取区域将以实线矩形的形式显示，接着单击确定第二个对角点，即可完成窗口选取。

（3）交叉窗选。在交叉窗口模式下，用户无须将选择的图元全部包含在矩形框中，即可选取该图元。交叉窗口选取与窗口选取很相似，只是在定义选取窗口时有所不同。

交叉窗口选取是在确定第一点后，向左侧移动鼠标指针，选取区域将显示为一个虚线矩形框，此时再单击确定第二点，即第二点在第一点的左边，即可选中完全或部分包含在交叉窗口中的图元。选择图元后，在视图空白处单击或按〈Esc〉键即可取消选择。

（4）〈Tab〉键选择。在选择图元的过程中，用户可以结合〈Tab〉键方便地选取视图中的相应图元。当视图中出现重叠的图元而需要切换选择时，可以先将光标移动至重叠区域，使其亮显，然后连续按下〈Tab〉键，即可以在多个图元之间循环切换，以供选择。

2. 图元的过滤

当选择多个图元，尤其是利用窗选或交叉窗选等方式选择图元时，特别容易将一些不需要的图元选中。此时，用户可以利用相应的方式从选择集中过滤掉不需要的图元。图元过滤的具体操作方法有以下几种：

（1）〈Shift〉键＋单击选择。选择多个图元后，按住〈Shift〉键，光标箭头的右上角将出现"－"符号。此时，连续单击选取需要过滤掉的图元，即可将其从当前选择集中过滤掉。

（2）〈Shift〉键＋窗选。选择多个图元后，按住〈Shift〉键，光标箭头的右上角将出现"－"符号，此时，从左侧单击并按住鼠标左键不放，向右侧拖动鼠标拉出实线矩形框，完全包含在框中的图元将高亮显示，松开鼠标后即可将这些图元从当前选择集中过滤掉。

（3）〈Shift〉键＋交叉窗选。选择多个图元后，按住〈Shift〉键，光标箭头的右上角将出现"－"符号，此时，从右侧单击并按住鼠标左键不放，向左侧拖动鼠标拉出虚线矩形框，完全包含在框中和选择框交叉的图元都将高亮显示，松开鼠标后即可将这些图元从当前选择集中过滤掉。

（4）过滤器。当选择集中包含不同类别的图元时，可以使用过滤器从选择集中删除不需要的类别。选择多个图元后，在状态栏右侧的过滤器中将显示当前选择的图元数量。用户可以通过取消选中相应类别的复选框来过滤掉选择集中的已选图元。

1.3.4.2　键盘和鼠标的操作

（1）选中某个图元，轻微移动鼠标，当光标变成表示移动的"＋"字图标的时候，同时按住键盘上的〈Ctrl〉键和鼠标左键，移动鼠标，所选图元就会被复制。

（2）选中某个图元，同时按住键盘上的〈Shift〉键和鼠标左键，移动鼠标，所选图元就会沿着垂直或者水平方向移动。

（3）选中某个图元，同时按住键盘上的〈Shift〉键、〈Ctrl〉键和鼠标左键，移动鼠标，图元将会沿着垂直或者水平方向复制。

1.3.4.3　Revit 2022 常用快捷键

如需查看 Revit 2022 常用快捷键，可直接按〈Alt〉键，如图 1.3.23 所示。

图 1.3.23　快捷键

通常情况在设置 Revit 软件的快捷键时会在软件里面自行设置，设置时可根据自身的操作习惯设置。

单击应用程序菜单右下角的"选项"按钮，可以打开选项对话框。在"用户界面"选项中，用户可根据自己的工作需要自定义出现在功能区域的选项卡命令，并自定义快捷键，如图 1.3.24 所示。

(a) 选项　　　　　　　　　　　(b) 快捷键

图 1.3.24　自定义快捷键

知 识 拓 展

BIM＋GIS 集成应用

BIM（建筑信息模型）和 GIS（地理信息系统）是两种具有特定目的和用途的技术。GIS 具有地图功能和地理数据库，而 BIM 专门用于构建资产作为基于对象的信息模型。这两种技术之间的联系正在复杂和大型项目中获得可信度。建筑和土木工程项目通常使用

BIM 技术，而环境项目传统上使用 GIS 系统完成。

1. BIM 和 GIS

BIM 是建筑资产的物理和功能特征的 3D 描述，BIM 为建筑和基础设施资产提供了一个集成数据库，其中包括物理和功能特征的 3D 表示以及相关资产的几何数据。它是一种共享的信息资源，支持文档管理、贸易协调、团队协作和 4D 构建排序，它有助于整个项目生命周期的决策。

GIS 是地理空间形状的 2D 和 3D 表示，它能提供有关自然和建筑环境资产以及考虑地理、人口、社会经济和环境的其他关键因素的信息。它还是一个使用地图收集、创建、集成、管理、分析和可视化空间数据的系统。它帮助用户理解模式、空间关系和地理环境。最终，它有助于对这些资产的设施管理和运营与维护做出有效的决策。

GIS 通过提供资产现有环境的实时数据为 BIM 提供信息，帮助设计师和工程师探索和评估设计和施工。此外，信息丰富的模型可用于在更大区域内即兴运行和维护所有资产。BIM 和 GIS 的集成构建了一个强大的模型，其中地理和基础设施设计信息被汇总在一起，以简化对地理内资产交互和关系的理解。

2. BIM+GIS 集成应用

开发的 BIM+GIS 模型包括有关规划、设计、施工和运营阶段使用的公用设施基础设施的所有信息。BIM+GIS 集成的应用如下：

（1）可视化。BIM+GIS 平台提供包含几何信息和语义信息的每个组件的几何 3D 可视化，有助于项目规划和执行。在 GIS 环境中可以实现地理地形、地形细节、周边设施、地面和地下基础设施的可视化。

（2）设施管理。由于公用设施故障或根据常规时间表，需要进行操作和维护工作。BIM+GIS 集成模型为用户提供了有关公用设施的现成信息，运维团队可以使用这些信息来识别位置、类型和材料。关于公用事业的现成可用信息，使系统有效，减少时间延迟和成本超支。

（3）碰撞检测。在运营阶段，翻新和维修活动很常见。传统上，实用程序信息要么不可用，要么在 2D CAD 图纸中可用，从而导致实用程序从潜在冲突的 2D 工程图中提取准确的实用程序信息非常困难。在这个 BIM+GIS 集成平台中，许多 BIM 工具和 GIS 工具提供了检测 3D 实用模型之间冲突的功能，3D 模型有助于提供进一步行动的信息。

3. BIM 和 GIS 集成的优势

（1）最大化 BIM 和 GIS 软件现有投资的回报。

（2）促进对高度详细的地理空间背景的理解。

（3）启用协作工作流程，简化所有相关方的数据重用。

（4）做出更明智的决策，以加快项目交付并改进已完成资产的运营和维护。

（5）帮助建筑师、工程师和 GIS 团队更有效地协同工作，将数据置于中心位置并连接工作。

（6）使建筑师和工程师能够设计更智能、更高效的建筑和基础设施。

（7）从现场收集和分析数据，并改善与主要利益相关者的沟通。

（8）连接现有的记录系统以创建一个联合的事实来源，有助于最大限度地减少与关键设计决策有关的代价高昂的错误和延迟。

巩 固 练 习

1. 单选题

（1）BIM 的中文全称是（　　）。

A. 建设信息模型　　　B. 建筑信息模型　　　C. 建筑数据模型　　　D. 建设数据信息

（2）以下选项中不属于 BIM 基本特征的是（　　）。

A. 可视性　　　　　　B. 协调性　　　　　　C. 先进性　　　　　　D. 可出图性

（3）在 Revit 中绘图时可以打开多个窗口或多个项目视图，使用（　　）快捷键可以将当前打开的所有窗口层叠地出现在绘图区域。

A. WV　　　　　　　B. WC　　　　　　　C. WT　　　　　　　D. WR

（4）在 Revit 工作界面中，默认情况下项目浏览器中有（　　）立面。

A. 左、右　　　　　　B. 南、北　　　　　　C. 上、下　　　　　　D. 东、西、南、北

（5）在 Revit 中绘图时可以打开多个窗口或多个项目视图，使用（　　）快捷键可以将当前打开的所有窗口平铺地出现在绘图区域。

A. WV　　　　　　　B. WC　　　　　　　C. WT　　　　　　　D. WR

2. 多选题

（1）下列选项哪项是 Revit 提供的视觉样式（　　）。

A. 线框　　　　　　　B. 隐藏线　　　　　　C. 一致的颜色　　　　D. 真实

（2）在开始界面，新建项目可以打开（　　）。

A. 结构样板　　　　　B. 建筑样板　　　　　C. 构造样板　　　　　D. 机械样板

（3）三维建模软件除 Revit 外还有（　　）。

A. AutoCAD　　　　　B. 3D MAX　　　　　C. Photoshop　　　　　D. Bentley

（4）项目文件包含所有的工程模型信息和其他信息，如（　　）等。

A. 材质　　　　　　　B. 造价　　　　　　　C. 数量　　　　　　　D. 重量

（5）功能区主要由（　　）组成。

A. 功能选项卡　　　　B. 功能面板　　　　　C. 面板工具　　　　　D. 功能名称

3. 判断题

（1）绘图区的背景色不能改变。　　　　　　　　　　　　　　　　　　　　　　　（　　）

（2）样板文件的位置可以在"选项"对话框中的"文件位置"中查找。　　　　　　　（　　）

（3）在选择对象时，Revit 提供了按边选择和按面选择两种方式。　　　　　　　　（　　）

（4）在选中的多个图元之间循环切换，可以通过〈Tab〉键实现。　　　　　　　　（　　）

（5）当"属性"面板或"项目浏览器"面板丢失后，可以通过"视图"选项卡→"窗口"面板→"用户界面"找回来。　　　　　　　　　　　　　　　　　　　　　　　　　（　　）

4. 实操题

（1）根据教材知识，练习 Revit 2022 软件安装。

（2）打开 Revit 2022 软件，熟悉软件界面，练习基本操作。

项目 2　创建基准和工作平面

【项目导入】

用 Revit 建模时，用户可以不受约束，选择在任意位置和高度进行项目建模。但是在实际项目中，对水工建筑物的位置和高度都有明确要求，因此在建模过程中，用户要按照设计要求选定平面位置参照和高度位置参照。这是项目建模的首要内容。

【项目描述】

本项目解决三个问题：一是标高，即建筑物在立面、剖面的高度定位；二是轴网，即建筑物在平面视图中的位置定位；三是工作平面，通过创建工作平面、设置参照平面及查看，解决同一工作平面内模型创建问题。

建议在创建项目模型时，先创建标高，再创建轴网，这样可以使立面视图中轴线的顶部端点自动位于最上面一层标高线之上，可以使所有平面视图中自动显示轴网。

【学习目标】

1. 知识目标

（1）掌握标高的创建和编辑方法。

（2）掌握轴网的创建和编辑方法。

（3）掌握工作平面的创建方法。

2. 能力目标

（1）能够根据 CAD 图纸自主创建标高和轴网。

（2）能够对轴网进行标注和修改尺寸。

（3）能够设置不同类型参照平面。

3. 素质目标

（1）通过创建标高和轴网，提升学生空间想象能力和布局能力。

（2）通过设置工作平面，提高学生对于系统建模的理解能力与思维能力。

（3）通过综合运用工程 CAD 图纸、水工建筑物相关知识，培养学生驾驭多学科综合运用的能力。

【思政元素】

（1）在建模第一步：创建标高和轴网过程中，严格按照流程规范进行操作，带领学生打牢根基，培养学生严谨务实的科学态度和精益求精的学习作风。

（2）以标高轴网对建筑物进行解析，培养学生专业兴趣，加深学生对水工建筑物的理解，提高学生对水利工程建筑物的理解能力，激发学生专业热情。

（3）灵活设置工作平面可以激发学生的创新能力，提高学生解决问题的能力和效率，触类旁通，将知识应用于实际。

任务 2.1 创 建 基 准

2.1.1 标高和轴网的概念

2.1.1.1 标高

标高，即建筑物在立面、剖面的高度定位。在 Revit 软件中，标高是一个无限的水平平面，凡是统一高度位置上的点，均在这个平面上。为了方便修改标高，在软件中，标高的绘制是有长度限制的，在南、北立面绘制的标高，左、右端点间可以理解为标高的长；在东、西立面绘制的标高，左、右端点间可以理解为标高的宽。从软件显示角度来说，标高是一个有限的水平平面，但实质上标高是一个无限的水平平面。

2.1.1.2 轴网

轴网，即建筑物在平面视图中的位置定位。在 Revit 中，轴网和标高理解很像，轴网不是一条线，而是和标高水平面垂直的竖直面。通常看到的轴网是竖直面和水平面相交得到的交线，也可以理解为投影线。因此在二层的标高中，可以在同样的位置看到同样的交线，因为轴网的本质是竖直面。

2.1.2 创建标高

2.1.2.1 创建项目

（1）启动 Revit 2022，在启动界面，选择"模型"→"新建"，弹出"新建项目"对话框，在"样板文件"下拉列表框中选择"结构样板"，如图 2.1.1 所示，单击"确定"进入"新建项目"界面。

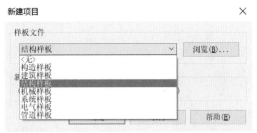

图 2.1.1 "新建项目"对话框

（2）在"新建项目"界面，选择"项目浏览器"→"立面"，双击打开"东"（以"东立面"为例），此时绘图区域切换至东立面视图，显示项目样板文件中设置的默认标高：标高1和标高2。标高1的标高值为±0.000，标高2的标高值为3.000，如图 2.1.2 所示。

注意：Revit 中标高值的单位为米（m）。

2.1.2.2 手动绘制标高

（1）在功能区选择"结构"选项卡，在"基准"面板单击"标高" ⊹标高 按钮，激活"修改｜放置标高"选项卡。

（2）在"修改｜放置标高"状态下，单击"绘制"面板中的"线" ╱ 工具，移动光标至"标高2"左上方，当出现对齐虚线时单击确定标高起点，如图 2.1.3（a）所示。此外，当出现对齐虚线后，也可以手动输入间距值，单击〈Enter〉键即确定标高起点，如图 2.1.3（b）所示。

注意：标高间距值单位为毫米（mm）。

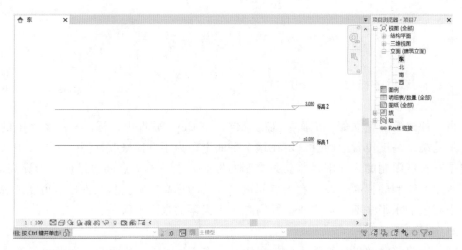

图 2.1.2　东立面视图

（a）移动标高

（b）输入标高值

图 2.1.3　绘制标高 3 起点

（3）从左向右移动光标至"标高 2"右上方，当出现对齐虚线时，再次单击确定标高终点，如图 2.1.4 所示。"标高 3"创建完成，按两次〈Esc〉键退出绘制。

图 2.1.4　绘制标高 3 终点

绘制标高时，也可以不考虑标高尺寸，绘制完成后再进行修改。以标高 3 为例，单击选择"标高 3"，这时"标高 3"与"标高 2"之间会显示一条蓝色临时尺寸标注，单击蓝色临时尺寸标注值，激活文本框，如图 2.1.5 所示；输入新的距离（如 2500），按〈Enter〉键确认，"标高 3"与"标高 2"之间的距离修改为 2500。

图 2.1.5　修改标高尺寸

2.1.2.3　复制创建标高

（1）选择任意一个标高，如"标高 2"，激活"修改 | 标高"选项卡。

（2）单击"修改"面板中的"复制"  按钮，如图 2.1.6 所示。

图 2.1.6　复制标高

（3）移动光标在"标高 2"上单击捕捉一点作为复制参考点，然后垂直向上或向下移动光标，单击完成标高复制；也可输入间距值（如 3000mm），再按〈Enter〉键确认完成复制。

注意：如需多次重复复制标高，可勾选选项栏中"多个"复选按钮。

2.1.2.4　阵列创建标高

当需要创建的标高数量较多时，除上述方法外，还可以使用"修改"面板中的"阵列"工具更加快速地创建标高。

（1）选择任意一个标高，如"标高 2"，激活"修改 | 标高"选项卡，单击"修改"面板中的"阵列" 按钮。

（2）移动光标在"标高 2"上单击捕捉一点作为移动起点，然后垂直向上或向下移动光标，单击作为终点，在文本框中输入阵列总数，如"4"，如图 2.1.7 所示。

（3）输入阵列总数后按〈Enter〉键确认，创建除"标高 2"外的 3 个标高，如图 2.1.8 所示。

2.1.3　创建轴网

在 Revit 2022 软件中，轴网只需要在任意一个平面视图中创建一次，其他平面、立

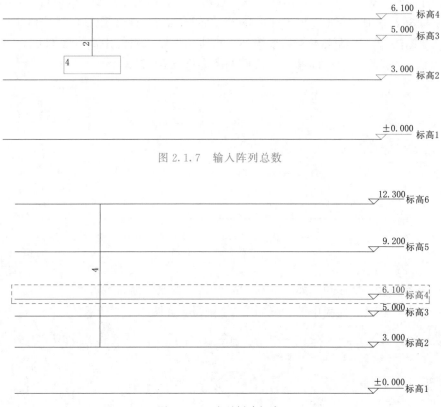

图 2.1.7　输入阵列总数

图 2.1.8　阵列创建标高

面、剖面视图中将自动显示。

（1）在"项目浏览器"中双击打开任意一个平面视图，以"标高 1"为例，将绘图区域切换至标高 1 平面视图。

（2）在功能区选择"结构"选项卡，在"基准"面板单击"轴网" 按钮，激活"修改 | 放置轴网"选项卡。

（3）在"修改 | 放置轴网"状态下，"绘制"面板含有"线""起点-终点-半径弧""圆心-端点弧""拾取线"四个轴网绘制工具，如图 2.1.9 所示。

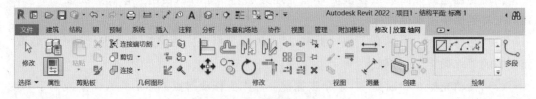

图 2.1.9　"修改 | 放置轴网"选项卡

线 ▱：可以创建一条直线或一连串连接的线段。

起点-终点-半径弧 ▱：通过指定弧的起点、终点和弧半径，可以绘制一条曲线。

圆心-端点弧 ▱：通过指定弧的中心点、起点和端点，可以绘制一条曲线。

拾取线 ⚲：根据绘图区域中选定的现有墙、线或边创建一条线。

2.1.3.1 手动绘制轴网

（1）"线"工具绘制轴线。移动光标至绘图区域合适位置，单击确定一点为轴线起点，然后水平移动光标一定距离，再次单击确定轴线终点，完成一条水平轴线的创建，如图 2.1.10 中的轴线 1。同理，垂直移动光标得到垂直轴线 2。

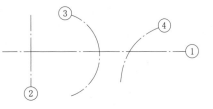

图 2.1.10 轴网绘制

（2）"起点-终点-半径弧"工具绘制轴线。移动光标至绘图区域合适位置，单击确定一点为轴线起点，然后移动光标一段距离，再次单击确定轴线终点，接着拖动中间点再次单击定义轴线，完成一条弧形轴线的创建，如图 2.1.10 中轴线 3。

（3）"圆心-端点弧"工具绘制轴线。移动光标至绘图区域合适位置，单击确定一点为轴线中心点，移动光标到轴线半径所需位置并单击确定为轴线起点，然后移动光标一段距离，再次单击确定轴线终点，完成一条弧形轴线的创建，如图 2.1.10 中轴线 4。

2.1.3.2 复制创建轴网

完成一条轴线创建后，可以用手绘轴网方法一条一条地创建，也可用"修改"面板中的"复制"工具快速创建轴网，方法同复制标高。

2.1.3.3 阵列创建轴网

阵列创建轴网与阵列创建标高方法一样。需要注意的是，在阵列创建轴网时，绘图区域需先绘制一条轴线，再进行阵列。

2.1.4 修改标高和轴网

2.1.4.1 编辑标高

标高由标头符号和标高线两部分组成，包括标高名称、标高值、标高符号、标高线、对齐指示线、对齐锁定开关、添加弯头、拖动点、2D/3D 转换按钮等标高图元，如图 2.1.11 所示。在实际操作中，用户可以对标高图元进行编辑，下面以"标高 2"为例。

1. 编辑标高名称、标高值

（1）单击选择"标高 2"，激活"修改｜标高"选项卡，此时"标高 2"的标高名称和标高值均为蓝色显示。

（2）单击"标高 2"中的标高名称，在文本框中输入想要的标高名称（如高程），按〈Enter〉键确认，弹出"确认标高重命名"对话框，点击"是"确认修改，如图 2.1.12 所示；同理，单击标高值进行修改。

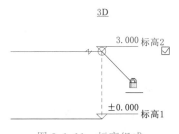

图 2.1.11 标高组成

图 2.1.12 编辑标高名称

2. 编辑标高线

（1）单击选择"标高 2"，激活"修改｜标高"选项卡，在"属性"选项板中，单击"编辑类型"按钮，打开标高"类型属性"对话框，如图 2.1.13 所示。

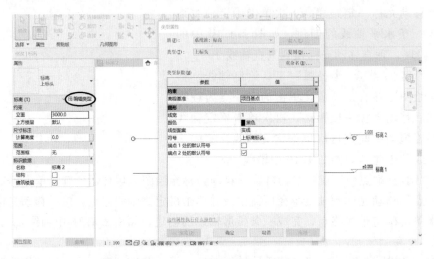

图 2.1.13　"类型属性"对话框

（2）修改"类型属性"对话框中的线宽、颜色、线型图案、默认符号参数。

1）线宽：单击"线宽"参数值列表框，可下拉选择或手动输入线宽值（如 2）。

2）颜色：单击"颜色"参数值，弹出"颜色"对话框，在该对话框中设置线型颜色（如红色）。

3）线型图案：单击"线型图案"参数值列表框，可下拉选择线型图案（如三分段划线）。

4）端点 1、端点 2 处的默认符号：勾选或取消勾选这两个复选框，即可显示或隐藏标高起点和终点标头。如勾选"端点 1 处的默认符号"复选框，则所有该类型标高的实例都显示端点 1 处的标头符号。"端点 2 处的默认符号"用法同端点 1。设置结果如图 2.1.14 所示。单击"确定"按钮，退出"类型属性"对话框，此时标高发生变化，如图 2.1.15 所示。

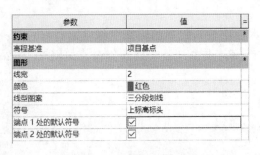

图 2.1.14　设置标高类型参数

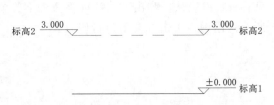

图 2.1.15　完成标高更改

（3）修改符号参数。在"类型属性"对话框中，单击"符号"参数值列表框，下拉选择符号类型（如下标高标头），标高符号将进行更改，如图 2.1.16 所示；一般默认"标高 1"的标高符号为"正负零标高"。

图 2.1.16　完成标高符号更改

3. 创建标高类型

Revit 默认标高类型有三种，分别为"上标头""下标头"和"正负零标高"，在设置标高参数时，同一类型的标高将会同时进行更改。如果只想更改单个标高，可通过复制标高类型进行创建。

（1）绘制"标高 3"，单击选择"标高 3"，在"属性"选项板中，单击"编辑类型"按钮，打开标高"类型属性"对话框。

（2）单击"类型属性"对话框中的"复制"按钮，弹出"名称"对话框，在对话框中输入标高类型（如"圆标头"），单击"确定"按钮，如图 2.1.17 所示。

（3）在"符号"参数值列表框，下拉选择"M_标高标头-圆"选项，单击"确定"按钮，此时新的标高类型创建完成，如图 2.1.18 所示。

4. 调整标头位置

（1）"标高 2"处于选择状态时，Revit 会自动在端点对齐标高，并显示对齐锁定标记，如图 2.1.19 所示。移动鼠标指针至"标高 2"端点位置，按住"拖动点"并左右拖动鼠标，将同时修改已对齐端点的所有标高。单击 🔒 按钮，使其由 🔒 变成 🔓，解除端点对齐锁定，此时可单独修改"标高 2"端点位置，而不影响其他标高。

图 2.1.17　复制标高类型

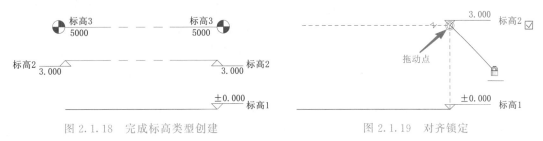

图 2.1.18　完成标高类型创建　　　　　图 2.1.19　对齐锁定

（2）添加弯头。选择"标高 2"，单击"添加弯头" ⚊⋏⚊ 按钮，Revit 将为所选标高添加弯头。添加弯头后，Revit 允许用户分别拖动标高弯头的操作夹点，修改标头位置，如图 2.1.20 所示。当两个操作夹点水平重合时，恢复默认标高标头位置。

5. 显示和隐藏标高名称

选择"标高 2"，在"标高 2"名称附近显示"显示/隐藏编号"复选按钮，如图 2.1.20 所示。勾选显示标高名称，不勾选隐藏标高名称。此外，也可在"类型属性"对话框通过勾选"端点 1 处的默认符号"和"端点 2 处的默认符号"复选按钮进行修改。

2.1.4.2　编辑轴网

1. 编辑轴网属性

（1）编辑轴网实例属性。在创建轴网或在绘图区域选择轴线时，可通过"属性"选项板中的"类型选择器"选择轴线类型，同时也可对轴线的实例属性即"名称"和"范围框"进行更改，如图 2.1.21 所示。

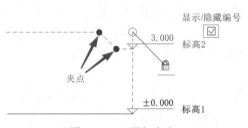

图 2.1.20　添加弯头　　　　图 2.1.21　轴网属性选项板

（2）编辑轴网类型属性。

图 2.1.22　轴网"类型属性"对话框

1）以"轴线 1"为例。单击"属性"选项板中"编辑类型"按钮，打开轴网"类型属性"对话框，如图 2.1.22 所示，轴网类型属性更改和标高类型属性更改方法相似。

符号：从下拉列表框中可选择不同的轴网标头族（如"M_轴网标头-圆"）。

轴线中段：若选择"连续"，则轴线按常规样式显示；若选择"无"，则仅显示轴线末端，轴线中段不显示；若选择"自定义"，则将显示更多参数，可以自定义轴线中段的宽度、颜色和填充图案。

轴线末端宽度、颜色、填充图案：用于设置轴线末端的线宽、颜色和线型。当轴线中段选择"连续"时，轴线跟着轴线末端设置一起修改。

平面视图轴号端点 1、端点 2（默认）：勾选或取消勾选这两个复选按钮，即可显示或隐藏轴线起点和终点标头。

非平面视图符号（默认）：可通过修改参数控制立面、剖面视图上轴线标头的上下位置，可选择"顶""底""两者"或"无"。设置结果如图 2.1.23 所示。

2）单击"确定"按钮，退出"类型属性"对话框，此时轴网发生变化，如图 2.1.24 所示。

2. 调整轴线位置

单击选择"轴线 1"，此时"轴线 1"与相邻轴线间临时尺寸标注显示为蓝色，单击间距值，在文本框中输入新的数值可修改"轴线 1"所在位置，如图 2.1.25 所示。

3. 编辑轴线编号

单击选择"轴线 1"，移动鼠标单击轴号数字 1，在文本框中输入新值（可以是数字或

参数	值	=
图形		
符号	M_轴网标头 - 圆	
轴线中段	无	
轴线末段宽度	2	
轴线末段颜色	■红色	
轴线末段填充图案	轴网线	
轴线末段长度	25.0	
平面视图轴号端点 1 (默认)	☑	
平面视图轴号端点 2 (默认)	☑	
非平面视图符号(默认)	顶	

图 2.1.23 设置轴网类型参数

图 2.1.24 完成轴网更改

字母，如 A），按〈Enter〉键确认修改，如图 2.1.26 所示。也可在"属性选项板"的"名称"文本框中输入新轴网编号。

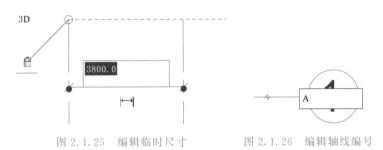

图 2.1.25 编辑临时尺寸　　　　图 2.1.26 编辑轴线编号

注意：在绘制轴线时，如果以数字 1 开始为轴线编号，那么后续轴线会按照数字顺序依次编号（如 1、2、3…）；如果以字母 A 开始为轴线编号，那么后续轴线会按照英文字母顺序依次编号（如 A、B、C…）。

4. 调整轴号位置

轴网调整轴号位置方法同标高。

5. 显示和隐藏轴线编号

轴网显示和隐藏轴线编号方法同标高。

6. 标注轴网尺寸

轴网创建完成后，需标注轴网尺寸。Revit 中提供了不同形式的尺寸标注，如图 2.1.27 所示，其中对齐尺寸标注用于在平行参照之间或多点之间放置尺寸标注，如平行轴线之间。下面以"对齐"工具标注尺寸为例。

图 2.1.27 尺寸标注类型

（1）在功能区选择"注释"选项卡，在"尺寸标注"面板单击"对齐" 按钮，激活"修改｜放置尺寸标注"选项卡。

图 2.1.28　标注"类型属性"对话框

（2）在"属性"选项板中，单击"编辑类型"按钮，打开"类型属性"对话框，如图 2.1.28 所示。此对话框可对标注类型参数进行编辑，如图形参数、文字参数等，编辑完成后单击"确定"按钮确认修改。

（3）依次单击绘图区域轴线，Revit 在所拾取点之间生成尺寸标注预览，拾取完成后，将光标移至视图空白处单击确定，则完成轴网尺寸标注，如图 2.1.29 所示。

7. 锁定轴网

（1）框选轴网，激活"修改 | 选择多个"选项卡。

（2）单击功能区"过滤器" 按钮，弹出"过滤器"对话框，只勾选"轴网"复选按钮，单击"确定"按钮。

（3）单击"修改"面板中的"锁定" 按钮，完成轴网锁定，如图 2.1.30 所示。

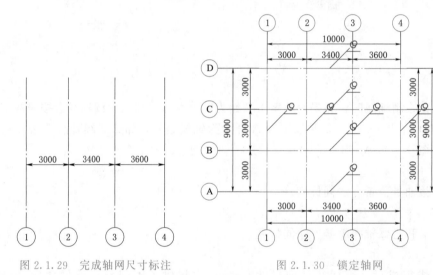

图 2.1.29　完成轴网尺寸标注　　　　　图 2.1.30　锁定轴网

知 识 拓 展

基于 CAD 图纸绘制轴网

创建轴网除上述手动绘制外，在导入 CAD 图之后，通过"拾取线"工具完成轴网绘制，更为简单快捷。

1. 导入 CAD 图纸

（1）在"项目浏览器"中选中任意一个平面视图，如"标高 1"，此时绘图区域切换至标高 1 平面视图。

（2）在功能区选择"插入"选项卡，单击"导入 CAD" 按钮，弹出"导入 CAD

格式"对话框。

（3）在对话框中选择任意一张 CAD 图纸，如"水闸平面图"，勾选"仅当前视图"复选按钮，"颜色"选择"保留"，"导入单位"选择"毫米"，"定位"选择"自动-原点到内部原点"，单击"打开"按钮，完成 CAD 图纸导入，如图 2.1.31 所示。

图 2.1.31 导入 CAD 图纸设置

2. 绘制轴网

（1）在功能区选择"结构"选项卡，在"基准"面板单击"轴网" 按钮，激活"修改｜放置轴网"选项卡。

（2）在"修改｜放置轴网"状态下，在"绘制"面板选择"拾取线"工具，移动光标至绘图区域轴线起始位置，当轴线显示蓝色时，单击完成轴线 1 拾取。如图 2.1.32 所示。

（3）按照以上步骤，依次拾取其他轴线，完成轴网绘制。

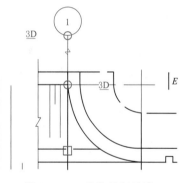

图 2.1.32 拾取绘制轴线

技 能 训 练

创建水闸标高和轴网

1. 创建水闸标高

（1）启动 Revit 2022，新建"结构样板"，进入新建项目界面。

（2）选择"项目浏览器"→"立面"，双击打开"东立面"，此时绘图区域切换至东立面视图。

（3）创建标高。根据 CAD 图纸可知，水闸共有三个标高，分别为"9.000""10.000"和"13.300"。选择"结构"→"基准"→"标高"，单击默认"标高 1"，将标高值修改为"9.000"，单击〈Enter〉键确认，同样修改"标高 2"标高值为"10.000"。更改完成后，单击"标高 2"，激活"修改｜标高"选项卡，单击"修改"面板中的"复制"按钮，移动光标在"标高 2"上单击捕捉一点作为复制参考点，然后垂直向上输入标高间距值"3300"，单击〈Enter〉键即创建"标高 3"。创建完成后按两次〈Esc〉键退出，如图 2.1.33 所示。

（4）编辑标高。

1）由于 Revit 默认"标高 1"为"正负零标高"，因此，需要对"标高 1"进行修改。单击"标高 1"，激活"修改｜标高"选项卡，在"属性"选项板中，单击"属性"按钮选择"上标头"，如图 2.1.34 所示。

图 2.1.33　创建新标高　　　　　　　　　图 2.1.34　修改标高属性

2）修改标高名称及类型属性。根据相关知识修改标高名称、线宽、颜色、线型图案及标头符号等属性。修改完成后，如图 2.1.35 所示。

图 2.1.35　修改后标高

（5）生成结构平面。复制的标高无法在"项目浏览器"→"结构平面"中显示，需进行结构平面生成。

1）在功能区选择"视图"→"创建"→"平面视图"→"结构平面"，如图 2.1.36 所示，弹出"新建结构平面"对话框。

2）在对话框中选中全部标高名称，单击"确定"按钮，生成结构平面，如图 2.1.37 所示。

2. 创建水闸轴网

（1）在"项目浏览器"→"结构平面"中，双击选择"标高 9"，绘图区切换至"标高 9"平面视图。

（2）在功能区选择"插入"选项卡，单击"导入 CAD"按钮，导入"水闸平面图"。注意勾选"仅当前视图"复选按钮，"颜色"选择"保留"，"导入单位"选择"毫米"，"定位"选择"自动-原点到内部原点"。

图 2.1.36　选择结构平面　　图 2.1.37　"新建结构平面"对话框

（3）在功能区选择"结构"→"基准"→"轴网"，使用"绘制"面板中的"拾取线"工具，从左到右依次拾取轴线 1～7，从下到上依次拾取轴线 A～E，按两次〈Esc〉键退出绘制，如图 2.1.38 所示。

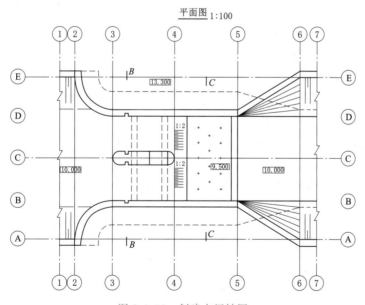

图 2.1.38　创建水闸轴网

注意：拾取轴线 A 时，系统自动命名为轴线 8，此时修改轴线名称 8 为 A，依次拾取轴线系统将自动以英文字母命名。

（4）隐藏或删除导入图纸。

1）隐藏。

a. 在功能区选择"视图"→"图形"→"可见性/图形",弹出"可见性/图形替换"对话框。

b. 在对话框中选择"导入的类别",取消勾选"水闸平面图"复选按钮,点击"确定",图纸将不会在绘图区域显示,如图 2.1.39 所示。

图 2.1.39　"可见性/图形替换"对话框

c. 除以上方法外,也可将光标放置绘图区域"水闸平面图"上,当出现蓝色边框时,单击选中平面图,选择"视图控制栏"→"临时隐藏/隐藏" 按钮,选择"隐藏类别",实现对图纸进行隐藏。

2)删除。

a. 将光标放置绘图区域"水闸平面图"上,当出现蓝色边框时,单击选中平面图,激活"修改|水闸平面图"选项卡。

b. 单击功能区"修改"面板中的"解锁" 按钮,再单击"删除" 按钮,删除图纸完成。

(5)修改轴网。按照相关知识,对轴网轴号端点、轴线等进行修改,同时拖动轴线进行对齐,增加美观性,如图 2.1.40 所示。

(6)标注轴网。在功能区选择"注释"→"尺寸标注"→"对齐",根据相关知识对轴网进行标注,标注完成后可在"类型属性"对话框里设置相关参数,完成后如图 2.1.41 所示。

(7)调整标高和轴网。标高和轴网单独创建完成后,需要进行调整。

打开"项目浏览器"→"立面"视图,双击选择"东立面",对标高轴网进行调整,保证彼此相交且美观,修改完成后如图 2.1.42 所示。按照以上操作完成剩余三个立面视图的修改。

(8)锁定轴网。

1)框选轴网,激活"修改|选择多个"选项卡。

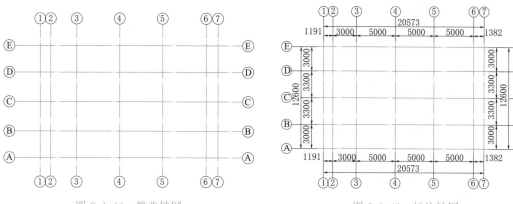

图 2.1.40 修改轴网   图 2.1.41 标注轴网

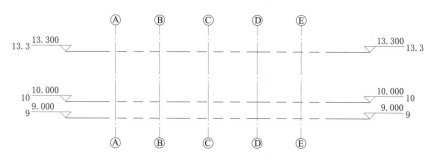

图 2.1.42 "东立面"修改后的标高和轴网

2）单击功能区"过滤器" 按钮，弹出"过滤器"对话框，只勾选"轴网"复选按钮，单击"确定"按钮。

3）单击"修改"面板中的"锁定" 按钮，完成轴网锁定，如图 2.1.43 所示。

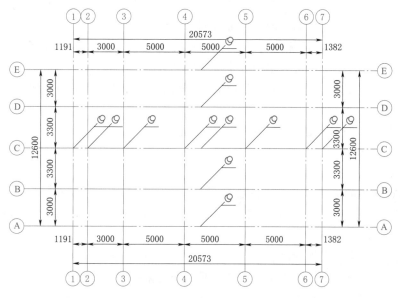

图 2.1.43 锁定水闸轴网

至此，标高和轴网全部创建完成。

<h2 style="text-align:center">巩 固 练 习</h2>

1. 单选题

(1)"标高"命令可用于（　　）。

A. 平面图　　　　　B. 立面图　　　　　C. 透视图　　　　　D. 以上都可

(2) 以下视图中不能创建轴网的是（　　）。

A. 剖面视图　　　　B. 立面视图　　　　C. 平面视图　　　　D. 三维视图

(3) 在 Revit 中，标高由（　　）和标高线两部分组成。

A. 圆圈符号　　　　B. 上三角符号　　　C. 下三角符号　　　D. 标头符号

(4) 在下列哪个选项中可创建项目标高（　　）。

A. 楼层平面视图　　B. 结构平面视图　　C. 立面视图　　　　D. 三维视图

(5) 如何实现轴线的轴网标头偏移（　　）。

A. 选择该轴线，修改类型属性的设置

B. 单击标头附近的折线符号，按住"拖拽点"即可调整标头位置

C. 以上两种方法都可以

D. 以上两种方法都不可以

2. 多选题

(1) 以下参数包含在系统族标高的类型属性对话框中的是（　　）。

A. 线宽　　　　　　B. 颜色　　　　　　C. 线型图案　　　　D. 标高端点符号

(2) 以下参数包含在系统族轴网的类型属性对话框中的是（　　）。

A. 轴线中段　　　　B. 轴线末端　　　　C. 轴线中段颜色　　D. 轴线末端颜色

(3) Revit 中可通过哪些操作创建轴网？（　　）

A. 复制　　　　　　B. 镜像　　　　　　C. 阵列　　　　　　D. 手动绘制

(4) 为防止后续操作误删轴网，可进行哪些操作？（　　）

A. 固定　　　　　　B. 锁定　　　　　　C. 隐藏　　　　　　D. 移动

(5) 以下有关调整标高位置正确的是（　　）。

A. 选择标高，出现蓝色的临时尺寸标注，鼠标点击尺寸修改其值可实现

B. 选择标高，直接编辑其标高值

C. 选择标高，直接用鼠标拖曳到相应的位置

D. 以上皆不正确

3. 判断题

(1) BIM 建模的第一步应该绘制基础。　　　　　　　　　　　　　　　　　　　（　　）

(2) 轴网在平面图、立面图中都能看到，但是立面图中的轴网代表的是轴网的影响范围。　　　　　　　　　　　　　　　　　　　　　　　　　　　　　　　　　　　　（　　）

(3) 标高需要在平面视图绘制。　　　　　　　　　　　　　　　　　　　　　　（　　）

(4) 标高是一个无限的垂直平面，轴网是一个无限的水平平面。　　　　　　　　（　　）

(5) 使用阵列工具创建轴网前，不需要有一条轴线存在，可直接创建。　　　　　（　　）

4. 实操题

（1）创建随书图纸建筑物标高。

（2）通过导入CAD图纸创建轴网。

任务2.2 创建工作平面

2.2.1 设置工作平面

Revit工作平面是一个用作视图或绘制图元起始位置的虚拟二维表面，是建模的重要参照。设置工作平面后，所有在建模过程中绘制的点、线、面都会放在这个工作平面上。通过设定不同的工作平面来进行绘制，Revit可以完成一些复杂的形体建模。设置工作平面共有三种方式，分别为"名称""拾取一个工作平面"和"拾取线并使用绘制该线的工作平面"。

以下基于任务2.1的操作对"名称"和"拾取一个工作平面"设置工作平面方法进行讲解。

2.2.1.1 名称

1. 以已经命名的面作为工作平面

（1）选择"项目浏览器"→"结构平面"，双击打开"标高9"（以"标高9"为例），此时绘图区域切换至"标高9"视图。

（2）在功能区选择"结构"选项卡，在"工作平面"面板单击"设置" 按钮，弹出"工作平面"对话框。

（3）在对话框中，单击"名称"下拉选项，选项中列出了已经命名的工作面，选择其中一个，即可作为新工作面，如图2.2.1所示。比如选择"标高：9"，单击"确定"完成"标高9"工作平面的设置。

图2.2.1 选择"标高9"工作平面

2. 显示工作平面

在"工作平面"面板单击"显示" 按钮，此时绘图区域会形成一个默认网格间距为"2000"的可视"标高9"工作平面，如图2.2.2所示。

3. 放置构件

（1）在功能区选择"结构"选项卡，在"模型"面板单击"构件" 按钮，选择"放置构件"。

（2）在工作平面内选择任意位置单击鼠标放置构件，连按两次〈Esc〉键完成绘制并退出，如图2.2.3所示。

注意：（1）构件放置在工作平面上，构件性质不同，默认放置的位置也不一样。梁、板构件默认放置在工作平面下，柱、常规模型默认放置在工作平面上。

（2）如果选择的工作面为轴网，系统会提示"转到视图"，如图2.2.4所示，如果选

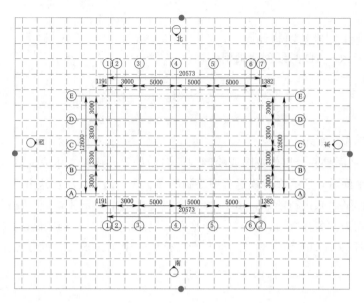

图 2.2.2　可视工作平面

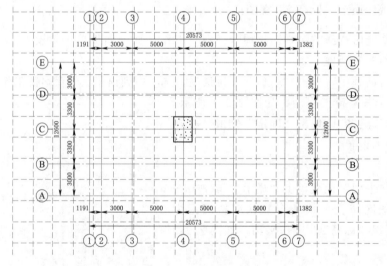

图 2.2.3　放置构件

择"立面：东"，单击"打开视图"按钮，此时绘图区域切换至东立面视图。

2.2.1.2　拾取一个平面作为工作平面

（1）将视图切换至三维视图。

（2）选择"结构平面"→"设置" 按钮，弹出"工作平面"对话框。

（3）在对话框中，勾选"拾取一个平面"按钮，单击"确定"。

（4）将光标移动至构件任意面，会出现蓝色边框进行虚拟选中，如图 2.2.5 所示。单击鼠标选择工作平面（以构件底面为例），即完成工作平面的拾取，如图 2.2.6 所示。

2.2.2 创建参照平面

除了以现有标高和轴网作为工作平面外，也可以自己绘制参照平面作为工作面。创建参照平面有两个方法，分别为"线"绘制和"拾取线"拾取。

2.2.2.1 "线"绘制参照平面

（1）选择"项目浏览器"→"结构平面"，双击打开"标高9"（以结构平面绘制为例），此时绘图区域切换至标高9视图。

（2）在功能区选择"结构"选项卡，在"工作平面"面板单击"参照平面"  按钮，激活"修改｜放置参照平面"选项卡。

（3）在"绘制"面板，单击选择"线" ⬜ 工具，在绘图区域任意位置单击鼠标选定参照平面的起点，再次单击鼠标确定终点，如图2.2.7所示。

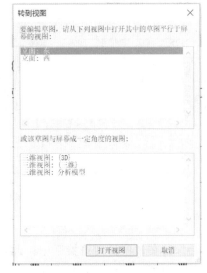

图2.2.4 "转到视图"对话框

图2.2.5 虚拟选中　　　　图2.2.6 完成工作面拾取

（4）单击"单击以命名"文本框，输入参照平面名称（如"参照"），单击〈Enter〉键确定，连按两次〈Esc〉键完成绘制并退出。

（5）选择功能区"结构"→"工作平面"→"设置"，将"参照"参照平面设为工作平面后，即可在该平面上放置构件。操作步骤同2.2.1.1。

2.2.2.2 "拾取线"拾取参照平面

选择"拾取线"工具拾取参照平面时，绘图区域需有墙、线或边，以便进行拾取。

（1）在功能区选择"结构"选项卡，在"工作平面"面板单击"构件" ▦ 按钮，选择"放置构件"，在绘图区域内选择任意位置单击鼠标放置构件，连按两次〈Esc〉键完成绘制并退出。

（2）在功能区"工作平面"面板单击"参照平面" ▱参照平面 按钮，激活"修改｜放置参照平面"选项卡。

（3）在"绘制"面板，单击选择"拾取线"工具，将光标移动至构件的任意边，此时构件边被虚拟选中为蓝色，单击鼠标选中，如图2.2.8所示。

（4）单击"单击以命名"文本框，输入参照平面名称（如"构件边"），单击〈Enter〉键确定，连按两次〈Esc〉键完成绘制并退出。

（5）选择功能区"结构"→"工作平面"→"设置"，将"构件边"参照平面设为工作平面后，即可在该平面上放置构件。操作步骤同2.2.1.1。

2.2.3 工作平面查看器

工作平面查看器提供一个临时性的视图，可以修改模型中基于工作平面的图元，并且

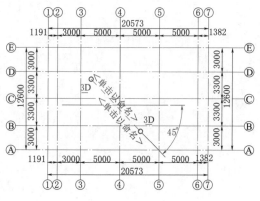

图 2.2.7　绘制参照平面

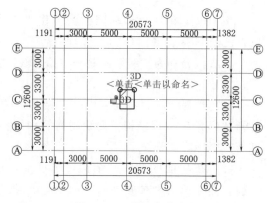

图 2.2.8　拾取线并命名

不会保留在"项目浏览器"中。此功能对于编辑形状、放样和放样融合中的轮廓非常有用。用户可从项目环境内的所有模型视图中使用工作平面查看器，且默认方向为上一个活动视图的活动工作平面。下面以"标高 9"工作平面为例进行讲解。

（1）在功能区选择"结构"选项卡，在"工作平面"面板单击"查看器" 🖳 查看器 按钮，弹出"工作平面查看器-活动工作平面：标高：9"对话框，单击构件，对话框中显示临时视图，如图 2.2.9 所示。

（2）单击选择对话框内构件，对尺寸长度标注进行更改，更改构件位置，修改完成后单击对话框空白处，完成构件位置修改。此时其他视图中构件位置也会进行更新，如图 2.2.10 所示。

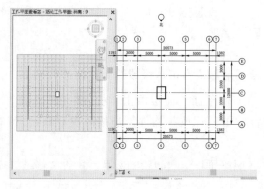

图 2.2.9　工作平面查看器

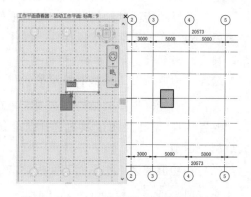

图 2.2.10　在工作平面查看器内进行修改

知　识　拓　展

"拾取线并使用绘制该线的工作平面"设置工作平面

拾取线设置工作平面取决于当初绘制被拾取的那条线时所设置的工作平面。因此，在使用该功能设置工作平面前，需要设置已知工作平面并绘制模型线。

1. 设置已知工作平面并绘制模型线

(1) 方法同 2.2.1.1，利用"名称"设置已知工作平面并放置构件，以"标高 9"为例。设置完成后转至三维视图。

(2) 在功能区选择"结构"选项卡，在"模型"面板单击"模型线"按钮，如图 2.2.11 所示，激活"修改｜放置线"选项卡。

图 2.2.11 "模型"面板

(3) 在"修改｜放置线"状态下，单击"绘制面板"→"线" ▱ 按钮，在三维视图绘图区域任意位置单击鼠标确定线的起点，再次单击确定终点，连按两次〈Esc〉键完成绘制并退出，如图 2.2.12 所示。

2. 拾取线并使用绘制该线的工作平面

(1) 先"拾取一个平面"设置新的工作平面，以构件侧边为例，方法见 2.2.1.2，设置完成后如图 2.2.13 所示。

图 2.2.12 绘制模型线

(2) 选择功能区"工作平面"→"设置"，弹出"工作平面"对话框。

(3) 在对话框中，勾选"拾取线并使用绘制该线的工作平面"按钮，点击"确定"后，光标移至"模型线"上单击选中，此时工作平面切换至该模型线所在的"标高 9"工作平面，如图 2.2.14 所示。

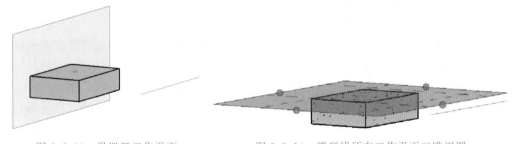

图 2.2.13 设置新工作平面   图 2.2.14 模型线所在工作平面三维视图

巩 固 练 习

1. 单选题

(1) 以下哪类图元不属于定位图元（   ）。

A. 标高   B. 轴网   C. 参照平面   D. 尺寸标注

(2) 设置工作平面有几种方法（   ）。

A. 1   B. 2   C. 3   D. 4

（3）设置参照平面有几种方法（　　）。

A. 1　　　　　　　　B. 2　　　　　　　　C. 3　　　　　　　　D. 4

（4）在显示工作平面查看器时，默认方向为（　　）。

A. 上一个活动视图的活动工作平面

B. 标高所在的工作平面

C. 轴网所在的工作平面

D. 以上皆不正确

（5）工作平面的网格间距默认是（　　）。

A. 1000　　　　　　B. 2000　　　　　　C. 3000　　　　　　D. 4000

2. 多选题

（1）"工作平面"面板可以实现下列哪些功能？（　　）。

A. 设置　　　　　B. 参照平面　　　　C. 显示　　　　　D. 查看器

（2）Revit 指定新的工作平面的方法有（　　）。

A. 根据名称选择　　　　　　　　B. 拾取一个平面

C. 拾取线并绘制该线所在平面　　D. 截取其他平面

（3）设置参照平面的方法有（　　）。

A. 线工具绘制　　B. 复制平面　　　C. 拾取线拾取　　D. 截取平面

（4）当构件放置在工作平面上，（　　）构件默认放置在工作平面下。

A. 梁　　　　　　B. 板　　　　　　C. 柱　　　　　　D. 常规模型

（5）如果选择的工作面为轴网，可以转到以下（　　）视图。

A. 东立面　　　　B. 南立面　　　　C. 西立面　　　　D. 北立面

3. 判断题

（1）工作平面的大小不可以进行更改。　　　　　　　　　　　　　　　　（　　）

（2）拾取工作平面时可以修改工作面名称。　　　　　　　　　　　　　　（　　）

（3）在平面视图中创建的参照平面为水平参照平面，在立面视图中创建的参照平面为垂直参照平面。　　　　　　　　　　　　　　　　　　　　　　　　　　　（　　）

（4）用工作平面查看器编辑选定图元，也会在项目浏览器中进行更改。　（　　）

（5）在选择"拾取线"工具拾取参照平面时，绘图区域需有墙、线或边，以便进行拾取。　　　　　　　　　　　　　　　　　　　　　　　　　　　　　　　　　（　　）

项目 3 内建模型创建水利工程模型

【项目导入】

在水利工程建筑物中，有些构件是相似的，也是有规律可循的，采用载入族的方式来创建此类构件，可以提高建模效率，节约建模时间；但有些构件是差异较大的异形部件，如果采用系统族或载入族的方式创建，过程繁琐复杂，宜采用内建模型的方式创建此类构件。本项目讲述如何采用内建模型的方式创建水利工程模型。内建模型也是族，但它只能在本项目中使用，不能载入到其他项目中去。

【项目描述】

项目 2 讲述了标高、轴网和工作面的创建，它为模型的创建提供工作基准。本项目讲述基于工作基准，如何利用拉伸、融合、旋转、放样、放样融合五种方法创建实心和空心模型，并以创建涵洞洞身为例讲解如何用内建模型的方式创建水利工程模型。

【学习目标】

1. 知识目标

（1）熟悉 Revit 软件内建模型操作界面和常用工具的使用方法。

（2）掌握内建模型创建构件模型的方法与步骤。

（3）掌握内建模型创建水利工程模型的方法与步骤。

2. 能力目标

（1）能正确识读图纸，明确水利工程模型构件形状、尺寸、位置关系。

（2）能运用内建模型创建常见水利工程构件。

（3）能运用内建模型创建水利工程模型。

3. 素质目标

（1）通过自己创建水工模型，进一步加深学生对水利专业知识的理解，激发学生学习兴趣，提升学生专业认同感。

（2）培养学生科学严谨、一丝不苟的良好职业素养。

（3）培养学生自主、探究学习的能力。

【思政元素】

（1）通过建模将抽象二维图形转化为三维模型，使学生切身感受水利工程的宏伟、壮观，帮助其树立投身水利事业，建设富强、美丽中国的宏大愿望。

（2）通过创建构件—组装构件—形成工程模型的建模过程，培养学生树立正确个人价值观。

（3）通过复杂模型的协同建模，培养学生团队协作意识，增强学生集体荣誉感。

任务 3.1　内建模型的基本操作

3.1.1　内建模型及界面简介

内建模型又称内建族，是在内建模型界面，使用拉伸、融合、旋转、放样、放样融合方法在项目中创建的"实心形状"或"空心形状"模型。内建模型只能在当前项目中创建、存储、使用。水利工程模型中，有些异形构件宜采用内建模型的方式创建。

3.1.1.1　内建模型界面的打开方法

（1）在项目中，单击"建筑→构建→构件→内建模型"或"结构→模型→构件→内建模型"打开"族类别和族参数"对话框，如图 3.1.1 所示。

（2）选择"常规模型"，单击"确定"按钮，打开内建模型"名称"对话框，如图 3.1.2 所示。

（3）输入要创建的模型名称，如"常规模型 1"，单击"确定"按钮。

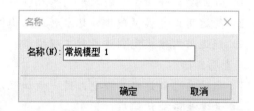

图 3.1.1　"族类别和族参数"对话框　　　　图 3.1.2　"名称"对话框

打开族编辑器，进入内建模型界面。除功能区外，内建模型界面其他部分与项目界面基本相同，内建模型功能区如图 3.1.3 所示。

图 3.1.3　内建模型功能区

3.1.1.2　内建模型界面功能区简介

1. "创建"选项卡（图 3.1.3）

（1）"形状"功能面板：包括拉伸、融合、旋转、放样、放样融合五种创建实心、空心模型的方法。

（2）"模型"功能面板："模型线"工具用于绘制所有视图均可见的直线或曲线，用以表示几何图形（如绳、缆等）；"构件"工具用于在当前内建模型中放置族；"模型文字"工具用于将三维文字添加到模型中；"洞口"工具用于在基于主体族样板（如墙、楼板、屋顶、结构梁等）的模型上剪切洞口；"模型组"工具用于定义图元组或将图元组放置到视图中。

（3）"基准"功能面板：包括参照线和参照平面两种工具，用以绘制参照线或参照平面。

（4）"工作平面"功能面板：创建模型时可用于指定、设置、显示工作面。

（5）"在位编辑器"功能面板：提供"完成模型" ✔ 和"取消模型" ✖ 两个工具按钮，用于完成或取消模型的创建。

2. "修改"选项卡（图 3.1.4）

"修改"选项卡用于进行图元的修改、编辑。

图 3.1.4　"修改"选项卡

"修改"选项卡针对不同状态或不同的选择对象显示不同的功能面板，如图 3.1.5 和图 3.1.6 所示，分别为"创建拉伸"和"修改拉伸"模型时所显示内容。功能面板中的工具也会根据选中的图元自动改变。

图 3.1.5　"修改｜创建拉伸"选项卡

图 3.1.6　"修改｜拉伸"选项卡

3.1.2　创建实心模型

3.1.2.1　拉伸模型

拉伸模型是将二维图形沿与其垂直方向移动得到的三维模型。

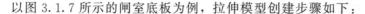

以图 3.1.7 所示的闸室底板为例，拉伸模型创建步骤如下：

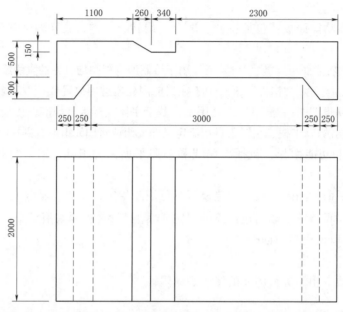

图 3.1.7　闸室底板平、立面图（单位：mm）

（1）进入内建模型界面，在"标高 1"视图中选择"创建→基准→参照平面"工具，在四个立面符号中部位置绘制一条水平线，创建一个参照平面作为拉伸轮廓的绘制工作面。

（2）选择"创建→形状→拉伸"，进入拉伸模型创建状态。

（3）选择"修改｜创建拉伸→工作平面→设置"，在"工作平面"对话框中选择"拾取一个平面"，"确定"后在视图中选择（1）中创建的参照平面，弹出"转到视图"对话框，选择"立面：南"后点击"打开视图"，切换到南立面视图。

（4）选择"修改｜创建拉伸→绘制→线"工具，按图 3.1.7 所示尺寸、形状绘制闸室底板截面图形，如图 3.1.8 所示。

（5）在"属性"选项板中，修改"拉伸终点"值为"2000"（也可以在"选项栏"→"深度"数值框 深度 2000 中输入"2000"），单击"模式→完成编辑模式 ✓"按钮。

三维显示闸室底板模型，如图 3.1.9 所示。

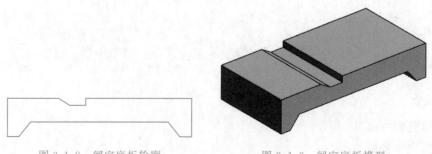

图 3.1.8　闸室底板轮廓　　　　　　　　图 3.1.9　闸室底板模型

注意：拉伸轮廓可以由若干闭合图形组成，但这些闭合图形不允许交叉或重叠。

3.1.2.2　放样模型

放样模型是将二维轮廓沿自定义路径移动而形成的三维模型。利用"放样"可以创建沿某路径具有相同横截面的三维模型。

以泄洪隧洞（局部）为例，尺寸如图 3.1.10 所示，放样模型建模步骤如下：

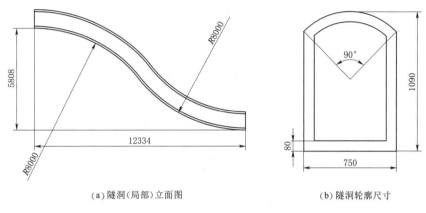

(a) 隧洞（局部）立面图　　　　　　(b) 隧洞轮廓尺寸

图 3.1.10　隧洞（局部）（单位：cm）

1. 设置项目单位，创建参照平面

创建项目后，在"管理→设置→项目单位"中将"长度"单位更改为"cm"；在"标高 1"视图中创建三个参照平面。中间水平参照平面作为放样路径绘制工作平面；两侧垂直参照平面用来确定隧洞两端尺寸界限，间距为"12334.00"。如图 3.1.11 所示。

2. 调整标高

选择"项目浏览器→立面→南"，切换到南立面视图，修改标高 2 值为"58.080"。

调整参照平面和标高线的长度，位置如图 3.1.12 所示。

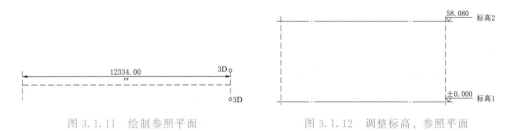

图 3.1.11　绘制参照平面　　　　　　图 3.1.12　调整标高、参照平面

3. 选择"放样"模式

进入内建模型界面，切换到"标高 1"视图，选择"创建→形状→放样"。

4. 绘制放样路径

（1）选择"工作平面→设置→拾取一个平面"，"确定"后在视图中拾取水平参照平面，选择"立面：南"，切换到"南"立面视图。

（2）选择"修改 | 放样→放样→绘制路径 　绘制路径 "，利用"绘制"功能区提供的绘图工具按图 3.1.10（a）绘制放样路径，如图 3.1.13 所示。路径绘制完成后，拖动路

径上的轮廓平面到路径左端点处，如图 3.1.14 所示。

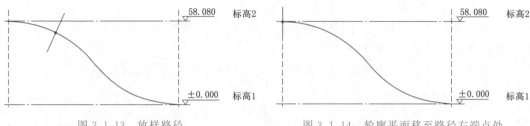

图 3.1.13　放样路径　　　　　　　图 3.1.14　轮廓平面移至路径左端点处

（3）单击 ✅，完成路径绘制，退回到"修改｜放样"选项卡。

注意："绘制路径"工具只能绘制二维路径；"拾取路径" 🔲拾取路径 工具则可以拾取模型上的三维线条作为放样路径，当需要三维路径时可以使用此工具。

5. 绘制放样轮廓

（1）选择"修改｜放样→放样→编辑轮廓"，在弹出的对话框中选择"立面：西"，切换到西立面视图。

（2）按图 3.1.10（b）图绘制隧洞轮廓图形，如图 3.1.15 所示。

（3）连续两次单击 ✅ 按钮，返回到项目界面，完成泄洪隧洞模型的创建。

三维显示泄洪隧洞模型，如图 3.1.16 所示。

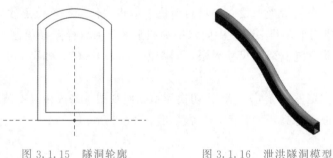

图 3.1.15　隧洞轮廓　　　　　　图 3.1.16　泄洪隧洞模型

注意：

（1）放样路径只能有一条，可以是直线、曲线或组合线。

（2）放样轮廓必须是闭合图形，可以是多个，但不能相交、重叠。

（3）当路径非直线，放样轮廓尺寸过大时，会造成放样后模型部分重叠，软件会提示出错。

3.1.2.3　旋转模型

旋转模型是将二维轮廓绕同一平面内的一根轴线旋转而生成的三维模型。利用"旋转"可以创建沿某一轴线方向横截面均为圆或圆弧的模型。

以圆弧护坡模型（护坡平面布置图与截面尺寸如图 3.1.17 所示，图中单位均为毫米）的创建为例，旋转模型建模步骤如下：

（1）在"标高 1"视图中间位置绘制一个垂直参照平面，作为护坡轮廓绘制工作面。

（2）进入内建模型界面，选择"创建→形状→旋转"工具，进入旋转模型创建状态。

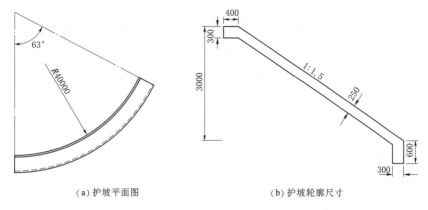

（a）护坡平面图　　　　　　　　（b）护坡轮廓尺寸

图 3.1.17　圆弧护坡

（3）绘制旋转轮廓。

1）选择"修改｜创建旋转→绘制→边界线 边界线"工具，然后使用"工作平面→设置→拾取一个平面"在视图中点选垂直参照平面，在弹出的对话框中选择"立面：西"，切换到西立面视图。

2）利用"绘制→线"工具，配合辅助线和"偏移""修剪/延伸为角"等工具绘制护坡轮廓图形，如图 3.1.18 所示。

（4）绘制旋转轴。选择"修改｜创建旋转→绘制→轴线 轴线 "工具，在距离轮廓图形最左端 40000 的位置绘制一条垂直线。

（5）设置旋转角度。在"属性"选项板中将"起始角度""结束角度"分别设置为 0°和−63.00°，单击 ✔ 后得到最终模型，如图 3.1.19 所示。

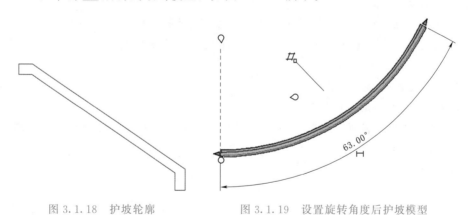

图 3.1.18　护坡轮廓　　　　　图 3.1.19　设置旋转角度后护坡模型

三维显示护坡模型如图 3.1.20 所示。

注意：

（1）旋转轴与轮廓位于同一平面，但两者不能相交。

（2）旋转轴的长短、沿其轴线方向位置的改变不会影响模型效果。

（3）旋转轮廓必须是闭合的单个或多个二维图形，图形不能相交、重叠。

3.1.2.4 融合模型

融合模型是将两个相互平行的二维轮廓连接融合在一起形成的三维模型。通过融合可以指定模型不同的底部、顶部轮廓形状，按一定规则将两者融合在一起。

以图3.1.21所示闸墩为例，融合模型创建步骤如下：

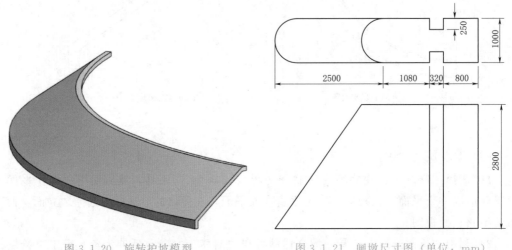

图3.1.20　旋转护坡模型　　　　　图3.1.21　闸墩尺寸图（单位：mm）

（1）在"标高1"视图中间位置创建两个相互垂直的参照平面，用来绘制轮廓时定位基准点。

（2）切换到南立面视图，将"标高2"的高度值改为2.800m。

（3）进入内建模型界面，切换到"标高1"视图，选择"创建→形状→融合"工具，进入底部轮廓绘制模式。

（4）绘制底部轮廓（底部边界）。在"标高1"视图，利用"绘制"功能区的"线""圆心-端点弧"工具，配合"镜像、修剪/延伸为角"等修改工具，绘制闸墩底部轮廓，如图3.1.22所示。

（5）绘制顶部轮廓（顶部边界）。

1）单击"模式→编辑顶部"按钮，进入顶部轮廓绘制模式。

2）选择"工作平面→设置"，在打开的对话框中选择工作平面为"标高：标高2"。

3）利用"绘制→拾取线 ✐"工具，拾取底部轮廓线，经修改编辑后得到顶部轮廓，如图3.1.23所示。

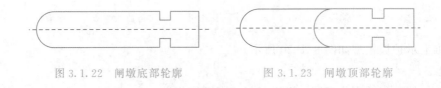

图3.1.22　闸墩底部轮廓　　　　　图3.1.23　闸墩顶部轮廓

（6）在"属性"选项板中将"第二端点"后数值改为"0"，单击 ✅ 按钮。

三维显示闸墩模型，如图3.1.24所示。

注意：

（1）"属性"选项板中"第二端点""第一端点"数值，是指底、顶轮廓与绘制时所选工作平面之间的距离。

（2）融合模型是将两个相互平行且间隔一定距离的轮廓图形用面连接起来形成的三维模型，而连接面的形状是由两轮廓图形上对应顶点间的连线决定的。

如图 3.1.25 所示，顶部轮廓"圆"默认的顶点数为 2，底部轮廓"矩形"默认顶点数为 4，圆与矩形间的 4 条连线是 2 点连 4 点的关系。

图 3.1.24　融合模型-闸墩

在顶部轮廓编辑状态下，利用"修改→拆分图元 ⊐"工具，可以给圆手动加点。当圆的顶点数也增加到 4 时，圆与矩形间的 4 条连线是 4 点连 4 点的关系，如图 3.1.26 所示，连接面的形状就会发生改变。为了创建出理想的模型，在绘制融合轮廓时，一定要注意两个轮廓图形顶点的对应关系，如有需要可在对应位置增加顶点。

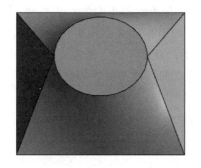

图 3.1.25　2 点圆对 4 点矩形融合模型

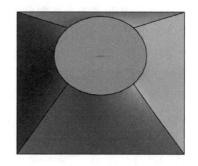

图 3.1.26　4 点圆对 4 点矩形融合模型

（3）融合模型顶点编辑。选中融合模型，单击"修改｜常规模型→在位编辑"，进入模型编辑状态；再次选中模型，选择"修改｜融合→模式→编辑顶（底）部"，进入模型顶（底）部轮廓编辑状态；选择"模式→编辑顶点 ✦"工具，进入融合模型顶点编辑状态，其选项卡如图 3.1.27 所示。

图 3.1.27　"编辑顶点"工具

"编辑顶点"选项卡各工具功能如下：

1）修改：确认修改并返回到上一级操作界面。

2）向右扭曲 ↻：连接到当前轮廓上的线统一按顺时针方向连接到下一个顶点上。图 3.1.26 是未扭曲前点线连接情况，图 3.1.28 是顶点向右扭曲后效果。

3）向左扭曲 ：连接到当前轮廓上的线统一按逆时针方向连接到下一个顶点上。图 3.1.29 是顶点向左扭曲后效果。

图 3.1.28　顶点向右扭曲效果　　　　图 3.1.29　顶点向左扭曲效果

4）底部控件 ：显示底部轮廓顶点控件，用来打开、关闭该点与另一轮廓顶点间连线。

"顶点控件"是从轮廓图形各端点处引出的带空心或实心小圆的一段直线，其指向为另一轮廓上的某个顶点。点击控件端点处的空心圆即可创建该点与所指向顶点间的连线，且空心圆变为实心圆。如图 3.1.30 所示，底部轮廓"矩形"左上角顶点"1"引出两个控件，分别指向顶部轮廓"圆"的顶点"2""3"。点击两控件端点处的空心圆，创建点"1"与点"2""3"间连线，此时空心小圆变为实心，如图 3.1.31 所示。

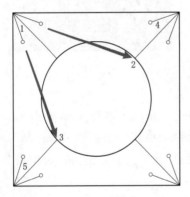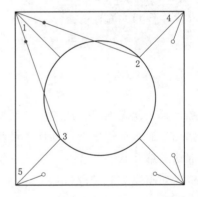

图 3.1.30　顶点控件及指向　　　　图 3.1.31　打开 1 与 2、3 连线

在图 3.1.31 中，当点 1 与点 2、3 间连线打开后，点 4、5 处原有的顶点控件消失，这是因为在同一个连接面上不允许出现相交的连线。每个顶点正常情况下会有两个可用顶点控件，如果没有或只显示 1 个，是因为该点连线相邻的面内已经打开了连线，打开的这条连线是由相邻点或另一轮廓上的顶点控件所控制的，找到后关闭已打开的连线即可显示隐藏的顶点控件。

"顶部控件"使用方法与"底部控件"相同，此处不再赘述。

3.1.2.5　放样融合模型

放样融合模型是将两个二维轮廓沿着定义的路径进行融合而形成的三维模型。放样融合的起始、结束轮廓形状可以不同。如图 3.1.32 所示，轮廓 1 和轮廓 2 沿融合路径进行放样融合生成图 3.1.33 模型。

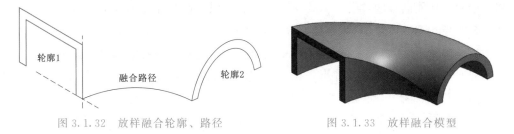

图 3.1.32　放样融合轮廓、路径　　　　图 3.1.33　放样融合模型

以水利工程中常见扭坡为例，如图 3.1.34 所示，放样融合模型创建步骤如下：

（1）创建参照平面。在"标高 1"视图中创建如图 3.1.35 所示的三个参照平面，两垂直参照平面间距为扭坡长度"5000"。

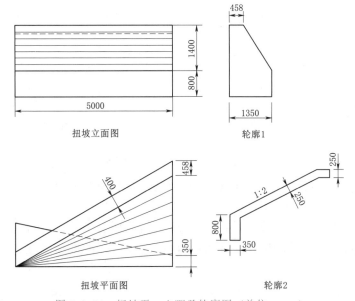

图 3.1.34　扭坡平、立面及轮廓图（单位：mm）

（2）调整标高。切换到南立面视图，将"标高 2"的高度值改为扭坡高度 2.200m，并调整标高线长度，如图 3.1.36 所示。

图 3.1.35　参照平面布置图　　　　图 3.1.36　标高

（3）进入放样融合创建模式。在内建模型界面，选择"创建→形状→放样融合"工具。

（4）绘制路径。切换至"标高1"视图，选择"放样融合→绘制路径 "；使用"绘制"功能面板的"线"工具，沿着水平参照平面从左到右绘制图3.1.37所示的放样融合路径，完成后单击 退出路径绘制模式。

（5）绘制轮廓1。选择"放样融合→选择轮廓1 →编辑轮廓 "；切换至东立面视图；以红点为基准点，在右上方绘制轮廓1，如图3.1.38所示；完成后单击 退出。

注意：为保持与轮廓2顶点的对应关系，确保模型无误，在轮廓1左侧垂线1处（距底部800）和右上斜线2处（距顶端250）要利用"修改→拆分图元 "工具增加顶点。

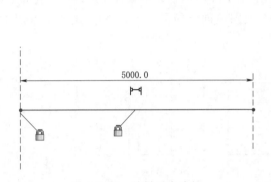

图 3.1.37　放样融合路径

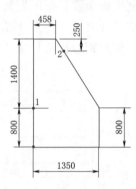

图 3.1.38　轮廓 1

（6）绘制轮廓2。选择"放样融合→选择轮廓2 →编辑轮廓 "，切换至东视图，以红点为基准点，在右上方绘制轮廓2，如图3.1.39所示；完成后单击 退出。

注意：轮廓2中点"1"对应轮廓1增加的点"1"，两个点"2"对应轮廓1增加的点"2"。

（7）两次单击功能面板中的 ，完成扭坡的创建，模型如图3.1.40和图3.1.41所示。

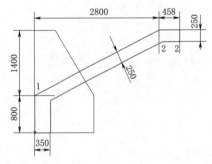

图 3.1.39　轮廓 2

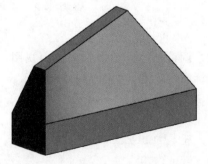

图 3.1.40　扭坡（左前上视角）

注意：

（1）放样融合路径可以是直线或曲线，但必须是一段线。

（2）放样融合的各轮廓只能是一个闭合图形。

（3）在使用"编辑顶点"进行模型修改时，要在三维视图中从多视角对模型的点、面、线进行反复仔细观察，弄清楚三者的关系，交替使用两轮廓"底部控件""顶部控件"来打开、关闭相应连线，从而得到理想的模型效果。

3.1.3　创建空心模型

在内建模型界面，除了可以用拉伸、融合、旋转、放样、放样融合创建实心模型外，还可用这五种方法创建空心模型。

空心模型的作用是用来对实心模型进行剪切，以切除实心模型上不需要的部分。

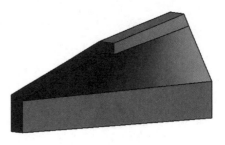

图 3.1.41　扭坡（右后上视角）

3.1.3.1　空心模型与实心模型的相互转换

在内建模型界面，选中模型，在"属性选项板→实心/空心"下拉列表框中可进行模型的实心/空心转换。

3.1.3.2　空心模型应用实例

以水闸进口段底板（图 3.1.42）为例，空心模型创建及应用如下：

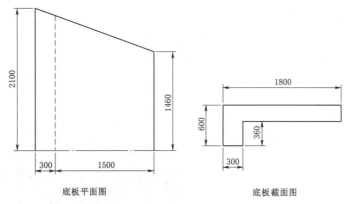

底板平面图　　　　　　　　　　　　　底板截面图

图 3.1.42　水闸进口段底板平面、截面图（单位：cm）

由图可知，水闸进口段底板左侧有下深 360cm、宽 300cm 的齿墙，从左端到右端底板的半宽由 2100cm 缩减为 1460cm。利用实心拉伸，可以创建出宽度不变的底板模型；再利用空心拉伸，创建出剪切部分空心模型，与实心模型剪切，就可得到该底板模型。

1. 设置项目单位，创建参照平面

创建项目后，在"管理→设置→项目单位"中将"长度"单位更改为"cm"；进入内建模型界面，在"标高 1"视图创建 5 个参照平面，如图 3.1.43 所示。

2. 创建实心拉伸底板模型

（1）选择"创建→形状→拉伸"；通过"工作平面→设置→拾取一个平面"，拾取水平底部参照平面为底板轮廓的绘制平面，选择"立面：南"切换到南立面视图；以标高 1 与最左侧参照平面交点为基准，在右上方绘制闸底板拉伸轮廓。

（2）在"属性"选项板中，将"拉伸终点"数值修改为"2100"。

（3）单击 ✓，退出实心拉伸创建状态，完成模型如图 3.1.44 所示。

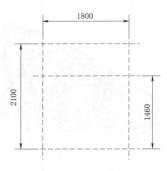

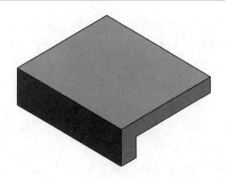

图 3.1.43　参照平面布置　　　　　　　　图 3.1.44　实心拉伸底板模型

3. 用空心拉伸创建剪切部分

（1）切换至标高 1 视图，选择"创建→空心形状→空心拉伸"。

（2）利用"绘制→线"工具，沿剪切部分边缘绘制空心拉伸轮廓，如图 3.1.45 所示。

（3）在"属性"选项板中，将"拉伸终点"数值修改为"600"；单击 ☑ 退出空心拉伸创建状态。

（4）单击 ☑，完成模型创建；利用"镜像"复制出另一半模型；利用"修改｜常规模型→几何图形→连接"工具，将模型连接成一体。

三维视图显示底板模型如图 3.1.46 所示。

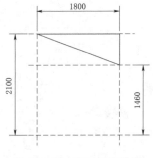

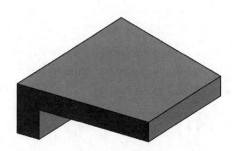

图 3.1.45　空心拉伸轮廓　　　　　　　　图 3.1.46　底板模型

知 识 拓 展

利用内建模型创建水利工程模型注意事项

1. 要储备一定的专业知识

需要学生具备熟练、准确的工程图纸识读能力；具备常见水工建筑物如水闸、重力坝、土石坝、输水隧洞、渡槽、倒虹吸等建筑物的结构形式、组成、基本构造、工作特点和运用条件等专业知识。

2. 准确识读工程图

结合专业知识，按照水利工程图的识读方法，由总体到局部，由局部到细部结构，然再由细部回到总体，反复识读，直到全部看懂，做到对水利工程各组成构件的形状、尺寸、相对位置、材质等内容了然于胸。

3. 分析构件形体特征，合理选用建模方法

在明晰各构件形状、尺寸、相对位置的基础上，找出构件形体特征，根据内建模型五种建模方法生成模型特征，合理选用建模方法。内建模型五种建模方法对比见表 3.1.1。

表 3.1.1 内建模型五种建模方法对比表

建模方法	说　明	路　径	轮　廓	模型特征
拉伸	二维轮廓沿其垂直方向移动生成三维模型，拉伸起点和终点决定模型高度	与轮廓垂直的直线，无需绘制	1个轮廓，可由多个闭合但不相交、不重叠图形组成	沿某直线方向具有相同横截面
放样	二维轮廓沿自定义路径移动生成三维模型	1条用户自定义的直线、曲线、组合线，可二维、三维	1个轮廓，可由多个闭合但不相交、不重叠的图形组成	沿某条线（可直可曲）方向具有相同横截面
旋转	二维轮廓绕同平面内某轴旋转生成三维模型	圆或圆弧，大小由用户定义的轴线与轮廓间距离决定	1个轮廓，可由多个闭合但不相交、不重叠的图形组成	沿绕轴方向横截面均为圆或圆弧
融合	两个相互平行的二维轮廓沿两者之间连线融合生成三维模型	融合路径为两轮廓连线，无需绘制	顶、底2个轮廓，相互平行，各轮廓必须是单个闭合二维图形	两端面形状可不同，相互平行，对应点间连线为直线
放样融合	两个二维轮廓沿自定义二维路径融合生成三维模型	必须是1段二维线，不能是多段线，可直可曲	2个二维轮廓，各轮廓必须是单个闭合二维图形	两个端面形状可不同，两端面对应点连线可直可曲

对于复杂构件，如综合使用上述五种实心、空心模型仍无法创建，可化繁为简，将构件进一步细化、拆分成更简单的能用上述方法创建的构件。

4. 注意锻炼提升三维空间想象能力

模型的创建过程就是在电脑的二维屏幕上创建虚拟的三维空间物体的过程，这就需要建模者有较强的三维空间的想象能力和操作能力。要明白软件操作界面中各平、立面视图的关系，明白各正视图分别表达了模型的哪些尺寸信息；熟悉点、线、面在各视图的表达形式；能在三维视图中快速准确判断、调整模型方位等。

5. 熟练运用 Revit 软件

Revit 是当前运用最为广泛的 BIM 软件之一，要熟悉 Revit 软件建模流程，掌握常用工具的使用方法；理解各视图关系，能熟练在三维视图中进行模型操作；能根据模型形态、位置关系准确选择、快速切换到相应视图或工作平面；要熟练掌握内建模型五种创建实心、空心模型的原理、特征、步骤及建模过程中应注意问题。

技 能 训 练

利用内建模型创建水闸消力池段

图 3.1.47 为某水闸下游连接段局部，由两岸扭面翼墙、中间消力池构成。

1. 识读图纸确定构件建模方法

（1）消力池。消力池总长 6000mm，宽 1000mm；上下游底部设置齿墙，齿墙厚

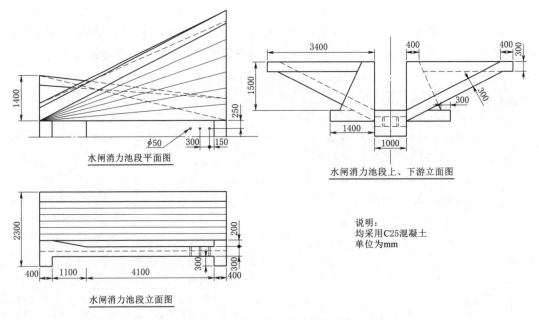

图 3.1.47 某水闸下游连接段局部

400mm，深 300mm；消力池深 200mm，长 4100mm，前部坡度段长 1100mm；消力池尾部消力坎高 200mm，厚 400mm；消力池尾部设排水孔，孔径 50mm，具体布置见平面图。消力池沿河流轴线垂直方向具有相同横截面，可以采用内建模型中的"实心拉伸"创建；尾部排水孔可用"空心拉伸"模型对消力池剪切得到。

（2）两侧扭面翼墙。总长 6000mm；顶部平台宽 400mm，厚 300mm；前底平台宽 300mm，厚度由后坡板厚度推定。扭坡前后两端具有不同截面，中间扭曲面过渡，形态较为复杂，采用"实心放样融合"创建，在绘制两轮廓时注意点的对应关系。

（3）消力池和扭面翼墙材质均为 C25 混凝土。

2. 创建模型

（1）打开 Revit 软件，选择"建筑样板"新建一项目文件。

（2）创建参照平面，确定模型尺寸界限。

在"楼层平面→标高 1"视图中创建四条水平参照平面，从下到上间距分别为 500mm（消力池半宽）、1400mm（扭坡前端最宽值）、2000mm（扭坡后部顶部、底部最宽值 3400、1400mm）；左右创建两条垂直参照平面，间距为 6000mm。调整参照平面长度、四个立面符号位置后，如图 3.1.48 所示。

（3）调整标高值。切换至"南"立面视图，修改"标高 2"标高值为"2.300"（扭坡顶部高程），调整标高线长度与参照平面位置如图 3.1.49 所示。

（4）选择"建筑→构建→构件→内建模型"，选择"族类别"为"常规模型"，"名称"命名为"水闸下游连接段（局部）"，进入内建模型界面。

（5）使用实心拉伸创建消力池。

1）选择"项目浏览器→视图→楼层平面→标高 1"，切换到标高 1 视图。

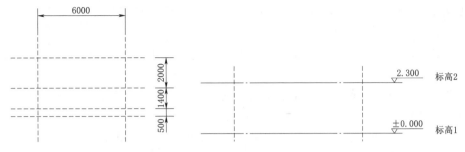

图 3.1.48　参照平面布置图　　　　　图 3.1.49　标高与参照平面位置

2）选择"创建→形状→拉伸"进入拉伸模型创建状态；通过"工作平面→设置→拾取一个平面"选择最下面的水平参照平面，选择"立面：南"，切换到南立面视图。

3）以标高 1 为底，在两垂直参照平面间绘制消力池拉伸轮廓，如图 3.1.50 所示。

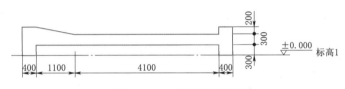

图 3.1.50　消力池轮廓

4）单击 ✅ 退出轮廓绘制，修改"属性→拉伸终点"值为"500"。

5）为消力池添加 C25 混凝土材质。

a. 选中消力池，单击"属性→材质和装饰→材质"后的"材质浏览器" <按类别> 🔲 按钮（"按类别"后带三个小点按钮），打开"材质浏览器"窗口如图 3.1.51 所示。

b. 单击窗口左侧"材质库"右侧展开按钮 ⬆ ，在"AEC 材质"中找到并单击"混凝土"，右侧显示出所有可用混凝土材质，找到"混凝土，现场浇注-C25"，如图 3.1.52 所示，双击将该材质添加到项目中。

图 3.1.51　材质浏览器　　　　　　图 3.1.52　材质库

切换到三维视图，设置"视觉样式"为"真实"，赋予材质后消力池如图 3.1.53 所示。

（6）用空心拉伸创建排水孔。

1）切换到"标高 1"视图，选择"创建→形状→空心形状→空心拉伸"，进入空心拉伸创建状态。

2）添加辅助线，定位消力池尾部排水孔圆心位置。选择"绘制→拾取线 ⚲"工具，偏移距离设置为 150，拾取消力池尾部内侧垂直线，在左侧得到 1 条垂直辅助线。利用此方法，按图 3.1.47 所示位置，绘制一水平三垂直辅助线，交点处即为排水孔圆心处。

3）选择"绘制→圆形"工具，在辅助线三个交点处绘制直径为 50 的圆形，如图 3.1.54 所示。绘制完成后删除辅助线。

4）在"属性"选项板中修改"拉伸起点""拉伸终点"分别为"300""600"，退出空心拉伸创建状态，切换到三维视图，完成后模型如图 3.1.55 所示。

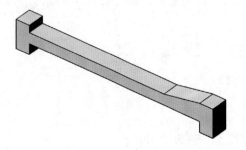

图 3.1.53　添加材质后消力池

图 3.1.54　辅助线、排水孔位置

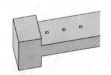

图 3.1.55　空心排水孔剪切消力池

（7）利用镜像创建另一半消力池。切换至"标高 1"视图，选中实心消力池和空心排水孔，选择"修改→镜像-拾取轴"工具，在视图中拾取最下端参照平面为镜像轴，镜像得到另一半消力池；之后利用"修改→几何图形→连接→连接几何图形"将两个模型连接成一个整体，完成后效果如图 3.1.56 所示。

注意：也可直接把消力池作为一个整体来进行创建，在进行轮廓拉伸时，将"拉伸起点""拉伸终点"值设置为"−500"和"500"，直接得到整个消力池。

（8）利用放样融合创建扭坡。

1）选择"创建→形状→放样融合"，进入放样融合模型创建状态。

2）绘制放样融合路径。切换至标高 1 视图，选择"放样融合→绘制路径"，利用"绘制→线"工具，沿消力池上边缘从左到右绘制扭坡放样融合路径，如图 3.1.57 所示；完成后单击 ✔，退出路径绘制。

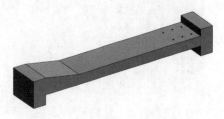

图 3.1.56　连接为一整体后消力池

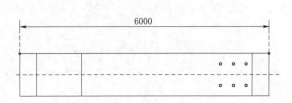

图 3.1.57　扭坡放样融合路径

3）绘制放样融合轮廓2。因扭坡左侧轮廓1的底部平台厚度需要由右侧轮廓2根据300斜板厚度得到，因此先进行放样融合轮廓2的绘制。

a. 选择"放样融合→选择轮廓2→编辑轮廓"，选择并切换至"立面：东"视图。

b. 利用"绘制→线"工具，绘制扭坡放样轮廓2如图3.1.58所示。

注意：下部第二条斜线由第一条斜线通过"偏移"绘制；图中数字是为了明确轮廓1与轮廓2生成放样融合模型时各点的对应关系所加标注；点7与点2同高，利用"修改→拆分图元"工具添加。

c. 绘完成后选择 ☑ 退出轮廓2绘制状态。

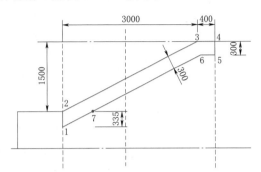

图 3.1.58　扭坡轮廓 2

4）绘制放样融合轮廓1。选择"放样融合→选择轮廓1→编辑轮廓"，绘制扭坡放样轮廓1，如图3.1.59所示。

注意：轮廓1左侧垂直线被点2分为两段，右上斜线被点5（6）分为两段〔注意点5（6）是一个点，不是两个点〕。数字标注的这些点将在生成模型后与轮廓2中同名点对应连接，生成扭面。轮廓底部的两个"1"点，会与轮廓2的"1"点连接；"5（6）"点表明轮廓2的"5""6"点会连到该点。

5）两次单击 ☑ 按钮，生成模型，返回到内建模型界面。

6）模型顶点编辑。模型生成后，可能会出现两轮廓顶点没有按要求一一对应的情况，得到的模型形状不符合要求，这时需要通过"编辑顶点"工具，进行顶点连线的调整。

a. 临时隔离扭面翼墙。选中扭面模型，在视图控制栏中选择"临时隐藏/隔离 🐾 →隔离图元"，单独显示扭面，如图3.1.60所示。在三维视图中半透明状态下观察模型轮廓1、轮廓2各点间连线是否跟图3.1.58、图3.1.59标注一致。由图可以看出，左侧轮廓1的两个"7"点连到了轮廓2的"6"点；轮廓1底边右侧的"1"点连到了轮廓2的"7"点上，这几个顶点间的连线需要调整。

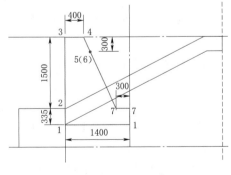

图 3.1.59　扭坡轮廓 1

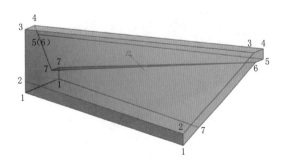

图 3.1.60　模型两轮廓顶点连线

b. 选择"修改｜放样融合→放样融合→编辑顶点"，进入编辑顶点模式。

c. 单击轮廓1右侧点"1"指向轮廓2顶点"1"的控件末端小圆圈，两点间连线打开，如图 3.1.61、图 3.1.62 所示。

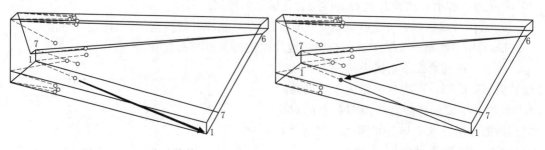

图 3.1.61 1 点连线前　　　　　　　　　　　图 3.1.62 1 点连线后

d. 连接轮廓 1 右侧点 "7" 与轮廓 2 点 "7" 连线，如图 3.1.63、图 3.1.64 所示。

e. 取消 1-7 间连线　由图 3.1.63 可以看出，在 7-7 点未连接前，轮廓 1 点 1 与轮廓 2 点 7 连线上没有顶点控件，无法取消这两点间的连线；由图 3.1.64 可知，当 7-7 点连接后，轮廓 1 的点 1 与轮廓 2 的顶点 7 连线控件显示，通过单击该控件端点处实心小圆，可关闭该连线。

f. 用上述方法，交替使用 "底部控件" "顶部控件"，按照图 3.1.58、图 3.1.59 所标注同名点相连的原则，调整两轮廓顶点间连线，完毕后如图 3.1.65 所示。

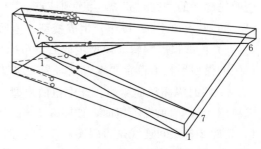

图 3.1.63 7 点连线前　　　　　　　　　　　图 3.1.64 7 点连线后

图 3.1.65 顶点连线调整后

g. 选择 "编辑顶点→修改 ▷" 退出编辑顶点模式；选择 ☑，退出放样融合修改模式。

（9）利用 "镜像" 工具创建另一侧扭坡。切换到 "标高 1" 视图，选中上一步创建的扭面模型，选择 "修改→镜像拾取轴 ⊮"，在视图中单击水平中心参照平面线，镜像出另一侧扭面。

注意：镜像得到的扭面模型可能会出现顶点连接错误的情况，需要利用 "顶点编辑" 工具再次进行调整。

（10）选择 ☑ 退出内建模型状态，三维视图模型如图 3.1.66 所示。

（a）左前上视角模型   （b）右前上视角模型

图 3.1.66　扭面模型

巩 固 练 习

1. 单选题

（1）在使用内建模型创建水利工程模型时，通常选择族类别为（　　）。

A. 柱　　　　　　　B. 体量　　　　　　C. 专用设备　　　　　D. 常规模型

（2）下列不属于 Revit 内建模型建模方法的是（　　）。

A. 放样　　　　　　B. 拉伸　　　　　　C. 放样融合　　　　　D. 结构柱

（3）某实心模型，两端截面形状不同，中间连线为曲线，用（　　）内建模型创建。

A. 拉伸　　　　　　B. 放样融合　　　　C. 融合　　　　　　　D. 放样

（4）在内建模型中，路径只能是一段直线或曲线的建模方法是（　　）。

A. 放样　　　　　　B. 放样融合　　　　C. 拉伸　　　　　　　D. 融合

（5）利用"修改"功能区的（　　）工具，可以在线上加点。

A. 用间隙拆分　　　　　　　　　　　B. 修剪/延伸为角

C. 拆分图元　　　　　　　　　　　　D. 偏移

2. 多选题

（1）下列关于放样路径描述正确的是（　　）。

A. 只能有 1 条

B. 可以是直线、曲线、组合线

C. 可以是闭合或开放的

D. 可以是二维，也可以是三维

（2）在 Revit 内建模型中，建模过程中需要绘制两个轮廓的是（　　）。

A. 放样　　　　　　B. 旋转　　　　　　C. 放样融合　　　　　D. 融合

（3）在 Revit 内建模型中，各轮廓允许是两个或以上不相交、不重叠闭合图形的是（　　）。

A. 拉伸　　　　　　B. 放样融合　　　　C. 旋转　　　　　　　D. 放样

（4）下列选项中，可以作为建模过程图形绘制工作面的是（　　）。

A. 标高平面　　　　　　　　　　　　B. 轴网所在的垂直面

C. 参照平面　　　　　　　　　　　　D. 模型上的某个面

（5）下列属于实心融合模型特征的有（　　）。

A. 两端面形状可以不相同

B. 两端面相互平行

C. 可以是中空的模型

D. 两端面对应顶点间按直线进行连接融合

3. 判断题

（1）使用放样创建模型时，放样路径必须是二维图形。　　　　　　　　　（　　）

（2）Revit 中可以使用空心拉伸剪切项目中的构件。　　　　　　　　　　（　　）

（3）拉伸模型的高度可以通过修改拉伸路径长短来调整。　　　　　　　　（　　）

（4）融合、放样融合的各轮廓只允许是 1 个闭合的二维图形。　　　　　　（　　）

（5）在融合、放样融合模型中，两轮廓对应顶点间的连线决定了模型两端面间融合面的形状。　　　　　　　　　　　　　　　　　　　　　　　　　　　　　　　（　　）

4. 实操题

根据图 3.1.67 创建水闸上游连接段模型。

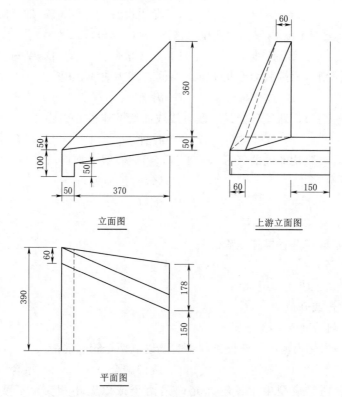

立面图　　　　　　　上游立面图

平面图

图 3.1.67　某水闸上游连接段设计图（单位：cm）

任务 3.2　创建水利工程模型（以创建涵洞洞身模型为例）

根据图 3.2.1 涵洞设计图，创建涵洞洞身模型。

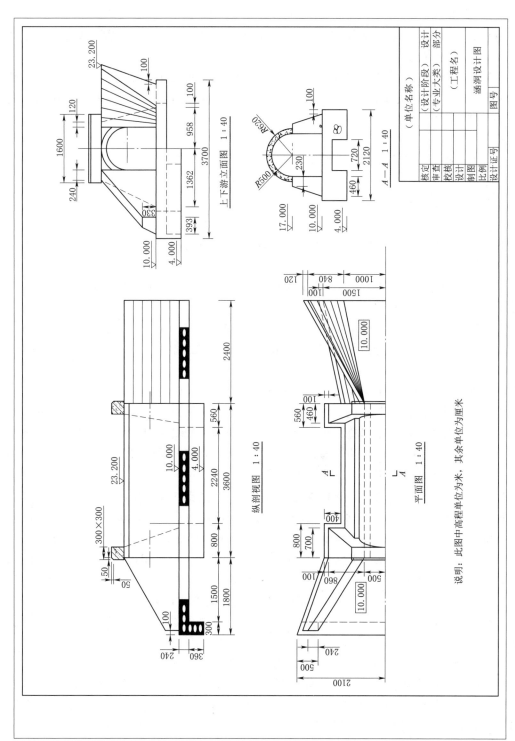

图 3.2.1 某涵洞设计图

3.2.1　识读与整理图纸

3.2.1.1　识读图纸确定构件建模方法

涵洞设计图包含了纵剖视图、平面布置图、上下游立面图和固定位置剖面图。

1. 涵洞整体情况

涵洞总长 78m，最低处为进口段截水墙底面和洞身段基础底面，标高为 4.000m，最高处为洞身进、出口端帽石顶部，标高为 23.500m。图中除标高单位为米外，其他标注单位均为厘米。

2. 进口段

进口段由护底、截水墙和两岸翼墙构成。

3. 出口段

出口段由护底和扭面翼墙构成。

4. 洞身段

洞身段由基础、侧墙、拱圈、端墙基础、端墙、帽石构成。

（1）基础：总长 3600cm，总宽 2120cm，顶部标高 10.000m，截面具体形状、尺寸可在"A-A 剖面图"中查知。基础沿涵洞轴线方向具有相同横截面，可用内建模型"实心拉伸"创建。

（2）侧墙：基础之上洞室左右两侧支撑拱顶部分，高度 700cm，横截面顶宽 230cm，底宽 460cm，两侧墙间距为洞室宽度 1000cm。具体尺寸见"A-A 剖面图"。侧墙用内建模型"实心拉伸"创建。

（3）拱圈：本例采用半圆拱圈，内半径 500cm，外半径 620cm，长 3600cm。具体尺寸形状、位置见图。拱圈沿轴线方向具有相同横截面，采用内建模型"实心拉伸"创建。

（4）端墙基础：端墙底部超出涵洞基础的部分要增加端墙基础，进口处端墙基础截面长 700cm，宽 400cm；出口处端墙基础长 560cm，宽 400cm；厚度与洞身基础两侧厚度一致，为 600cm。端墙基础用实心拉伸方式创建。

（5）端墙：位于基础之上，洞身段进、出口端，起挡土和导流作用，保证涵洞基础稳定。进口处端墙高 1320cm，底面长 700cm，宽 2720cm，顶面长 250cm，宽 1480cm；出口处端墙高 1320cm，底面长 460cm，宽 2720cm，顶面长 250cm，宽 1480cm。端墙顶、底面相互平行且具有不同截面形状，中间由直线连接成面，可以用内建模型"实心融合"创建；创建后的端墙在洞口处用"空心拉伸"剪切出洞口。

（6）帽石：位于洞身进出口端墙顶部，与端墙形成整体，起保护下边墙体和美观作用。本例帽石横截面为 300×300cm，长 1600cm，顶部外缘进行 50 切角处理；布设时沿涵洞轴线方向悬出端墙 50。

3.2.1.2　整理图纸

建模前要进行图纸整理。图纸整理的目的是将 CAD 套图中要用到的图单独保存为 CAD 文件，以便于导入或链接到 Revit 相应视图作为建模时的参照。整理前要注意将原图纸进行复制备份。图纸整理步骤如下：

（1）利用 CAD 软件打开图纸，选择"编辑→带基点复制"，先点击要单独保存的图形上某一点作为基点，然后选择要单独保存的图形部分，之后按空格键或回车键确认选择。

（2）新建一空白图形文件，选择"编辑→粘贴"〈Ctrl＋V〉，按提示在绘图区点击或直接输入插入点坐标完成图形的粘贴。为便于导入到 Revit 时进行图形定位，通常直接输入坐标值（0，0）来指定插入点。

（3）对新图形进行调整，确保图形比例为 1∶1。

如涵洞图纸绘制比例为 1∶40，新粘贴的图需要用"缩放"工具放大 40 倍；然后修改"标注样式→主单位→比例因子"为"1"，并修改文字、符号和箭头大小和线型比例至合适。

（4）保存为新图形文件。调整完毕的图形文件执行"保存"命令，指定保存路径、名称，单击"保存"完成新图形文件的保存。

3.2.2　用内建模型创建水利工程模型的一般步骤

3.2.2.1　新建项目，设置项目单位

在水利工程模型创建中，可以选择"建筑样板"或"结构样板"来创建项目文件；进入项目界面后，选择"管理→设置→项目单位 📦"，在打开的对话框（图 3.2.2）中根据实际设置项目单位。

3.2.2.2　导入 CAD 图到相应视图

1. 导入 CAD 图

切换到相应视图，选择"插入→导入 CAD 📷"，在弹出的窗口中找到并选择要导入的 CAD 图，勾选"仅当前视图"，根据实际选择"导入单位"，"定位"方式选择"自动-原点到内部原点"，如图 3.2.3 所示，之后点"打开"导入图纸。

2. 导入 CAD 图的调整、设置

导入的 CAD 图默认为锁定状态，选中后通过"修改→解锁"可以解除锁定；利用"移动"工具，将 CAD 图与相应标高、轴网对齐；在选项栏中，进行 CAD 图的"背景"或"前景"选择；全部调整完毕后使用"修改→锁定"工具，将 CAD 图再次锁定。

3. 显示/隐藏导入的 CAD 图

当一个视图导入多张图时，显示会非常杂乱，需要将当前不用的图暂时隐藏。可以在"视图→可见性/图形→导入的类别"对话框中将要隐藏的图取消勾选，即可在视图中隐藏该图。

图 3.2.2　"项目单位"设置

3.2.2.3　绘制与编辑轴网、标高

标高、轴网是模型的水平和高程控制线，可根据图纸提供的尺寸自行绘制，也可根据导入的 CAD 图进行绘制。具体操作参照项目 2 的内容。

3.2.2.4　用内建模型创建各构件

各视图导入 CAD 图，调整并确认位置无误后，就可以利用内建模型进行模型创建。

选择"建筑→构建→构件→内建模型"，打开"族类别和族参数"对话框，选择"族

图 3.2.3　导入 CAD 图形窗口

类别"为"常规模型",在弹出的"名称"对话框中为要创建的构件命名,点击"确定"按钮进入内建模型界面。

　　根据构件形状、位置,选择相应建模方法。具体实心、空心模型创建步骤在任务 3.1 中已经详细讲解,这里不再赘述。要注意在建模中,如当前视图有导入的 CAD 图,使用"拾取线"拾取 CAD 图线进行轮廓绘制可提高绘图效率和准确度。

3.2.2.5　项目保存

　　项目在创建后就要进行首次保存,为后期保存提前指定好保存路径和名称;在建模过程中,可根据情况在"文件→选项→常规"中设置"保存提醒间隔"时长,定期提醒保存,以防出现意外导致模型丢失。

知 识 拓 展

"链接 CAD、导入 CAD"和"导入图像"

1. 链接 CAD、导入 CAD

　　在 Revit 项目中,如果有 CAD 图纸,可以把 CAD 图作为背景或前景显示并锁定到相应视图中,可以在视图中直接依照 CAD 图进行轴网、标高以及模型的创建。Revit 提供了两种方法可以将 CAD 图显示到视图中,分别是"链接 CAD"和"导入 CAD"。

　　(1) 链接 CAD。选择"插入→链接→链接 CAD 🔗"打开"链接 CAD"对话框,找到并选择要链接的 CAD 文件,根据实际情况设置"仅当前视图""导入单位""定位"等选项,单击"打开"即可将 CAD 图形链接到项目视图中。

　　链接到项目中的 CAD 图形可以与原 CAD 图联动。原 CAD 图形修改并保存后,在 Revit 项目中通过"管理→管理项目→管理链接 🔗",打开"管理链接"对话框,如图

3.2.4 所示，在"CAD 格式"选项卡中，选中要更新的 CAD 图，单击底部"重新载入"，就可以把原 CAD 图的修改更新到项目文件中。

注意：链接图形到视图中的项目文件在其他电脑中使用时，要将原链接文件一同复制，并在"管理链接"对话框中通过"添加"重新指定链接文件的新路径，否则会因找不到链接文件而无法显示图形。

（2）导入 CAD。导入 CAD 的具体方法前面已经介绍，这里不同叙述。导入到项目的 CAD 图已经被转换成项目图元，无法随原图改变，当原 CAD 图变更时，需要删除已导入的 CAD 图，再次进行导入。

图 3.2.4　管理链接对话框

2. 导入图像

当得到的图纸不是 CAD 格式，而是一张图像格式的文件时，如 PDF、JPG、PNG 等格式，也可以通过"导入"将该图纸用于项目视图中。

（1）图像图纸的导入。在项目视图中，选择"插入→导入→图像 📷"，在打开的"导入图像"对话框中找到并选择需要导入的图像文件，单击"打开"按钮，返回到视图中；此时有两条交叉虚线跟随光标移动，虚线范围就是图像大小范围，交叉点就是图像中心点，在视图中单击，即可将图像导入到该视图中。

（2）导入图像的大小调整。因图像中的长度与标注长度往往不一致，所以需要对导入的图像进行大小调整。选中导入的图像，选择"修改 | 光栅图像→修改→缩放 🔲"工具，先单击图像中某尺寸标注一端尺寸线与尺寸界线的交点，再单击另一端相同交点，然后输入该尺寸标注长度值后回车，完成对图像的缩放；调整图像位置，设置前景/背景后锁定图像。

注意：导入的图像在使用时无法像 CAD 图形一样可选择、捕捉图形中的线条，只能作为建模时的参考，具体的尺寸数据还需要通过轴网、标高以及输入具体数值来进行控制。

技 能 训 练

创 建 涵 洞 洞 身 模 型

1. 整理 CAD 图形

（1）打开"涵洞设计图 . dwg"CAD 文件，选择"编辑→带基点复制"，捕捉并单击"纵剖视图"最左端标高 10.000 处点作为基点，然后框选整个"纵剖视图"，按空格或回车键确认选择。

（2）新建一 CAD 文件，选择"编辑→粘贴"命令，直接输入插入点坐标（0，0）回车，将涵洞纵剖视图复制粘贴到新文件中。

（3）原图采用 1∶40 比例绘图，导入到 Revit 中的图形需要调整为 1∶1 比例。在新文件中选中整个涵洞纵剖视图，使用"修改→缩放"命令，指定缩放基点，输入缩放比例因子"40"后确认，将图形放大 40 倍。

（4）修改当前标注样式中的"调整→标注特征比例→使用全局比例："值为 40，使标注放大 40 倍，正常显示；修改当前标注样式"主单位→测量单位比例因子"为 1；修改"线型全局比例因子"为"20"，使各类线型正常显示。

（5）保存新图形为"涵洞纵剖视图 .dwg"。

（6）采用上述方法，将"涵洞平面图""涵洞 A－A 剖面图"分别保存为单独 CAD文件。

2. 导入 CAD 图形

（1）打开 Revit 软件，在起始界面选择"模型→新建"，在弹出的对话框中选择"建筑样板"，确定后进入项目文件；选择"管理→设置→项目单位"，在对话框中将"长度"单位更改为"厘米"；使用快速访问工具栏的"保存"工具，指定路径、名称，保存项目文件。

（2）切换至南立面视图，将标高 1、标高 2 标高值分别改为"10.000""23.200"；选中标高 1，在"属性"选项板中单击"标高正负零标高"，在下拉选项中选择"上标头"；双击标高名称，将"标高 1""标高 2"改名为"标高 10.000"和"标高 23.200"，如图 3.2.5 所示。

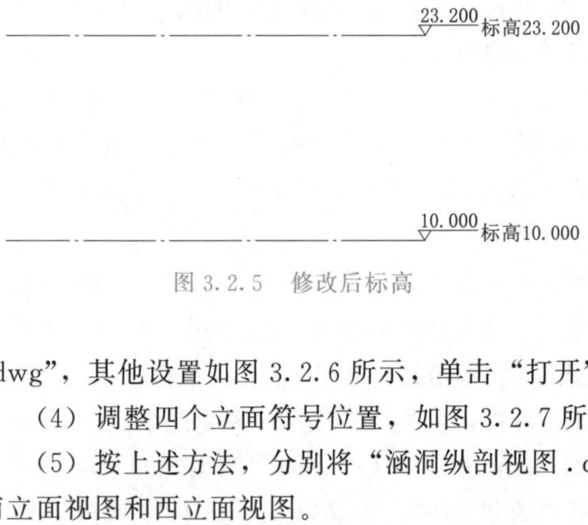

23.200 标高23.200

10.000 标高10.000

图 3.2.5　修改后标高

（3）切换至"标高 10.000"视图，选择"插入→导入 CAD "，在弹出的窗口中找到整理出的"涵洞平面图 .dwg"，其他设置如图 3.2.6 所示，单击"打开"按钮，将 CAD 图导入到视图中。

（4）调整四个立面符号位置，如图 3.2.7 所示。

（5）按上述方法，分别将"涵洞纵剖视图 .dwg""涵洞 A－A 剖面图 .dwg"导入到南立面视图和西立面视图。

3. 创建项目轴网

（1）切换至标高 10.000 视图，选择"建筑→基准→轴网"，使用"绘制→拾取线"工具，分别在视图中单击涵洞洞身段左右两端竖直边线，创建 2 条垂直方向轴线；拾取CAD 图水平中心轴线和洞身段上边边界水平线，创建 2 条水平方向轴线。

（2）修改、标注轴网。

1）更改轴线长度。选中轴线，拖动轴线与轴网标记连接处小圆，调整轴线长度。

2）更改轴线名称。在轴线名称处双击，将两条垂直方向轴线从左到右编号为 1、2，将两条水平方向轴线从下至上编号为 A、B。

3）修改轴线类型属性。选中其中任一条轴线，单击"属性"选项板"编辑类型"，改

图 3.2.6 导入 CAD 图形对话框

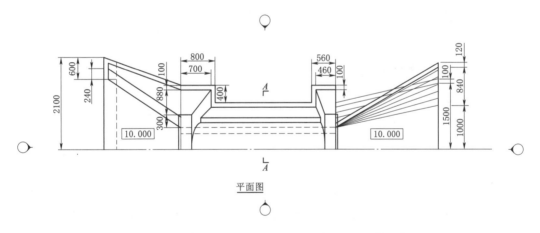

平面图

图 3.2.7 标高 10.000 导入 CAD 图形并调整立面符号位置

"轴线中段"为"连续";勾选轴号两端显示;"非平面视图符号"为"两者";为了和其他线区别显示,也可将"轴线末段颜色"进行更改。

4)标注轴网。选择"注释→对齐"工具,依次单击两条垂直和两条水平轴线,为其添加尺寸标注。

注意:此时,尺寸标注单位仍为毫米,选中其中一个尺寸标注,单击"属性"选项板"编辑类型",在打开的类型属性对话框中找到并单击"单位格式"后按钮,在弹出的对话框中勾选"使用项目设置","确定"。修改、标注后轴网如图 3.2.8 所示。

(3)其他视图标高、轴网、导入 CAD 图形的调整。分别切换到南立面图和西立面

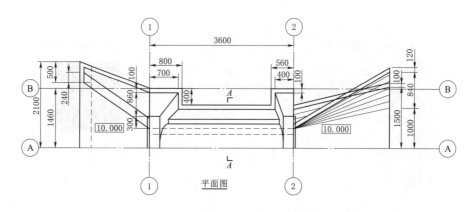

图 3.2.8　10.000 标高视图轴网、CAD 图位置

图，进行标高、轴网的调整；之后，将导入的 CAD 图与视图标高、轴网对齐，如图 3.2.9、图 3.2.10 所示。调整完毕后将标高、轴网、CAD 图锁定。

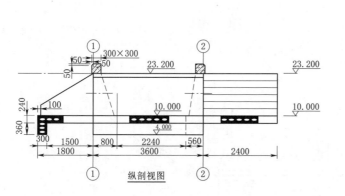

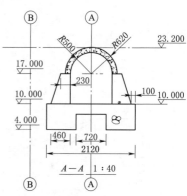

图 3.2.9　南立面标高、轴网、CAD 图　　　　图 3.2.10　西立面标高、轴网、CAD 图

4. 用内建模型创建涵洞洞身模型

分别创建涵洞洞身段的基础、两侧侧墙、拱圈、端墙基础、进出口端墙、帽石。

(1) 创建洞身基础。

1) 进入内建模型界面，模型族类别选择"常规模型"，名称命名为"洞身基础"。

2) 选择"拉伸"模式，利用"工作平面→设置→名称"选取"轴网 1"为工作平面，选择并进入"立面：西"视图。

3) 利用"修改｜创建拉伸→绘制→拾取线"工具，拾取绘制洞身基础轮廓，修剪后如图 3.2.11 所示。

4) 在"属性"选项板中，修改"拉伸起点""拉伸终点"值为"0""−3600"。完成模型创建，返回项目界面，三维视图显示"洞身基础"模型如图 3.2.12 所示。

(2) 创建洞身两侧侧墙。

1) 进入内建模型界面，选择"常规模型"，模型名称命名为"洞身侧墙"；切换到西

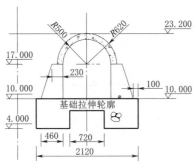

图 3.2.11 洞身基础拉伸轮廓

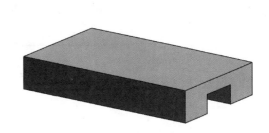

图 3.2.12 洞身基础完成后效果

立面视图。

2）选择"拉伸"建模方式，在"工作平面"对话框中选择"名称→轴网1"，选定拉伸轮廓绘制工作面。

3）利用"修改︱创建拉伸→绘制→拾取线"工具，拾取 A－A 剖视图中侧墙边缘线绘制侧墙轮廓，另一侧轮廓可用镜像得到，如图 3.2.13 所示。

4）确认"属性→拉伸终点"值"－3600"，无误后两次单击 ✅ ，退出内建模型界面；三维视图显示侧墙模型如图 3.2.14 所示。

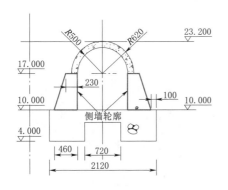

图 3.2.13 洞身侧墙拉伸轮廓

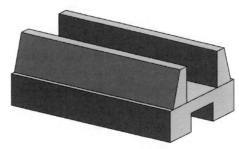

图 3.2.14 洞身侧墙完成后效果

（3）创建洞身拱圈。

1）进入内建模型界面，模型族类别选择"常规模型"，名称命名为"洞身拱圈"，切换到西立面视图。

2）选择"拉伸"模式；利用"工作平面→名称→轴网1"指定绘制工作面。利用"拾取线"工具，拾取 A－A 剖视图中拱圈边缘线绘制出拱圈拉伸轮廓，修剪后如图 3.2.15 所示。

3）修改"属性→拉伸终点"值为"－3600"，两次单击 ✅ 按钮，退出内建模型界面，三维视图显示拱圈模型如图 3.2.16 所示。

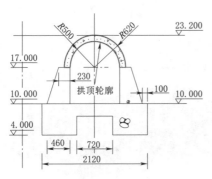

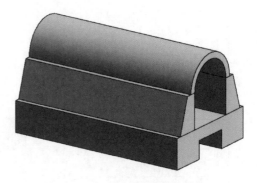

图 3.2.15　洞身拱顶拉伸轮廓　　　　　　　　图 3.2.16　洞身拱顶完成后效果

（4）创建端墙基础。

1）进入内建模型界面，模型族类别选择"常规模型"，名称命名为"洞身端墙基础"，切换到标高 10.000 视图。

2）选择"拉伸"模式，利用"拾取线"工具，拾取图中洞身进出口端两侧端墙基础边缘线绘制端墙基础拉伸轮廓，一侧两个轮廓完成后通过镜像得到另一侧两个，如图 3.2.17 所示。

3）在"属性"选项板中将"拉伸起点""拉伸终点"值分别更改为"0""−600"；然后两次单击  按钮，退出内建模型界面；三维视图显示洞身四角处端墙基础如图 3.2.18 所示。

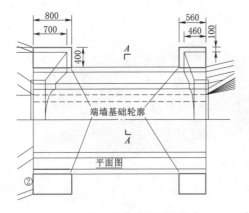

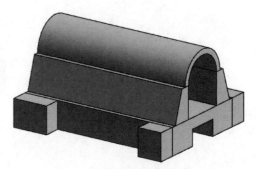

图 3.2.17　洞身端墙基础轮廓　　　　　　　　图 3.2.18　洞身端墙基础完成后效果

（5）创建涵洞进出口端墙。

1）进入内建模型界面，模型族类别选择"常规模型"，名称命名为"洞身端墙"，切换到标高 10.000 视图。

2）选择"融合"模式，利用"拾取线""镜像""修剪/延伸为角"等工具，绘制完成进口处端墙底部、顶部轮廓，如图 3.2.19 所示。

3）在"属性"选项板中将"第一端点""第二端点"值分别修改为"0""1320"；单击一次 按钮退出端墙轮廓绘制状态。

4）按照2）、3）步骤创建出口处端墙，其底、顶部轮廓如图3.2.20所示。

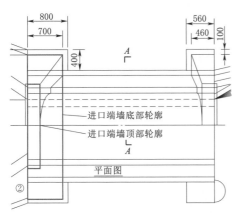

图 3.2.19　进口端墙顶、底部轮廓

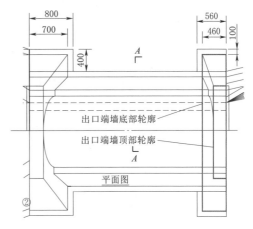

图 3.2.20　出口端墙顶、底部轮廓

5）完成后进、出口处实心端墙模型如图3.2.21所示。注意此时不要退出内建模型状态。

6）用空心拉伸模型剪切端墙洞口。

切换至西立面视图，选择"空心拉伸"模式；选择工作平面为"轴网1"；利用"拾取线""修剪/延伸为角"工具绘制空心洞口轮廓，如图3.2.22所示；在"属性"选项板修改"拉伸终点"值为"－3600"；单击 ✅ 退出空心拉伸创建状态。

使用"剪切几何图形"工具，依次选中实心端墙和空心洞口，为进出口处两端墙开出洞口。单击功能区 ✅，完成端墙模型创建，返回到项目界面，三维视图中显示端墙如图3.2.23所示。

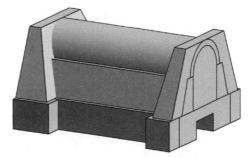

图 3.2.21　进、出口处端墙实心模型

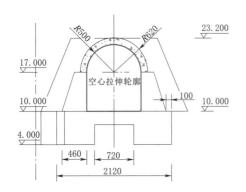

图 3.2.22　剪切端墙空心拉伸轮廓

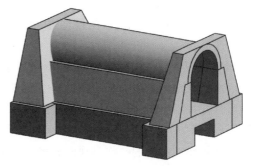

图 3.2.23　剪切洞口后端墙效果

（6）创建进出口顶部帽石。

1）进入内建模型界面，模型族类别选择"常规模型"，名称命名为"洞身帽石"，切换到南立面视图。

2）选择"拉伸"模式，在"工作平面"设置窗口中选择"名称→轴网A"。

3）利用"拾取线""修剪/延伸为角"工具绘制帽石拉伸轮廓，如图3.2.24所示。

4）在"属性"选项板修改"拉伸起点""拉伸终点"值分别为"-800""800"；两次单击 ✅ 退出帽石创建状态，返回到项目界面。

完成后洞身段模型效果如图3.2.25所示。

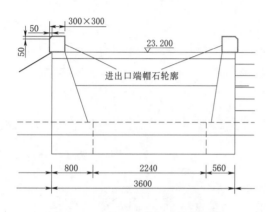

图3.2.24　进出口端帽石拉伸轮廓

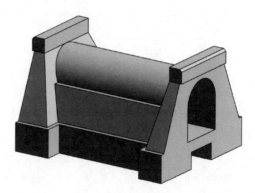

图3.2.25　洞身段模型完成后效果

<h2 style="text-align:center">巩 固 练 习</h2>

1. 单选题

（1）如无特殊要求，导入到Revit视图中的CAD图形比例应为（　　）。

A. 1∶1　　　　　B. CAD原比例　　　　　C. 视图显示比例　　　　　D. 可随意设定

（2）导入视图且已锁定的CAD图形无法选中，如何解决？（　　）

A. 将CAD图形解锁　　　　　　　　　B. 勾选"选择锁定图元"

C. 将CAD图形锁定　　　　　　　　　D. 重新导入CAD图形

（3）某图元通过右击"在视图中隐藏→图元"进行隐藏，如何重新在视图中显示？（　　）

A. 在视图控制栏的"临时隐藏/隔离"中显示

B. 选择右键快捷菜单中"在视图中隐藏图元"显示

C. 打开视图控制栏的"显示隐藏的图元"，选中隐藏图元后右击，选择"取消在视图中隐藏→图元"

D. 在视图控制栏的"临时视图属性"中显示

（4）绘制轴网的快捷键是（　　）。

A. RP　　　　　　　B. LL　　　　　　　C. GR　　　　　　　D. VV

（5）Revit 中，标高的单位是（　　）。

A. 米　　　　　　　B. 分米　　　　　　C. 厘米　　　　　　D. 毫米

2. 多选题

（1）下列不能用于轴号的字母是（　　）。

A. Z　　　　　　　B. D　　　　　　　C. O　　　　　　　D. I

（2）下列关于 Revit "链接 CAD" 描述正确的是（　　）。

A. 链接 CAD 图形不能分解

B. 原 CAD 文件更改后，Revit 可以更新项目中的链接 CAD

C. 可以设置为 "背景" 或 "前景"

D. 链接 CAD 图形可以被捕捉、拾取

（3）下列关于 Revit "导入 CAD" 描述正确的是（　　）。

A. 导入的 CAD 图形可以分解成 Revit 项目的图元

B. 导入的图形可以被捕捉、拾取

C. 软件可以将原 CAD 文件的更改自动更新到导入的 CAD 图形

D. 原 CAD 文件更改时，要重新导入 CAD 图形

（4）下列关于 Revit 导入图像描述正确的是（　　）。

A. 可以作为建模参照，但不能通过图像来精确控制模型尺寸、位置

B. 图像中的线条可以被捕捉、拾取

C. 可以设置为 "背景" 或 "前景"

D. 要对导入的图像进行缩放，以使图像尺寸尽量接近标注尺寸

（5）下列关于 Revit 导入 CAD 图形的作用描述正确的是（　　）。

A. 绘制轴网、标高，对模型进行精确定位

B. 精确控制模型尺寸

C. 精确控制模型形状

D. 可直接在项目视图中查看 CAD 图，不用来回进行 Revit 和 CAD 窗口切换

3. 判断题

（1）拉伸创建的模型一定可以通过放样、融合、放样融合方式创建出来。　　（　　）

（2）Revit 项目文件首次保存后，软件可按设定的时间间隔进行自动保存。　（　　）

（3）建模前的图纸整理，只需要将用到的图保存为单独的 CAD 文件即可，不需要进行图纸比例、注释样式等的调整。　　　　　　　　　　　　　　　　　（　　）

（4）用内建模型来创建水利工程模型时，必须使用 "建筑样板" 来创建项目文件。

（　　）

（5）导入的 CAD 图默认为锁定状态，选中后通过 "修改→解锁" 可以解除锁定。

（　　）

4. 实操题

根据图 3.2.26 创建涵洞洞身段模型，最终效果见图 3.2.27（a）、(b)。

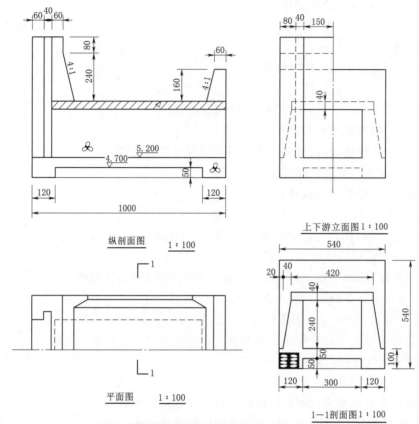

纵剖面图　　　1：100

平面图　　　1：100

上下游立面图 1：100

1—1剖面图 1：100

说明：此图高程单位为米，其余单位为厘米。

图 3.2.26　涵洞洞身段图

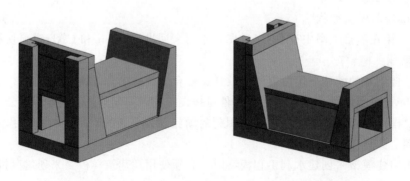

（a）左前上视角涵洞洞身模型　　　　（b）右前上视角涵洞洞身模型

图 3.2.27　涵洞洞身三维模型

项目4 创建模型族和水利工程常见模型族

【项目导入】

族是 Revit 中一个非常重要的构成要素，正因为族概念的引入，才可以实现参数化设计。虽然水利工程的部分水工建筑物形体复杂，规律性差，但大部分水工建筑物形体仍具有一定的规律，这为参数化建模提供了可能性，为族的创建提供了契机。项目3讲述了如何利用内建模型创建水利工程模型，但该模型无法用于其他项目，限制了其使用范围。本项目主要讲述如何创建水利工程可载入参数化族，该族可以载入到其他项目中，进行参数化设计，使用范围广泛。

【项目描述】

本项目首先学习如何创建模型族，其次学习基于轮廓族采用"放样"和"放样融合"创建水利工程常见模型族的方法，并拓展了族类别、族类型、族参数、参照平面、参照线等相关专业知识，以创建城门洞型涵洞族和扭面渐变段族为例进行技能训练，达到能够创建水利工程常见模型族的目的。

【学习目标】

1. 知识目标

（1）熟悉水工建筑物的形体规律。

（2）掌握创建模型族的方法。

（3）掌握基于轮廓族创建水利工程常见模型族的方法。

2. 能力目标

（1）能够识读水利工程图纸。

（2）能够创建水利工程常见模型族。

（3）能够基于轮廓族创建水利工程常见模型族。

3. 素质目标

（1）通过多种方法建族，使学生体验解决问题方法的多样性，发展创新意识。

（2）通过示例引导、规律教学、巩固练习，培养学生举一反三、触类旁通的思维能力。

（3）通过综合运用工程制图、水工建筑物和 Revit 的相关知识进行建模，培养学生的跨学科综合运用能力。

【思政元素】

（1）在创建族的过程中，通过对族不断进行调整和改进，培养学生精益求精、追求极致的工匠精神。

（2）通过学习水利工程 BIM 技术，培养学生对专业发展前景的信心，提升学生的专业认同感。

（3）通过学习水利工程 BIM 技术，使学生了解水利行业的发展方向，培养学生的社会责任感和历史使命感。

任务 4.1　创 建 模 型 族

4.1.1　相关概念

4.1.1.1　族

Revit 族有三种类型：系统族、可载入族和内建族。

1. 系统族

系统族是在 Revit 中预定义的，如墙、楼板、天花板、轴网、标高等，它们无法创建，不能从外部文件载入到项目中，也不能将其保存到项目之外的位置。

2. 可载入族

可载入族是使用族样板在项目外创建的 rfa 文件，可以载入到项目中，具有高度可自定义的特征，因此可载入族是 Revit 中最常创建和修改的族。一般习惯性称呼的“族”都是指可载入族。

3. 内建族

内建族是指在项目环境中直接创建的特殊构件，只能在当前项目中使用，不能用于其他项目，应用范围具有一定的局限性。

4.1.1.2　族样板

创建族时，首先需要选择族样板文件（＊.rft），Revit 的族样板文件很多，如图 4.1.1 所示，可以将其分为五类。

图 4.1.1　族样板

1. 注释

标题栏和注释都属于注释，主要编辑的是文字属性。

2. 轮廓

轮廓编辑的是二维平面属性，常用族样板是"公制轮廓.rft"。

3. 自适应

自适应族可以根据项目需要自由变化，灵活适应许多独特的条件，常用族样板是"自适应公制常规模型.rft"。

4. 概念体量

概念体量为设计师提供概念设计的平台，使复杂的构造能够直观地、快速地展示出来，并灵活地修改和调整。

5. 常规模型

常规模型族样板包括基于主体的族样板、基于面的族样板、基于线的族样板、独立族样板和专用族样板。采用基于主体的族样板可以创建依赖于主体（幕墙、楼板、墙、天花板、屋顶）的构件；采用基于面的族样板可以创建基于工作平面或形体任意表面的构件；采用基于线的族样板创建的构件载入项目时需要通过绘制线或拾取线的方式放置构件；采用独立族样板创建的构件载入项目时可以放置在任意位置而不依赖于主体；当构件需要与模型进行特殊交互时可使用专用族样板，如"结构框架"族样板仅可用于创建结构框架构件。

创建水利工程模型常用的常规模型族样板包括"公制常规模型""基于面的公制常规模型""基于线的公制常规模型"和"公制结构框架-梁和支撑"等，本项目主要学习"公制常规模型"，该族样板可以制作几乎所有的三维模型族。

4.1.1.3 族类别和族参数

选择"创建"→"属性"→"族类别和族参数"，如图 4.1.2 所示，打开"族类别和族参数"对话框，对族类别和相应的族参数进行设置。

族类别的选择决定了该族在 Revit 中如何分类，创建族之前要想好族属于什么类别，对族进行合理分类。

族参数用于规定族行为，不同的族类别对应不同的族参数。

4.1.1.4 族类型

选择"创建"→"属性"→"族类型"，如图 4.1.3 所示，打开"族类型"对话框，可以新建族类型、新建参数，编辑参数，或为现有参数输入参数值。

1. 新建族类型

单击"新建类型"按钮 ，可以创建一个新的类型。

2. 新建参数

单击"新建参数"按钮 ，打开"参数属性"对话框，如图 4.1.4 所示，可以新建参数，

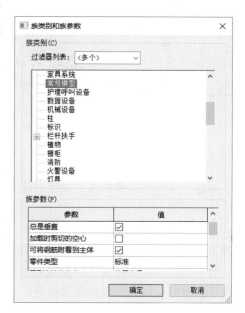

图 4.1.2 "族类别和族参数"对话框

包括设置参数类型、输入参数名称、选择规程、类型、分组方式等。

3. 编辑参数

选择已有参数，单击"编辑参数"按钮 ，打开"参数属性"对话框，如图 4.1.4 所示，可以对参数属性：名称、规程、参数类型和参数分组方式等进行编辑。

图 4.1.3 "族类型"对话框

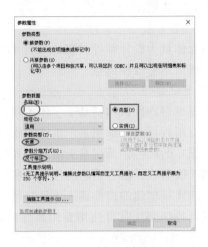

图 4.1.4 "参数属性"对话框

4.1.1.5 参照平面

参照平面是创建族的重要工具，主要用于在参照平面上锁定形体，从而达到通过参照平面驱动形体的目的。

选择"创建"→"基准"→"参照平面"，激活"修改|放置 参照平面"选项卡，如图 4.1.5 所示。

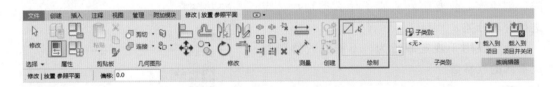

图 4.1.5 "修改|放置 参照平面"选项卡

1. 创建参照平面

通过"线"或"拾取线"命令创建参照平面，如图 4.1.6 所示。

2. 参照平面属性

参照平面"属性"选项板如图 4.1.7 所示，参照平面有"是参照"的属性，该属性可设置为非参照、强参照、弱参照等，主要用于控制参照平面的优先级别。当设置为强参照时，载入项目放置族时会自动捕捉到该平面或将临时尺寸标注到该平面，弱参照的捕捉等级次于强参照，而非参照则无法捕捉。

图 4.1.6　创建参照平面　　图 4.1.7　参照平面"属性"选项板

4.1.2　创建模型族的方法与步骤

4.1.2.1　新建族文件

打开"Revit 2022"，在开始界面→"族"，点击"新建"，或者选择"文件"→"新建"→"族"，打开"新族-选择样板文件"对话框，如图 4.1.1 所示，选择"公制常规模型"，进入族环境。

族环境界面与项目环境界面类似，但相对简单。

在项目浏览器→视图，主要有楼层平面"参照标高"、天花板平面"参照标高"、立面"前、后、左、右"及三维视图"视图 1"，分别代表模型的"俯视图""仰视图""前、后、左、右视图"及"三维视图"。

在绘图区域，有呈"十"字形交叉的参照平面：中心（左/右）、中心（前/后）和与参照标高位置重合的参照平面，用于辅助定位或添加带标签的尺寸标注。

在绘图区域，两个参照平面的交点为定义原点，它是族在项目中的插入点。

4.1.2.2　设置族类别

选择"创建"→"属性"→"族类别和族参数"，打开"族类别和族参数"对话框，建议根据实际情况选择族类别，默认为"常规模型"。

如族类别选择"常规模型"，常用的族参数如下：

基于工作平面：默认不勾选，勾选表示创建基于面的公制常规模型，如果创建一个垂直于倾斜面的构件模型，则应勾选此参数。

总是垂直：默认勾选，表示族载入到项目时，始终保持竖直状态，即使该族放置于倾斜的构件上，也显示为垂直。

可将钢筋附着到主体：默认不勾选，对于钢筋混凝土结构构件，应勾选此参数，便于后续配置钢筋。

共享：当子族嵌套到主族时，如果勾选子族的此参数，则可以从主族中独立选择和独立标记，同时可以用明细表统计到该族。

4.1.2.3　创建形体

在 Revit 中，创建形体的方法包括拉伸、融合、旋转、放样、放样融合和空心形状，其具体使用方法参见项目 3。

4.1.2.4　参数化

图 4.1.8 给出了族通过参数驱动形体改变的基本原理：形体锁定到参照平面，参照平面之间的距离采用尺寸标注标记，尺寸标注与参数关联，因此改变参数使关联的尺寸标注发生改变，继而改变参照平面之间的距离，使参照平面发生移动，从而使锁定到参照平面的形体跟随参照平面的移动而改变。

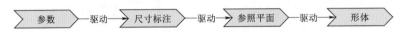

图 4.1.8　参数驱动形体改变的原理

1. 添加参照平面

在平面视图，选择"创建"→"基准"→"参照平面"，沿轮廓线创建参照平面。

注意：每条线的端点都需要水平和竖直两个参照平面，且同一个水平面或竖直面的位置有且仅有一个参照平面。

2. 添加尺寸标注

选择"注释"→"尺寸标注"→"对齐"，如图 4.1.9 所示，对参照平面之间的距离进行尺寸标注。

如图 4.1.10 所示，将参照平面②、③之间的距离二等分，选择"注释"→"尺寸标注"→"对齐"，依次单击参照平面②、中心和③，出现标注预览时，单击左键放置标注，出现蓝色"EQ"，单击"EQ"，则尺寸标注数字变为 EQ，则两个尺寸标注的距离始终相等。

注意：为避免发生错误，尺寸标注时应捕捉参照平面，而不是形体轮廓线。

图 4.1.9　"注释"选项卡

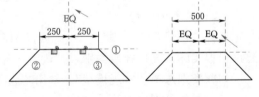

图 4.1.10　尺寸标注二等分

3. 关联尺寸标注

在"参数属性"对话框中新建参数，并在尺寸标注"标签"下拉选项中选择参数，使参数与尺寸标注关联。

方法一：

在绘图区域，选中已创建的尺寸标注，在"标签尺寸标注"面板，单击🗒，打开"参数属性"对话框，新建参数；在"标签"下拉选项中选择该参数，则尺寸标注与参数关联成功，操作步骤如图 4.1.11 所示。

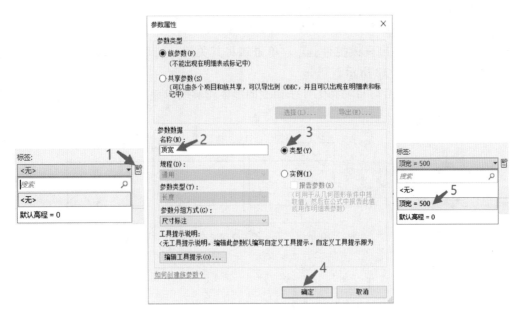

图 4.1.11 关联尺寸标注的方法一

方法二：

在"创建"选项卡→"属性"面板，单击 ▦，打开"族类型"对话框，单击 🗋，打开"参数属性"对话框，新建参数，单击"确定"，返回"族类型"对话框，单击"确定"退出；在绘图区域，选中已创建的尺寸标注，在"标签"下拉选项中选择对应的参数，则尺寸标注与参数关联成功，操作步骤如图 4.1.12 所示。

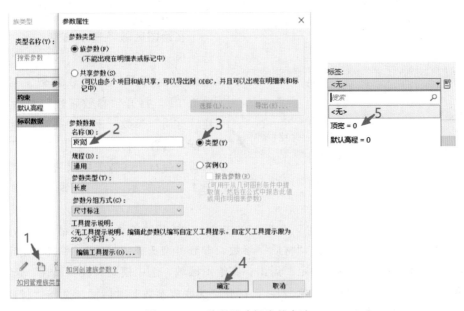

图 4.1.12 关联尺寸标注的方法二

4. 锁定到参照平面

选择"修改"→"修改"→"对齐"，在绘图区域，单击参照平面，再单击随参照平面移动的形体轮廓线，出现锁控件 ，单击锁将其关闭，则形体轮廓线与参照平面锁定，操作步骤如图 4.1.13 所示。

注意：因为 Revit 有时自动将工作平面上的形体轮廓线与参照平面锁定，所以有时可省略此步骤。

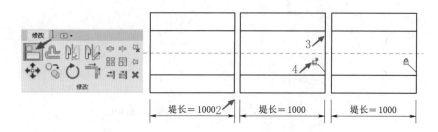

图 4.1.13　锁定到参照平面的方法

5. 调试

选择"创建"→"属性"→"族类型"，打开"族类型"对话框，如图 4.1.14 所示，依次调整各参数值，单击"应用"或"确定"，查看形体变化是否正确，若出现错误，则检查步骤 1～4 并进行调整。

4.1.2.5　关联材质

在"参数属性"对话框中新建材质参数，并与模型的材质属性关联，具体方法：

方法一：

在绘图区域，选中模型，在"属性"选项板→"材质和装饰"区域→"材质"，单击 ，打开"关联族参数"对话框，单击 ，打开"参数属性"对话框，新建"材质"参数；返回"关联族参数"对话框，选择"材质"，单击"确定"，则材质属性与材质参数关联成功，操作步骤如图 4.1.15 所示。

图 4.1.14　"族类型"对话框

方法二：

在"创建"选项卡→"属性"面板，单击 ，打开"族类型"对话框，单击 ，打开"参数属性"对话框，新建"材质"参数，参数类型选择"材质"，单击"确定"，返回"族类型"对话框，单击"确定"退出；在绘图区域，选中模型，在"属性"选项板→"材质和装饰"区域→"材质"，单击 ，打开"关联族参数"对话框，选择"材质"，则材质属性与材质参数关联成功，操作步骤如图 4.1.16 所示。

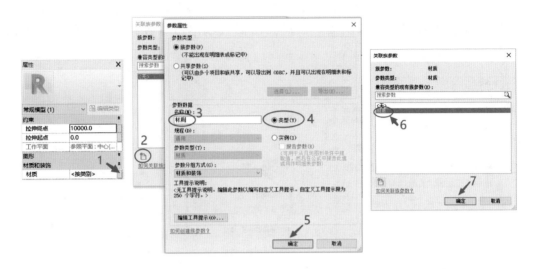

图 4.1.15 关联材质的方法一

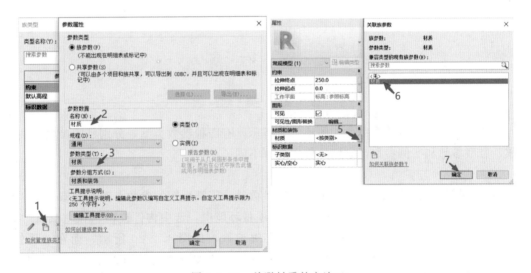

图 4.1.16 关联材质的方法二

注意：此处只给族添加了材质参数，并没有设置具体的材质，其材质可以在族载入项目后，在如图 4.1.17 所示的"类型属性"对话框中，单击 ⋯ ，打开"材质浏览器"对话框，选择具体的材质进行设置。

族文件创建完成，保存为 .rfa 文件。

4.1.2.6 载入项目

在项目环境中，选择"插入"→"载入族"，打开"载入族"对话框，选择需要载入的族文件，单击"打开"，则族文件被载入到项目中。

4.1.2.7 放置构件

选择"结构"→"构件"→"放置构件"，在绘图区域单击左键即可放置构件；如果项目中存在多个常规模型族，则应首先在"属性"选项板中，单击下拉箭头，在下拉选项中选择需要放置的族类型，然后在绘图区域单击放置构件，操作步骤如图4.1.18 所示。

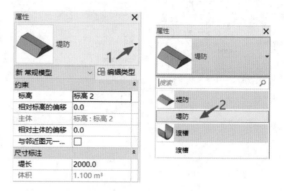

图 4.1.17　"类型属性"对话框　　　　　　　　图 4.1.18　"属性"选项板

知 识 拓 展

参 数 类 型

在"参数属性"对话框中，如图 4.1.4 所示，有四种参数类型，分别是族参数、共享参数、类型参数和实例参数，它们的作用各有不同。

1. 类型参数与实例参数

Revit 层级结构如图 4.1.19 所示，类型参数是"族类型"的参数，而实例参数是"族实例"的参数。在项目环境中，选中构件模型，在"属性"选项板中出现的是实例参数，如图 4.1.20 所示，而在"属性"选项板→"编辑类型"→"类型属性"对话框中出现的是类型参数，如图 4.1.21 所示。修改实例参数，只改变选中的模型图元，而修改类型参数，则改变项目中该类型的所有模型图元。

图 4.1.19　Revit 层级结构

2. 族参数与共享参数

在族环境中定义的共享参数，存储在一个独立的 .txt 文件中，共享参数会出现在项目文件"明细表属性"对话框的"可用的字段"中，用于统计该参数的明细。

将族参数"顶宽"设置为共享参数的方法如下：

（1）在族环境中，选择"创建"→"属性"→"族类型"，打开"族类型"对话框，选中"顶宽"，单击 ✐；打开"参数属性"对话框，选择"共享参数"，单击"选择…"；

图 4.1.20　实例参数　　　　　　　　图 4.1.21　类型参数

图 4.1.22　设置"共享参数"的方法

打开"共享参数"对话框，单击"编辑"；打开"编辑共享参数"对话框，单击"创建"，在本地电脑中，新建.txt文件，单击"新建"；打开"参数属性"对话框，新建"顶宽"参数，单击"确定"，返回"编辑共享参数"对话框，可以看到"参数"列表中出现"顶宽"，则共享参数"顶宽"创建成功，操作步骤如图 4.1.22 所示。

（2）将族载入项目，选择"视图"→"创建"→"明细表/数量"→"常规模型"，打开"明细表属性"对话框，在"可用的字段"中，出现"顶宽"，如图 4.1.23 所示，单击"添加参数"，即可在明细表中提取项目中的"顶宽"明细。

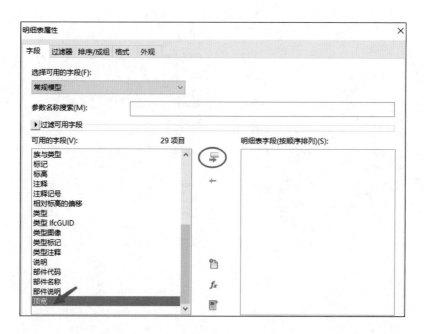

图 4.1.23　"明细表属性"对话框

技　能　训　练

创建城门洞型涵洞族

1. 新建族文件

打开"Revit 2022",在开始界面→"族",点击"新建",打开"新族-选择样板文件"对话框,选择"公制常规模型",单击"打开",进入族环境。

2. 创建形体

打开右立面视图,选择"创建"→"形状"→"拉伸",在绘图区域,绘制城门洞型涵洞外轮廓,如图 4.1.24 所示;在"属性"选项板→"约束"区域→"拉伸终点",输入1000,单击 ☑ 。

选择"创建"→"形状"→"空心形状"→"空心拉伸",在绘图区域,绘制城门洞型涵洞内轮廓,如图 4.1.25 所示;单击 ☑ ,城门洞型涵洞模型如图 4.1.26 所示。

注意:断面轮廓和纵向长度的尺寸可自行拟定,保证形体正确即可。

3. 参数化

(1) 添加参照平面。打开右立面视图,选择"视图"→"图形"→"可见性/图形",打开"立面:右的可见性/图形替换"对话框,如图 4.1.27 所示,在"注释类别"选项卡,取消勾选"标高",则"参照标高"被隐藏,便于捕捉与参照标高重合的参照平面。

图 4.1.24 城门洞型
涵洞外轮廓

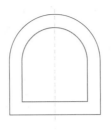

图 4.1.25 城门洞型
涵洞内轮廓

图 4.1.26 城门洞型
涵洞模型

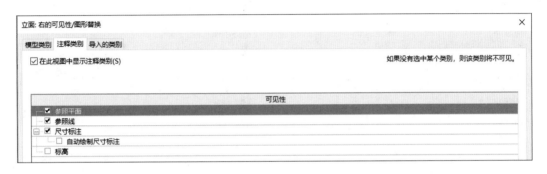

图 4.1.27 "可见性/图形替换"

选择"创建"→"基准"→"参照平面",沿断面轮廓,添加水平和竖直参照平面;打开"参照标高"楼层平面视图,选择"创建"→"基准"→"参照平面",沿断面轮廓,添加竖直参照平面,如图 4.1.28 所示。

(2) 添加尺寸标注。打开右立面视图,选择"创建"→"尺寸标注"→"对齐",依次对参照平面之间的距离进行尺寸标注;打开"参照标高"楼层平面视图,选择"创建"→"尺寸标注"→"对齐",对参照平面之间的距离进行尺寸标注,如图 4.1.29 所示。

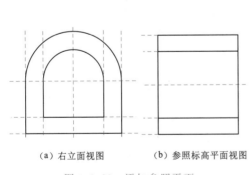

(a) 右立面视图   (b) 参照标高平面视图

图 4.1.28 添加参照平面

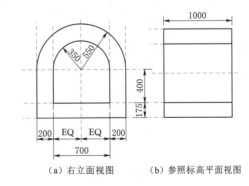

(a) 右立面视图   (b) 参照标高平面视图

图 4.1.29 添加尺寸标注

(3) 关联尺寸标注。

1) 新建参数。选择"创建"→"属性"→"族类型",打开"族类型"对话框,单击 🗋,打开"参数属性"对话框,新建"净宽"类型参数,如图 4.1.30 所示,单击"确定"，参数创建成功；采用同样的方法，新建"下净高""侧壁厚""底板厚""上内半径""上外半径"和"长度"参数，其中"长度"宜为实例参数，其"参数属性"对话框设置如图 4.1.31 所示，其余参数均为类型参数。

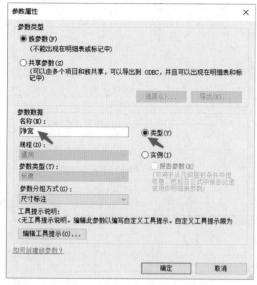
图 4.1.30 新建"净宽"类型参数

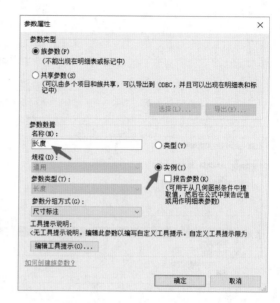
图 4.1.31 新建"长度"实例参数

新建"上内半径"和"上外半径"参数后，在"族类型"对话框→"公式"中，应输入计算公式，如图 4.1.32 所示。

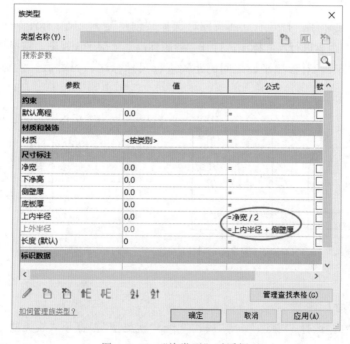
图 4.1.32 "族类型"对话框

2）关联参数。在绘图区域，选中"尺寸标注 700"，在"标签尺寸标注"→"标签"下拉选项中，如图 4.1.33 所示，选择"净宽"，则"尺寸标注 700"与"净宽"关联成功；采用同样的方法，将其他尺寸标注与对应的参数关联，如图 4.1.34 所示。

图 4.1.33　"标签尺寸标注"面板

图 4.1.34　关联尺寸标注

（a）右立面视图　　　（b）参照标高平面视图

（4）锁定到参照平面。经测试，右立面视图的轮廓均已与参照平面锁定。打开"参照标高"楼层平面视图，将其轮廓与其对应的参照平面锁定，如图 4.1.35 所示。

（5）调试。选择"创建"→"属性"→"族类型"，打开"族类型"对话框，如图 4.1.36 所示，依次调整各参数值，单击"应用"或"确定"，查看形体变化是否正确，若出现错误，则检查步骤（1）～（4）并进行调整。

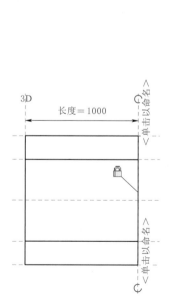

图 4.1.35　锁定到参照平面

图 4.1.36　"族类型"对话框

4. 关联材质

（1）新建参数。选择"创建"→"属性"→"族类型"，打开"族类型"对话框，单击 ，打开"参数属性"对话框，如图 4.1.37 所示，新建"材质"类型参数，参数类型为"材质"，单击"确定"，返回"族类型"对话框，单击"确定"退出。

（2）关联参数。选中模型，在"属性"选项板→"材质和装饰"区域→"材质"，单击 ▦，打开"关联族参数"对话框，选择"材质"，如图 4.1.38 所示，则材质属性与材质参数关联成功。

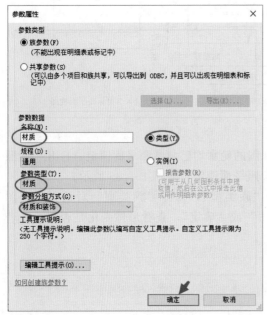

图 4.1.37 新建材质参数

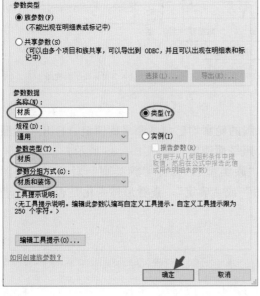

图 4.1.38 关联材质

族文件创建完成，保存为"城门洞型涵洞.rfa"文件。

巩 固 练 习

1. 单选题

（1）下列（   ）是组成项目的基本单元，是参数信息的载体。

A. 构件　　　　　　B. 族　　　　　　C. 参数　　　　　　D. 协同中心

（2）下列不属于 Revit 族分类的是（   ）。

A. 系统族　　　　　B. 体量族　　　　C. 可载入族　　　　D. 内建族

（3）Revit 族文件的扩展文件名为（   ）。

A. rvp　　　　　　B. rvt　　　　　　C. rfa　　　　　　D. rft

（4）族创建中，需要通过绕轴放样二维形状方法是（   ）。

A. 旋转　　　　　　B. 拉伸　　　　　C. 融合　　　　　　D. 放样

（5）Revit 中项目、类别、族、类型和实例之间的相互关系是（　　）。

A. "项目"包含"类别"包含"族"包含"类型"包含"实例"

B. "项目"包含"类型"包含"族"包含"类别"包含"实例"

C. "项目"包含"族"包含"类型"包含"类别"包含"实例"

D. "项目"包含"族"包含"类别"包含"类型"包含"实例"

2. 多选题

（1）Revit 软件的基本文件格式主要分为（　　）格式。

A. rte　　　　　　B. rvt　　　　　　C. rft　　　　　　D. rfa

（2）Revit 布尔运算的方式有（　　）。

A. 粘贴　　　　　B. 剪切　　　　　C. 拆分　　　　　D. 连接

（3）"实心放样"命令的用法正确的是（　　）。

A. 必须指定轮廓和放样路径　　　　B. 路径可以是样条曲线

C. 轮廓可以是不封闭的线段　　　　D. 路径可以是不封闭的线段

（4）族环境中，预设的参照平面包括（　　）。

A. 中心（左/右）　　　　　　　　　B. 中心（前/后）

C. 中心（东/西）　　　　　　　　　D. 中心（南/北）

（5）创建常规模型族时，参数的类型包括（　　）。

A. 族参数　　　　　　　　　　　　B. 共享参数

C. 类型参数　　　　　　　　　　　D. 实例参数

3. 判断题

（1）族样板是创建族的初始文件，在安装软件时自动下载到安装目录下，其格式为 rft。　　　　　　　　　　　　　　　　　　　　　　　　　　　　　　（　　）

（2）内建族仅能在本项目中使用，但能保存为单独的".rfa"格式的族文件。（　　）

（3）修改类型属性的值会影响该族类型的所有实例。　　　　　　　　　（　　）

（4）在 Revit 中，族形体创建时，可以创建实心形状，无法创建空心形状。（　　）

（5）在 Revit 中，类型比实例在图元管理的模式中低一个等级。　　　（　　）

4. 实操题

创建 U 型渡槽槽身族，如图 4.1.39 所示。

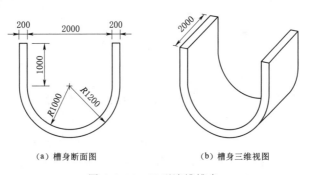

（a）槽身断面图　　　　　　　（b）槽身三维视图

图 4.1.39　U 型渡槽槽身

任务 4.2　创建水利工程常见模型族

4.2.1　创建水利工程常见模型族的思路

水利工程中常见的部分水工建筑物如隧洞、涵洞、渠道、渡槽、重力坝、土石坝等，其形体特点是横剖面形状沿轴线不变。图 4.2.1 为 U 型渡槽槽身，其横断面沿中心线保持不变，断面轮廓为 1-2-3-4-5-6-7-8-9-10；图 4.2.2 为非溢流重力坝段，其横断面沿纵轴线保持不变，断面轮廓为 1-2-3-4-5-6。在 Revit 中，可以采用"拉伸"或"放样"命令创建此类水工建筑物。

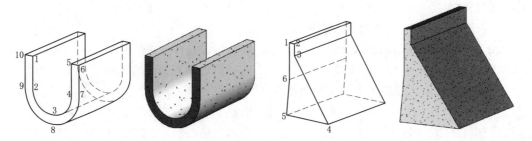

图 4.2.1　U 型渡槽槽身示意图　　　　图 4.2.2　非溢流重力坝段示意图

水利工程中常见的渐变段包括扭面渐变段和方圆渐变段等，其形体特点是渐变段两端的横截面形状不同，而渐变段从一端面逐渐过渡到另一端面。图 4.2.3 为扭面渐变段，一端面为 1-2-3-4-5-6-7-8，另一端面为 1'-2'-3'-4'-5'-6'-7'-8'，迎水面从矩形 1-2-3 逐渐过渡为梯形 1'-2'-3'，背水面从 4-5-6 逐渐过渡为 4'-5'-6'；图 4.2.4 为渡槽方圆渐变段，一端面为 1-2-3-4-5-6，另一端面为 1'-2'-3'-4'-5'-6'，迎水面从 1-2-3 逐渐过渡为 1'-2'-3'，背水面从 4-5-6 逐渐过渡为 4'-5'-6'。在 Revit 中，可以采用采用"融合"或"放样融合"命令创建此类水工建筑物。

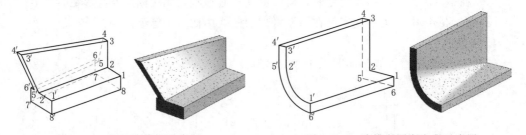

图 4.2.3　扭面渐变段示意图　　　　图 4.2.4　渡槽方圆渐变段示意图

无论采用"拉伸""放样""融合"或"放样融合"都涉及到端面轮廓，但"拉伸"和"融合"必须绘制端面轮廓，而"放样"和"放样融合"则可以利用载入轮廓的方式创建端面轮廓，如图 4.2.5、图 4.2.6 所示。考虑到水利工程中存在较多典型轮廓，因此本任务主要学习基于轮廓族采用"放样"和"放样融合"创建水利工程常见模型族，且只学习路径为直线的情况，此种建族方式大大降低了族的创建难度，使族的创建过程变得简单化、方便化和标准化。

图 4.2.5　"修改｜放样"面板

图 4.2.6　"修改｜放样融合"面板

4.2.2　创建水利工程常见模型族的方法与步骤

4.2.2.1　创建轮廓族

轮廓族是一个二维的封闭图形，在建筑建模时，可以将其载入到项目中并应用于某些建筑图元，如墙饰条、封檐板、栏杆扶手、楼板边缘、檐沟等，而在水利工程建模中，主要将其用于"放样"和"放样融合"的载入轮廓。

创建轮廓族的方法与步骤如下：

1. 新建族文件

在"文件"→"新建"→"族"中，打开"新族-选择样板文件"对话框，选择"公制轮廓"，进入轮廓族环境，"创建"选项卡如图 4.2.7 所示。

图 4.2.7　轮廓族环境-"创建"选项卡

2. 绘制轮廓

选择"创建"→"详图"→"线"，绘制轮廓线，建议以定位原点为基点，以中心（左/右）参照平面为对称轴。

3. 参数化

（1）添加参照平面。选择"创建"→"基准"→"参照平面"，沿轮廓线添加参照平面。

（2）添加尺寸标注。选择"创建"→"尺寸标注"→"对齐"，对参照平面之间的距离进行尺寸标注。

（3）关联尺寸标注。

1）新建参数。选择"创建"→"属性"→"族类型"，打开"族类型"对话框，单击，打开"参数属性"对话框，新建"类型"参数。

2）关联参数。选中尺寸标注，选择"标签尺寸标注"面板→"标签"下拉选项中对应的参数，则尺寸标注与参数关联成功。

（4）锁定到参照平面。选择"修改"→"修改"→"对齐"，将轮廓线及端点与相应的参照平面锁定，若 Revit 已自动锁定，则跳过此步骤。

注意：锁定端点时，可以按<Tab>键切换捕捉对象以便于捕捉端点。

（5）调试。选择"创建"→"属性"→"族类型"，打开"族类型"对话框，修改参数值，观察轮廓变化是否正确，若出现错误，检查步骤（1）～（4）并进行调整。

轮廓族创建完成，保存为 .rfa 族文件。

4.2.2.2　创建主族

创建主族的方法与步骤如下：

1. 新建族文件

选择"文件"→"新建"→"族"，打开"新族–选择样板文件"对话框，选择"公制常规模型"，进入族环境。

2. 创建形体

根据水工建筑物的形体特点，选择"创建"→"形状"→"放样"或"放样融合"，激活"放样"或"放样融合"面板，如图 4.2.5、图 4.2.6 所示。

（1）绘制路径。单击"绘制路径"，在绘图区域，绘制路径，单击 ✅ 。

备注：为定位方便，建议以定位原点为路径的起点。

（2）选择轮廓。

1）放样。单击"载入轮廓"，载入已创建的轮廓族，并在"轮廓"下拉选项中选择该轮廓族，单击 ✅ ，形体创建完毕。

2）放样融合。单击"载入轮廓"，载入已创建的起点和终点的轮廓族；单击"选择轮廓 1"，在"轮廓"下拉选项中选择起点的轮廓族；单击"选择轮廓 2"，在"轮廓"下拉选项中选择终点的轮廓族；单击 ✅ ，形体创建完毕。

3. 参数化

（1）创建参照平面。在路径终点创建竖直参照平面。

（2）添加尺寸标注。选择"注释"→"尺寸标注"→"对齐"，对路径起点和终点参照平面之间的距离进行尺寸标注。

（3）关联尺寸标注。

1）新建参数。选择"创建"→"属性"→"族类型"，打开"族类型"对话框，单击 ，打开"参数属性"对话框，新建"实例"参数。

2）关联参数。选中尺寸标注，选择"标签尺寸标注"面板→"标签"下拉选项中对应的参数，则尺寸标注与参数关联成功。

（4）锁定到参照平面。选择"修改"→"修改"→"对齐"，将路径终点的轮廓与相应的参照平面锁定。

（5）关联轮廓族参数。在"参数属性"对话框中新建族参数，将其与对应的轮廓族参数关联，具体方法：

1）在"项目浏览器"→"族"→"轮廓"，选择轮廓族类型，单击右键，在快捷菜单中选择"类型属性"。

2）打开"类型属性"对话框，单击轮廓族参数右侧的 。

3）打开"关联族参数"对话框，单击 ，打开"参数属性"对话框，新建主族参数，单击"确定"。

4）返回"关联族参数"对话框，选择已创建的族参数，单击"确定"，则主族参数与轮廓族参数关联成功，操作步骤如图 4.2.8 所示。

图 4.2.8 关联轮廓族参数的方法

（6）调试。选择"创建"→"属性"→"族类型"，打开"族类型"对话框，依次修改各参数值，单击"应用"或"确定"，查看形体变化是否正确，若出现错误，检查步骤（1）～（5）并进行调整。

4. 关联材质

在"参数属性"对话框中新建材质参数，与模型的材质属性进行关联，具体方法如图4.1.15、图 4.1.16 所示。

族创建完成，保存为.rfa 族文件。

知 识 拓 展

参 照 平 面 与 参 照 线

创建族的两个基准分别是参照平面和参照线，其中参照平面使用较多，它们的区别主要包括以下几点：

1. 显示不同

在平、立面视图中，参照平面显示为虚线，而参照线显示为实线。此外，参照线可以在三维视图中显示，而参照平面却无法在三维视图中显示。

2. 范围不同

参照平面是一个空间中无限大的平面，没有边界，而参照线有逻辑起点和端点，如图 4.2.9 所示，可以看出在三维视图中的参照线有四个参照平面：水平面、竖直面和以该线为法线的头尾两个面。

3. 作用不同

参照平面主要通过参照平面之间的距离驱动形体参变，而参照线则通过参照线的角度和长度驱动形体参变。

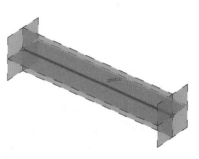

图 4.2.9 参照线

利用参照线的角度和长度参变功能，创建渠道 90°转弯族，具体方法：

（1）新建族文件。在"文件"→"新建"→"族"→"新族-选择样板文件"对话框，选择"公制常规模型"族样板文件，进入族环境。

（2）创建参照线。在"参照标高"平面视图，通过"创建"→"基准"→"参照线"，从定位原点开始绘制一条参照线，如图 4.2.10 所示，按〈Esc〉键结束绘制。

（3）添加尺寸标注。如图 4.2.10 所示，选中参照线，出现蓝色临时标注，单击旁边的"临时尺寸转为永久尺寸"的标记，对参照线长度进行永久尺寸标注；选择"注释"→"尺寸标注"→"角度"，对参照线的角度进行标注，如图 4.2.11 所示。

（4）关联尺寸标注。新建"半径"参数和"起始角度"参数，并与参照线的长度和角度尺寸标注关联，如图 4.2.12 所示；打开"族类型"对话框，修改参数值，调试参照线。

（5）创建形体。选择"创建"→"形状"→"放样"，单击"绘制路径"→"工作平面"→"设置"，打开"工作平面"对话框，选择"拾取一个平面"，鼠标悬停在参照线上，出现呈蓝色虚线框的参照平面预览时，单击左键，选择工作平面，如图 4.2.13 所示。

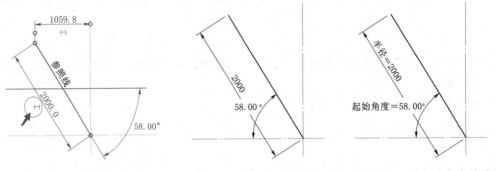

图 4.2.10　临时尺寸标注　　　图 4.2.11　尺寸标注　　图 4.2.12　尺寸标注与参数关联

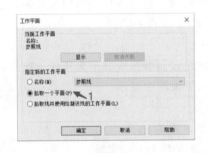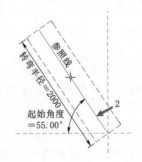

图 4.2.13　设置工作平面的方法

采用"圆心-起点-端点"的方式绘制路径，如图 4.2.14 所示，单击锁控件，将路径起点与参照线锁定，单击 ☑；

单击"载入轮廓"，将"D 矩形断面"轮廓族载入，在"轮廓"下拉选项中选择该轮廓族（"D 矩形断面"轮廓族的创建过程见技能训练），单击 ☑。

（6）调试。打开"族类型"对话框，修改"起始角度"和"半径"的数值，观察形体变换是否正确，若正确，则渠道90°转弯族创建完成，如图4.2.15所示。

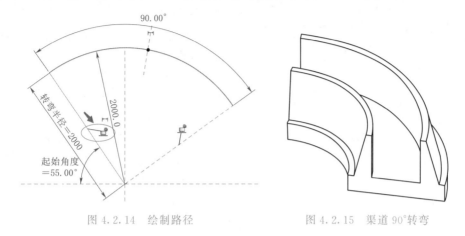

图4.2.14　绘制路径　　　　　　　　　　图4.2.15　渠道90°转弯

技 能 训 练

创 建 扭 面 渐 变 段 族

1.创建矩形断面轮廓族

（1）新建族文件。选择"文件"→"新建"→"族"，打开"新族-选择样板文件"对话框，选择"公制轮廓"，单击"打开"，进入轮廓族环境。

（2）绘制轮廓。选择"创建"→"详图"→"线"，在绘图区域，以定位原点为基点，参照平面为基准，绘制矩形断面轮廓，如图4.2.16所示，按〈Esc〉键退出。

（3）参数化。

1）创建参照平面。选择"创建"→"基准"→"参照平面"，添加水平和竖直参照平面，如图4.2.17所示，确保每个端点都有水平和竖直参照平面。

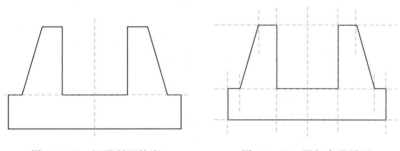

图4.2.16　矩形断面轮廓　　　　　　图4.2.17　添加参照平面

2）添加尺寸标注。选择"创建"→"尺寸标注"→"对齐"，对参照平面之间的距离进行尺寸标注。

3）关联尺寸标注。

a.新建参数。选择"创建"→"属性"→"族类型"，打开"族类型"对话框，单击

图 4.2.18　新建"D 净宽"类型参数

，打开"参数属性"对话框，创建"D净宽"类型参数，如图 4.2.18 所示；采用同样的方法，新建"D净深""D墙背宽度""D墙踵宽度""D墙顶宽度"和"D底板厚度"类型参数。

b. 关联参数。选中渠道净宽的尺寸标注，在"修改 | 尺寸标注"选项卡→"标签尺寸标注"面板→"标签"下拉选项中，选择"D净宽"，如图 4.2.19 所示，则尺寸标注和参数"D净宽"关联成功；采用同样的方法，将尺寸标注与对应的参数关联，如图 4.2.20 所示。

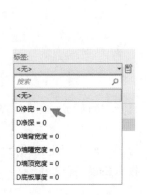

图 4.2.19　"标签尺寸标注"面板

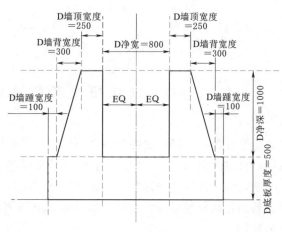

图 4.2.20　尺寸标注与参数关联

4）调试。选择"创建"→"属性"→"族类型"，打开"族类型"对话框，如图 4.2.21 所示，修改参数值，观察轮廓变化是否正确，若出现错误，检查步骤 1）~3）并进行调整。

矩形断面轮廓族创建完成，保存为"D矩形断面.rfa"文件。

2. 创建梯形断面轮廓族

（1）新建族文件。选择"文件"→"新建"→"族"，打开"新族-选择样板文件"对话框，选择"公制轮廓"，单击"打开"，进入轮廓族环境。

（2）绘制轮廓。选择"创建"→"详

图 4.2.21　"族类型"对话框

106

图"→"线"，绘制梯形断面轮廓，如图 4.2.22 所示，按〈Esc〉退出。

（3）参数化。

1）创建参照平面。选择"创建"→"基准"→"参照平面"，添加水平和竖直参照平面，如图 4.2.23 所示，确保每个端点都有水平和竖直参照平面。

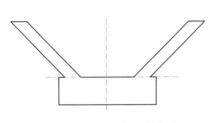
图 4.2.22　梯形断面轮廓线

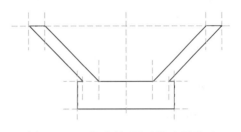
图 4.2.23　梯形断面轮廓族参照平面

2）添加尺寸标注。选择"创建"→"尺寸标注"→"对齐"，对参照平面之间的距离进行尺寸标注。

3）关联尺寸标注。

a. 新建参数。选择"创建"→"属性"→"族类型"，打开"族类型"对话框，单击□，打开"参数属性"对话框，创建"T 净深"类型参数，如图 4.2.24 所示；采用同样的方法，新建"T 底宽""T 斜坡宽度""T 侧壁顶宽""T 墙踵宽度"和"T 底板厚度"类型参数。

b. 关联参数。选中渠道底净宽的尺寸标注，在"修改｜尺寸标注"选项卡→"标签尺寸标注"面板→"标签"下拉选项中，选择"T 底宽"，如图 4.2.25 所示，则尺寸标注和参数"T 底宽"关联成功；采用同样的方法，将尺寸标注与对应的参数关联，如图 4.2.26 所示。

图 4.2.24　新建"T 净深"类型参数

4）调试。选择"创建"→"属性"→"族类型"，打开"族类型"对话框，如图 4.2.27 所示，修改参数值，观察轮廓变化是否正确，若出现错误，检查步骤 1)～3) 并进行调整。

梯形断面轮廓族创建完成，保存为"T 梯形断面.rfa"文件。

3. 创建主族

创建主族的步骤如下：

（1）新建族文件。选择"文件"→"新建"→"族"，打开"新族-选择样板文件"对话框，选择"公制常规模型"，单击"打开"，进入族环境。

（2）创建形体。在"创建"选项卡→"形状"面板，单击"放样融合"，激活"放样融合"面板。

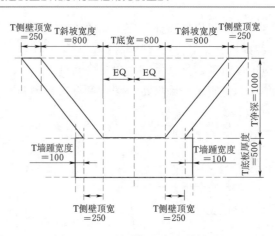

图 4.2.25 "标签尺寸标注"面板　　　　图 4.2.26 尺寸标注与参数关联

图 4.2.27 "族类型"对话框

1)绘制路径。单击"绘制路径",在"参照标高"楼层平面,绘制路径,如图4.2.28所示,长度尺寸自行拟定,单击 ✓;

2)选择轮廓。如图 4.2.29 所示,单击"载入轮廓",打开"载入族"对话框,选择"D 矩形断面"和"T 梯形断面"轮廓族载入;单击"选择轮廓 1",在"轮廓"下拉选项中,选择"D 矩形断面";单击"选择轮廓 2",在"轮廓"下拉选项中,选择"T 梯形断面";单击 ✓,形体创建完成。

(3)参数化。

1)创建参照平面。在"参照标高"楼层平面,选择"创建"→"基准"→"参照平面",在路径终点创建竖直参照平面。

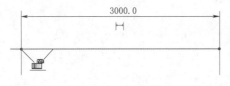

图 4.2.28 绘制路径

图 4.2.29 选择轮廓

2)添加尺寸标注。选择"注释"选项卡→"尺寸标注"→"对齐",对路径起点和终点参照平面之间的距离进行尺寸标注。

3)关联尺寸标注。选择"创建"→"属性"→"族类型",打开"族类型"对话框,单击 🗋,打开"参数属性"对话框,新建"扭面段长度"实例参数,如图 4.2.30 所示,并与刚创建的尺寸标注关联。

4）锁定到参照平面。采用"修改"选项卡→"修改"→"对齐"命令，将路径终点轮廓与相应的参照平面锁定，如图 4.2.31 所示。

5）关联轮廓族参数。

a. 在"项目浏览器"→"族"→"轮廓"，选择"D 矩形断面"族类型，单击右键，在快捷菜单中选择"类型属性"，如图 4.2.32 所示。

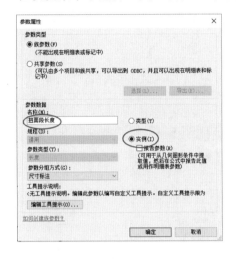

图 4.2.30 新建"扭面段长度"实例参数　　图 4.2.31 锁定到参照平面　　图 4.2.32 项目浏览器

b. 打开"类型属性"对话框，单击"D 墙背宽度"右侧▨，如图 4.2.33 所示。

c. 打开"关联族参数"对话框，单击▨，打开"参数属性"对话框，新建"D 墙背宽度"，如图 4.2.34 所示，单击"确定"。

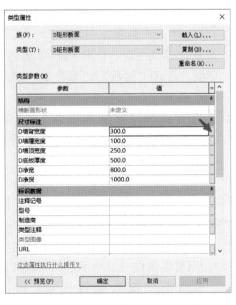

图 4.2.33 轮廓族"类型属性"对话框

图 4.2.34 新建主族参数

d. 返回"关联族参数"对话框，选择"D 墙背宽度"，如图 4.2.35 所示，单击"确定"，则主族参数"D 墙背宽度"与轮廓族参数"D 墙背宽度"关联成功。

采用同样的方法，将所有"D 矩形断面"和"T 梯形断面"轮廓族参数与主族参数关联，建议主族参数名称与轮廓族参数名称保持一致，避免混淆。

6）调试。选择"创建"→"属性"→"族类型"，打开"族类型"对话框，如图 4.2.36 所示，依次修改各参数值，单击"应用"，查看形体变化是否正确，若出现错误，检查步骤 1）～5）并进行调整。

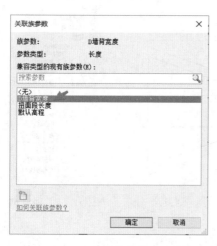

图 4.2.35　"关联族参数"对话框

图 4.2.36　扭面渐变段族"族类型"对话框

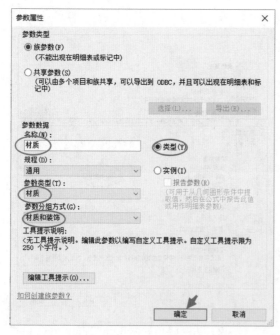

图 4.2.37　新建材质参数

（4）关联材质。

1）新建参数。选择"创建"→"属性"→"族类型"，打开"族类型"对话框，单击，打开"参数属性"对话框，新建"材质"类型参数，如图 4.2.37 所示，参数类型为"材质"，参数分组方式为"材质和装饰"，单击"确定"，返回"族类型"对话框，单击"确定"退出。

2）关联参数。选中模型，如图 4.2.38 所示，在"属性"选项板→"材质和装饰"区域→"材质"，单击，打开"关联族参数"对话框，选择"材质"，则材质属性与材质参数关联成功。

扭面渐变段族创建完成，如图 4.2.39 所示，保存为"扭面渐变段.rfa"文件。

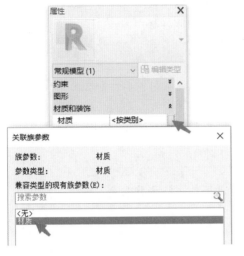

图 4.2.38　关联材质

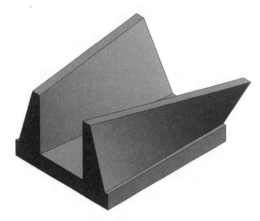

图 4.2.39　扭面渐变段族

巩 固 练 习

1. 单选题

（1）下列（　　）工具用于创建轮廓族。

A. 线　　　　　　B. 拉伸　　　　　　C. 放样　　　　　　D. 旋转

（2）如何将临时尺寸标注更改为永久尺寸标注？（　　）

A. 单击尺寸标注附近的尺寸标注符号

B. 双击临时尺寸符号

C. 锁定

D. 无法互相更改

（3）下列（　　）工具创建形体时可以载入轮廓。

A. 拉伸　　　　　　B. 放样　　　　　　C. 旋转　　　　　　D. 融合

（4）以下说法错误的是（　　）。

A. 参照线主要用于控制角度参变

B. 族的创建过程中，实体与"参照平面"对齐并锁定或者不锁定，都可以实现"参照平面"驱动实体

C. 族的创建过程中，"参照平面"和"参照线"用途很广泛

D. 对于参照平面，"是参照"是最重要的属性

（5）下列（　　）工具可以用于创建水利工程渐变段族。

A. 拉伸　　　　　　B. 放样　　　　　　C. 旋转　　　　　　D. 放样融合

2. 多选题

（1）下列哪些是创建族的工具（　　）。

A. 扭转　　　　　　B. 融合　　　　　　C. 旋转　　　　　　D. 放样

（2）下列选项属于族样板分类的是（　　）。

A. 基于主体的族样板　　　　　　　　　B. 基于线的族样板

C. 基于面的族样板　　　　　　　　　　D. 基于点的族样板

（3）关于参照平面和参照线，说法正确的是（　　　）。

A. 参照平面可以在三维视图中显示

B. 参照线有逻辑起点和端点

C. 参照平面是一个空间中无限大的平面

D. 参照线主要用于角度参变

（4）关于嵌套族，说法正确的是（　　　）。

A. 一个主族可以包含若干个子族

B. 主族参数和子族参数应相互关联，便于驱动子族进行形状参变

C. 主族是模型族，子族必须是轮廓族

D. 子族的形体是固定的，不能参变

（5）关于轮廓族，说法正确的是（　　　）。

A. 轮廓族是二维图形族　　　　　　　　B. 采用融合创建形体时可以载入轮廓族

C. 轮廓族是三维模型族　　　　　　　　D. 采用放样创建形体时可以载入轮廓族

3. 判断题

（1）参数化设计是指用较少的变量及其函数来描述建筑设计要素的设计方法。（　　　）

（2）参照平面能够用于驱动角度参变。（　　　）

（3）横剖面形状沿轴线不变，在 Revit 中，可以采用"拉伸"或"放样"命令创建此类水工建筑物。（　　　）

（4）在平、立面视图中，参照平面显示为实线，而参照线显示为虚线。（　　　）

（5）参照线是无限大的倾斜平面。（　　　）

4. 实操题

创建方圆渐变段族，如图 4.2.40 所示。

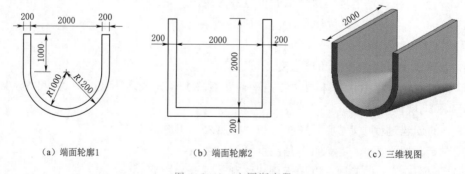

（a）端面轮廓1　　　　　　　　（b）端面轮廓2　　　　　　　　（c）三维视图

图 4.2.40　方圆渐变段

项目 5   创建几种常见水利工程模型

【项目导入】

项目 3 讲述了运用内建模型的方法创建水利工程模型，解决了创建具有独立个性的结构，也就是常量结构的问题；项目 4 讲述了运用创建可载入族的方法创建水利工程模型，解决了创建具有通用性的结构，并通过附加参数属性使结构模型可参变，也就是变量结构的问题。现实中的水利工程模型不是单一的，常包含常量结构和变量结构。本项目就是综合运用创建内建模型和创建可载入族的方法创建几种常见的水利工程模型。

【项目描述】

水利工程建筑物的类型有挡水建筑物、泄水建筑物、输水建筑物、取（进）水建筑物、渠系建筑物、河道整治建筑物和专门为灌溉、发电、过坝需要而兴建的建筑物。限于篇幅，不可能对所有类型水利工程建筑物的建模方法进行一一举例。本项目运用创建内建模型和创建可载入族的方法创建一种开敞式进水闸和一种渡槽，引导学生举一反三，进而实现创建其他水利工程建筑物模型的目的。

【学习目标】

1. 知识目标

（1）了解水利工程建筑物的名称、作用及组成，建筑物各部分的形状、大小、详细结构、使用材料及施工的要求和方法。

（2）掌握创建常规模型的方法。

（3）掌握水利工程模型的创建过程。

2. 能力目标

（1）能够识读水利工程图纸。

（2）能够灵活运用建模命令解决建模过程中出现的错误。

（3）能够用创建内建模型和创建可载入族的方法创建几种常见的水利工程模型。

3. 素质目标

（1）培养学生具备水利工程大场景的能力，进而产生专业自豪感。

（2）培养学生遵循科学和职业美感的艺术情操。

（3）培养学生一丝不苟、严谨认真的职业精神。

【思政元素】

（1）通过壮观的水利工程建筑物激发学生的专业认知，鼓励学生技能成才、技能报国。

（2）严谨的建模过程让学生深刻理解职业规范的严肃性。

（3）协同建模培养学生的团队精神，增强集体观念。

任务 5.1　创 建 水 闸 模 型

5.1.1　识读图纸

5.1.1.1　水闸的组成与作用

水闸是修建在天然河道或灌溉渠系上的建筑物。根据水闸在水利工程中所担负的任务不同，可分为进水闸、节制闸、分洪闸、泄水闸等，由于水闸设有可以启闭的闸门，既能关闭闸门拦水，又能开启闸门泄水，所以各种水闸都具有控制水位和调节流量的作用。

如图 5.1.1 所示为水闸设计图。水闸一般由三部分组成，即上游连接段、闸室和下游连接段。

（1）上游连接段。水流从上游进入闸室，首先要经过上游连接段，它的作用一是引导水流平顺进入闸室，二是防止水流冲刷河床，三是降低渗透水流在闸底和两侧对水闸的影响。水流过闸时，过水面逐渐缩小，流速增大，上游河底和岸坡可能被水冲刷。工程上经常用的防冲手段是在河底和岸坡上用干砌块石或浆砌块石予以护砌，称为护底、护坡。

自护底而下，紧接闸室底板的一段称为铺盖，它兼有防冲与防渗的作用，一般采用抗渗性能良好的材料浇筑。图 5.1.1 中水闸的铺盖材料为钢筋混凝土，长度为 10250mm。

在铺盖上部两侧，引导水流良好地收缩并使之平顺地进入闸室的结构，称为上游翼墙。上游翼墙根据形状不同叫法不一，有的是柱面形状，叫柱面翼墙；有的是锥面形状，叫锥面翼墙；有的呈八字形状，叫八字翼墙。图 5.1.1 中水闸的翼墙就是八字翼墙。翼墙还可以阻挡河道两岸土体坍塌，保护靠近闸室的河岸免受水流冲刷，减少侧向渗透的危害。翼墙的结构型式一般与挡土墙相同。图 5.1.1 中水闸的上游翼墙平面布置型式为斜降式。

（2）闸室。闸室是水闸起控制水位、调节流量作用的主要部分，它由底板、闸墩、岸墙（或称边墩）、闸门、交通桥、排架及工作桥等组成。图 5.1.1 所示水闸的闸室为钢筋混凝土整体结构，中间有一闸墩分成两孔，靠闸室下游设有钢筋混凝土交通桥，中部由排架支承工作桥。闸室段全长 7000mm。

（3）下游连接段。这一段包括河底部分的消力池、海漫、护底以及河岸部分的下游翼墙和护坡等。图 5.1.1 所示水闸消力池段长为 15600mm，海漫段长为 15000mm。为了降低渗透水压力，在消力池和海漫部分留有排水孔，下垫粗砂滤层。下游翼墙平面布置型式为反翼墙。下游翼墙形状是柱面的，叫柱面翼墙。柱面翼墙段长为 6200mm，坡面段长为 8800mm。

5.1.1.2　水闸的视图及表达方法

（1）平面图。由于水闸左右岸对称，采用省略画法，只画出以河流中心线为界的左岸。水闸各组成部分平面布置情况在图中反映得较清楚，如翼墙布置形式、闸墩形状、主门槽、检修门槽位置和深度等，排水孔的分布情况采用了简化画法。闸室段工作桥、交通桥和闸门采用了拆卸画法。标注 A-A、B-B、C-C、D-D、E-E、F-F 为剖切位置线，说明该处另外还有剖视图和剖面图。

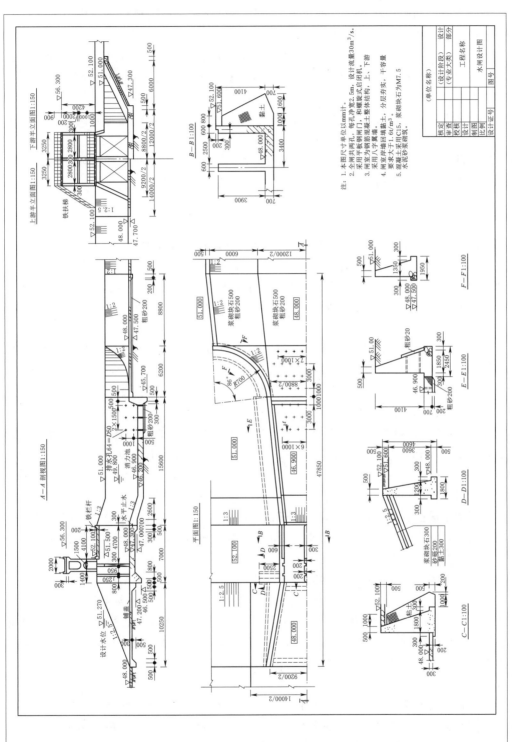

图 5.1.1　水闸设计图

（2）A – A 剖视图。剖切平面经闸孔剖切而得，图中表达了铺盖、闸室底板、消力池、海漫等部分的剖面形状和各段的长度，图中还可以看出闸门槽位置、排架形状以及上、下游设计水位和各部分高程等。

（3）上游立面图和下游立面图。这是两个视向相反的视图，因为它们形状对称，所以采用各画一半的合成视图，图中可以看出水闸的全貌，工作桥的扶梯和桥栏杆均采用简化画法。

（4）剖面图。B – B 剖面表达闸室为钢筋混凝土整体结构，同时还可看出在岸墙处回填黏土剖面形状和尺寸。C – C、E – E、F – F 剖面表达上、下游翼墙的剖面形状、尺寸、砌筑材料、回填黏土和排水孔处垫粗砂的情况。D – D 剖面表达了堤边挡土墙的剖面形状和上游面护坡的砌筑材料等。

5.1.2 创建水闸模型的方法与步骤

5.1.2.1 整理图纸（比例为 1 : 1）

创建该模型是基于平面图，所以只需要对平面图进行整理即可。

整理图纸是在 CAD 软件中打开水闸设计图，对水闸平面图进行复制，重新创建一个新 CAD 文件（如"平面图 . dwg"）。给新图纸以选定基点为插入点，并使该点坐标为（0，0，0），以便在插入 Revit 文件时与模型原点一致。

5.1.2.2 导入 CAD 图纸

打开 Revit 软件，选择"建筑样板"或"结构样板"创建一个项目文件，这里选择"建筑样板"，系统自动创建一个"项目 1"的文件。在主菜单中选择"插入→导入 CAD"，在"导入 CAD 格式"对话框中选择刚才创建的"平面图 . dwg"文件，将"平面图"插入到"项目 1"中。注意定位时选择"原点到原点"。

这是基于已有 CAD 图纸的情况下创建水闸模型的步骤，如果没有 CAD 图纸，比如只有纸质图纸，或 PDF 或图片格式的文件，创建模型就不需要上述两步了，可以直接从下面开始。

5.1.2.3 绘制结构控制线

（1）创建平面控制线。选择"建筑→基准→轴网"，在"修改｜放置 轴网"选项下，设置轴网属性，用直线命令沿建筑物的分段边界创建横轴线，沿对称线和建筑物内面边线创建纵轴线，并对轴网进行尺寸标注。

（2）创建高程控制线。在项目浏览器中，选择"立面→南"，激活南立面，修改标高 1 为"底板顶面"，修改标高 2 为"渠顶标高"。选择"建筑→基准→标高"，在"修改｜放置 标高"选项下，设置"上标头""下标头"和"正负零标高"属性。调整标高线位置，并选择"影响范围：立面→北"，使标高线位置合理，"立面→北"会同步调整。同理在"立面→西"界面调整标高线，"立面→东"会同步调整，然后对轴线标注尺寸。

5.1.2.4 创建水闸各段模型

在"建筑"功能选项下，选择"构件"→"内建模型"，打开"族类别与族参数"对话框，在"族类别"选项中选择"常规模型"，出现"名称"对话框，在"名称"里输入需要创建模型的名称，比如"铺盖""八字翼墙"等，单击"确定"按钮，进入内建模型界面，图 5.1.2 为内建模型功能区。

图 5.1.2 内建模型功能区

（1）上游连接段。用拉伸命令创建进水口铺盖，用融合命令创建八字翼墙。

（2）闸室段。用拉伸命令创建闸室底板和闸墩，闸门槽和中间墩后端斜面用创建空心形状从墩身中删除；用拉伸命令创建路基挡土墙；闸门、交通桥、排架及工作桥等均可用拉伸命令创建。

（3）下游连接段。用拉伸命令创建消力池段底板和海漫，用创建空心形状减去底板多余部分；用融合命令创建消力池边墙；用旋转命令创建柱面翼墙；用放样融合命令创建下游护坡。

知 识 拓 展

水利工程图的视图方法

识读水工图的顺序一般是由枢纽布置图看到建筑结构图；先看主要结构后看次要结构；在看建筑物结构图时要遵循由总体到局部，由局部到细部结构，然后再由细部回到总体，这样经过几次反复，直到全部看懂。读图一般可按下述 4 个步骤进行。

1. 概括了解

了解建筑物的名称和作用。

识读任何工程图样都要从标题栏开始，从标题栏和图样上的有关说明中了解建筑物的名称、作用、制图的比例、尺寸的单位以及施工要求等内容。

2. 分析视图

了解各个视图的名称、作用及其相互关系。

为了表明建筑物的形状、大小、结构和使用的材料，图样上都配置一定数量的视图、剖视图和剖面图。由视图的名称和比例可以知道视图的作用，视图的投影方向以及实物的大小。

水利工程图中的视图配置是比较灵活的，所以在读图时应先了解各个视图的相互关系，以及各种视图的作用。如找出剖视和剖面图剖切平面的位置、表达细部结构的详图，看清视图中采用的特殊表达方法、尺寸注法等。通过对各种视图的分析，可以了解整个视图的表达方案，从而在读图中及时找到各个视图之间的对应关系

3. 分析形体

根据作用和组成部分的不同划分建筑物的主要组成部分，并读懂各组成部分的形状、大小、结构和使用材料。可以沿水流方向分建筑物为几段，也可以沿高程方向分建筑物为几层，还可以按地理位置或结构分建筑物为上、下游，左、右岸，以及外部、内部等。读图时需灵活运用这几种方法。

了解各主要组成部分的形体，应采用对线条、找投影、分线框、识体形的方法。一般

是以形体分析法为主，以线面分析法为辅进行读图。

分析形体应以一两个视图（平面图、立面图）为主，结合其他的视图和有关的尺寸、材料、符号读懂图上每一条图线、每一个符号、每一个尺寸以及每一种示意图例的意义和作用。

4. 综合整理

了解各组成部分的相互位置，综合理解整个建筑物的形状、大小、结构和使用的材料。

识读整套水利工程图可从枢纽布置图入手，结合建筑物结构图、细部详图，采用上述的读图步骤和方法，逐步地读懂全套图纸，从而对整个工程建立起完整而清楚的概念。

读图中应注意将几个视图或几张图纸联系起来同时阅读，孤立地读一个视图或一张图纸，往往是不易也不能读懂工程图样的。

技 能 训 练

创建开敞式进水闸模型

1. 整理图纸

（1）在 CAD 软件中打开水闸设计图，如图 5.1.1 所示。选择"编辑→基点复制（B）"，选定上游连接段的护底与铺盖之间的分缝线与对称轴线的交点为基点，对水闸平面图进行复制。

（2）选择"文件→新建"创建一个新 CAD 文件。

（3）在新 CAD 文件中，选择"编辑→粘贴"，将水闸平面图以选定的基点为插入点粘贴到新 CAD 文件中，并使插入点坐标为（0，0，0），以便在插入 Revit 文件时与模型原点一致，如图 5.1.3 所示。

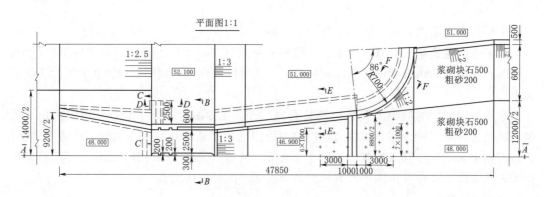

图 5.1.3　水闸平面图

（4）由于图 5.1.1 水闸平面图是按 1∶150 绘制，需要用"缩放"命令，将水闸平面图放大 150 倍，使插入的水闸平面图的比例为 1∶1。

注意：调整尺寸标注的"主单位"的"比例因子"为 1，线型的"全局比例因子"为 80。缩放时，注意基点是（0，0，0）。

（5）保存文件，命名为"水闸平面图.dwg"。

2. 导入 CAD 图纸

（1）打开 Revit 软件，选择"建筑样板"或"结构样板"创建一个项目文件，这里选择"建筑样板"，系统自动创建一个"项目 1"的文件。

（2）在功能区中选择"插入→导入→导入 CAD"，在"导入 CAD 格式"对话框中选择刚才创建的"水闸平面图.dwg"文件，将"水闸平面图"插入到"项目 1"中。注意定位时选择"原点到内部原点"，如图 5.1.4 所示。

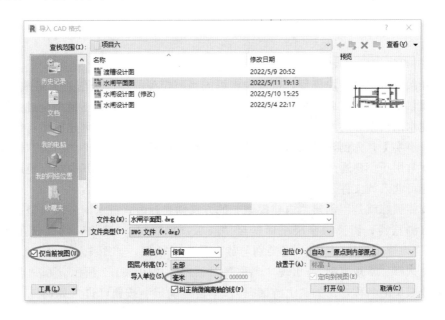

图 5.1.4　导入 CAD 格式

（3）调整立面符号到合适位置。

3. 绘制结构控制线

（1）绘制平面控制线。选择"建筑→基准→轴网"，在"修改｜放置 轴网"选项下，设置轴网属性，用直线命令沿建筑物的分段边界绘制横轴线，沿对称线和建筑物内面边线绘制纵轴线，并对轴网进行尺寸标注。

注意：横轴线用 1、2、3…标注，纵轴线用 A、B、C…标注。

（2）绘制高程控制线。在项目浏览器中，选择"立面→南"，激活南立面，修改"标高 1"为"底板顶面"标高，则水闸底板顶面相对标高为±0.000；由于水闸底板顶面绝对标高为 48.000，渠顶绝对标高为 52.100，则渠顶的相对标高为 4.100，因此修改"标高 2"为"渠顶标高"，标高值为 4.100。

（3）选择"建筑→基准→标高"，在"修改｜放置 标高"选项下，在"属性"选项板，设置"上标头""下标头"和"正负零标高"属性。调整标高线位置，使标高线位置合理，并选择"影响范围：立面→北"，"立面→北"会同步调整。同理在"立面→西"界面调整标高线，"立面→东"会同步调整，然后对轴线标注尺寸。

结果如图5.1.5所示。

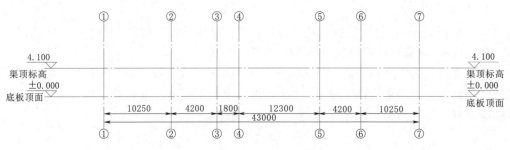

图5.1.5　高程控制线

4. 创建开敞式进水闸各段模型

创建开敞式进水闸各段模型，可以先将组成水闸模型的各部分创建成可载入族文件，然后再在项目中通过载入族的形式"组装"成水闸模型，这样有利于模型全过程管理。如果单纯创建水闸模型，暂不考虑参数提取，用"内建模型"的方法创建模型将使建模过程更加简单。事实上，先创建可载入族文件然后再在项目中载入族文件"组装"模型，这样创建的模型常用于创建通用模型；对于只在本项目中用，不考虑在其他场合使用的模型就没必要创建可载入族文件了。

本次技能训练就是用创建"内建模型"的方式创建开敞式进水闸各段模型。

在项目浏览器，切换"楼层平面"至"底板顶面"，在"建筑"功能选项下，选择"构件"→"内建模型"，打开"族类别与族参数"对话框，如图5.1.6所示。在"族类别"选项中选择"常规模型"，出现"名称"对话框，如图5.1.7所示。在"名称"里输入需要创建模型的名称，比如"上游铺盖"，单击"确定"按钮，进入如图5.1.2所示内建模型界面。

图5.1.6　族类别和族参数

图5.1.7　名称

利用这个过程可以创建以下模型。限于篇幅，这个过程在下面建模过程中都不再重复，视为直接进入内建模型界面。

（1）创建上游连接段。

1）创建铺盖。命名为"上游铺盖"。

a. 选择"创建→形状→拉伸"，激活"修改｜创建拉伸"选项卡，选择"立面→南"，切换至南立面视图。

b. 选择"工作平面→设置"，打开"工作平面"对话框，在"指定新的工作平面"里选择"轴网：A"，如图 5.1.8 所示。

c. 选择"绘制→直线"，用"直线"命令绘制铺盖截面，如图 5.1.9 所示。

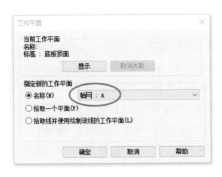

图 5.1.8　工作平面

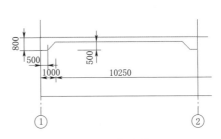

图 5.1.9　铺盖截面

d. 在"属性"选项板里，输入"拉伸起点"4600，"拉伸终点"－4600，材质为"混凝土"（外观为：混凝土→混凝土-现场浇注，下同）。添加材质的方法略，如图 5.1.10 所示。单击"完成"按钮 ✔，退回到"修改｜拉伸"→"在位编辑器"状态。

e. 在"修改｜拉伸"选项下，选择"创建→形状→空心形状→空心拉伸"，激活在"修改｜创建空心拉伸"选项。在"修改｜创建空心拉伸"选项下，返回楼层平面，单击"底板顶面"，选择"绘制→直线"，用"直线"命令绘制需要修剪掉部分轮廓，"镜像"出另一部分，如图 5.1.11 所示。单击"完成"按钮 ✔。

注意：此时在"属性"选项板里，输入"拉伸起点"为 0，"拉伸终点"为－800。

三维显示"上游铺盖"如图 5.1.12 所示。

2）创建八字翼墙。先创建一侧八字翼墙，如左侧翼墙，命名为"八字翼墙"，再镜像另一侧翼墙。

a. 选择"创建→形状→融合"，激活"修改｜创建融合底部边界"选项卡，选择"立面→东"，切换至东立面视图。

b. 选择"工作平面→设置"，打开"工作平面"对话框，在"指定新的工作面"里选择"轴网 2"。

图 5.1.10　属性

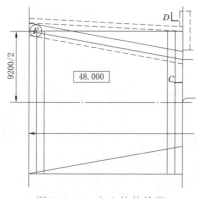

图 5.1.11 空心拉伸轮廓

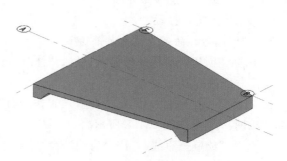

图 5.1.12 三维显示"上游铺盖"

c. 选择"绘制→直线",用"直线"命令绘翼墙后端面,如图 5.1.13 所示。

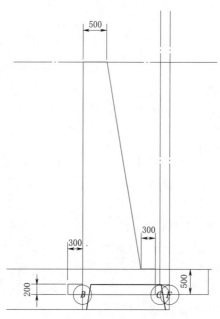

图 5.1.13 八字翼墙后端面

d. 在"修改│创建融合底部边界"选项卡,选择"立面→西",切换至西立面视图。选择"工作平面→设置",打开"工作平面"对话框,在"指定新的工作面"里选择"轴网 1"。

e. 选择"模式→编辑顶部",选择"绘制→直线",用"直线"命令绘翼墙前端面,如图 5.1.14 所示。单击"完成"按钮。

注意:前端面上部 300 和 500 的两段线段不能画成一段 800 的线段;材质为"混凝土"。

f. 返回楼层平面,单击"底板顶面"。选择刚创建的左侧翼墙,激活"修改│常规模型"选项卡,选择"修改→镜像-拾取轴",拾取 A 轴线,结果如图 5.1.15 所示。

三维显示八字翼墙如图 5.1.16 所示。

(2) 创建闸室段。

1) 创建闸底板。命名为"闸室底板"。

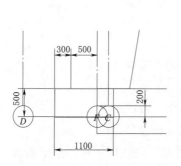

图 5.1.14 八字翼墙前端面

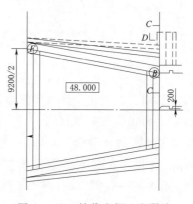

图 5.1.15 镜像右侧八字翼墙

a. 选择"创建→形状→拉伸",激活"修改｜创建拉伸"选项卡,选择"立面→南",切换至南立面视图。

b. 选择"工作平面→设置",打开"工作平面"对话框,在"指定新的工作面"里选择"轴网 A"。

c. 选择"绘制→直线",用"直线"命令绘制闸底板截面,如图 5.1.17 所示。

d. 在"属性"选项板里,输入"拉伸起点"3400,"拉伸终点"-3400,材质为"混凝土"。单击"完成"按钮。

三维显示闸室底板如图 5.1.18 所示。

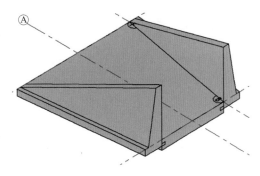

图 5.1.16　三维显示八字翼墙

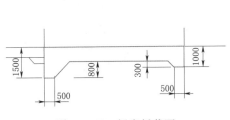

图 5.1.17　闸底板截面

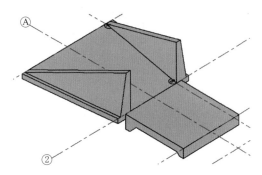

图 5.1.18　三维显示闸室底板

2) 创建边墩。命名为"闸室边墩"。

a. 选择"创建→形状→拉伸",激活"修改｜创建拉伸"选项卡,在"项目浏览器",选择"楼层平面→底板顶面"。

b. 选择"绘制→直线",用"直线"命令绘制闸室边墩截面,如图 5.1.19 所示。

c. 在"属性"选项板里,输入"拉伸起点"0,"拉伸终点"4100,材质为"混凝土"。单击"完成"按钮 ✔ ,退回到到"修改｜拉伸""在位编辑器"状态。

d. 在"修改｜拉伸"选项下,选择"创建→形状→空心形状→空心拉伸",激活在"修改｜创建空心拉伸"选项。在"修改｜创建空心拉伸"选项下,选择"绘制→直线",用"直线"命令绘制需要修剪掉的交通桥部分轮廓,如图 5.1.20 所示。单击"完成"按钮 ✔ 。

注意:此时在"属性"选项板里,输入"拉伸起点"3800,"拉伸终点"4100。

e. 返回楼层平面,单击"底板顶面"。选择刚创建的左侧闸室边墙,激活"修改｜常规模型"选项卡,选择"修改→镜像-拾取轴",拾取 A 轴线,结果如图 5.1.21 所示。

三维显示闸室边墙如图 5.1.22 所示。

3) 创建中间墩。命名为"闸室中间墩"。

a. 选择"创建→形状→拉伸",激活"修改｜创建拉伸"选项卡,在"项目浏览器",选择"楼层平面→底板顶面"。

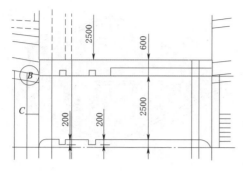

图 5.1.19　闸室边墩截面

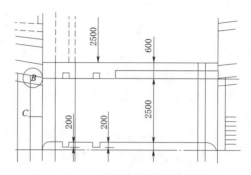

图 5.1.20　空心拉伸交通桥板槽截面

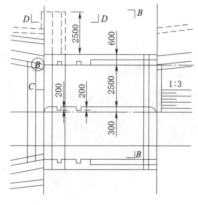

图 5.1.21　镜像闸室边墩

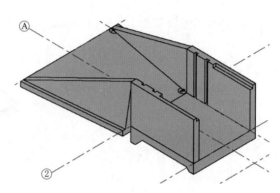

图 5.1.22　三维显示闸室边墩

b. 选择"绘制→直线",用"直线"命令绘制闸室中间墩截面,如图 5.1.23 所示。

c. 在"属性"选项板里,输入"拉伸起点"0,"拉伸终点"4100,材质为"混凝土"。单击"完成"按钮 ☑,退回到到"修改丨拉伸""在位编辑器"状态。

d. 在"修改丨拉伸"选项下,选择"创建→形状→空心形状→空心拉伸",激活在"修改丨创建空心拉伸"选项。在"修改丨创建空心拉伸"选项下,选择"绘制→直线",用"直线"命令绘制需要修剪掉的交通桥部分轮廓,如图 5.1.24 所示。单击"完成"按钮 ☑。

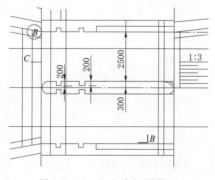

图 5.1.23　闸室中间墩截面

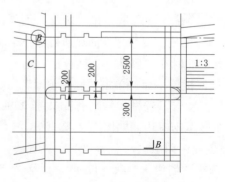

图 5.1.24　空心拉伸交通桥板截面

三维显示闸室中间墩如图 5.1.25 所示。

注意：此时在"属性"选项板里，输入"拉伸起点"3800，"拉伸终点"4100。

4）创建闸门板和闸门启闭杆。分别命名为"闸门板"和"闸门启闭杆"。

a. 选择"创建→形状→拉伸"，激活"修改｜创建拉伸"选项卡，在"项目浏览器"，选择"楼层平面→底板顶面"。

b. 选择"绘制→直线"，用"直线"命令绘制闸门板截面。

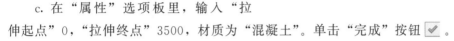

图 5.1.25 三维显示闸室中间墩

c. 在"属性"选项板里，输入"拉伸起点"0，"拉伸终点"3500，材质为"混凝土"。单击"完成"按钮 ✔ 。

d. 镜像生成右侧闸门板。

e. 选择"创建→形状→拉伸"，激活"修改｜创建拉伸"选项卡。

f. 三维显示模型。选择"工作平面→设置"，打开"工作平面"对话框，在"指定新的工作面"里选择"拾取一个平面"拾取闸门板上顶面。再在"项目浏览器"，选择"楼层平面→底板顶面"。

g. 选择"绘制→圆形"，在左侧闸门板顶面用"圆形"命令绘制闸门启闭杆截面，圆形直径为 100。在"属性"选项板里，输入"拉伸起点"3500，"拉伸终点"6300，材质为"钢"。单击"完成"按钮 ✔ 。

h. 镜像生成右侧闸门启闭杆。

三维显示闸门板和闸门启闭杆如图 5.1.26 所示。

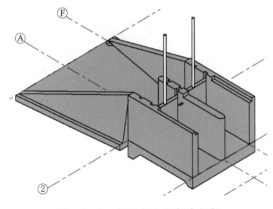

图 5.1.26 闸门板和闸门启闭杆

5）创建交通桥板。命名"交通桥板"。

a. 选择"创建→形状→拉伸"，激活"修改｜创建拉伸"选项卡，选择"立面→南"，切换至南立面视图。

b. 选择"工作平面→设置"，打开"工作平面"对话框，在"指定新的工作面"里选择"轴网 A"。

c. 选择"绘制→直线"，用"直线"命令绘制交通桥板截面，如图 5.1.27 所示。

d. 在"属性"选项板里，输入"拉伸起点"3100，"拉伸终点"−3100，材质为"混凝土"。单击"完成"按钮。

三维显示交通桥板如图 5.1.28 所示。

6）创建挡土墙。命名"挡土墙"。

a. 选择"创建→形状→拉伸"，激活"修改｜创建拉伸"选项卡。

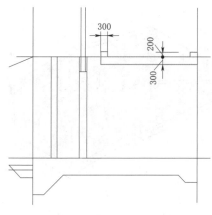

图 5.1.27 交通桥板截面

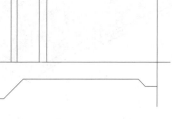

图 5.1.28 三维显示交通桥板

b. 三维显示模型。选择"工作平面→设置",打开"工作平面"对话框,在"指定新的工作面"里选择"拾取一个平面",拾取闸室右边墙外立面。

c. 选择"立面→南",切换至南立面视图。选择"绘制→直线",用"直线"命令绘制挡土墙截面,如图 5.1.29 所示。在"属性"选项板里,输入"拉伸起点"0,"拉伸终点"2500,材质为"混凝土"。单击"完成"按钮 ☑ 。

d. "镜像"生成左侧挡土墙。

三维显示挡土墙如图 5.1.30 所示。

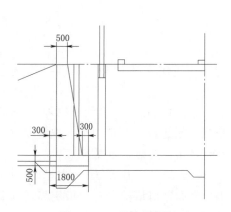

图 5.1.29 挡土墙截面

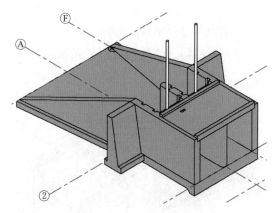

图 5.1.30 三维显示挡土墙

7)创建排架。命名"排架"。

a. 选择"创建→形状→拉伸",激活"修改│创建拉伸"选项卡。

b. 选择"工作平面→设置",打开"工作平面"对话框,在"指定新的工作面"里选择"轴网 A"。

c. 选择"立面→南",切换至南立面视图。选择"绘制→直线",用"直线"命令绘制排架截面,如图 5.1.31 所示。在"属性"选项板里,输入"拉伸起点"150,"拉伸终点"−150,材质为"混凝土"。单击"完成"按钮 ☑ 。

d. "复制"生成两侧排架。

8) 创建排架联系梁。命名"排架联系梁"。

a. 选择"创建→形状→拉伸",激活"修改|创建拉伸"选项卡。

b. 选择"工作平面→设置",打开"工作平面"对话框,在"指定新的工作面"里选择"拾取一个平面",拾取中间排架南侧面。

c. 选择"立面→南",切换至南立面视图。选择"绘制→直线",用"直线"命令绘制排架联系梁截面,如图 5.1.32 所示。在"属性"选项板里,输入"拉伸起点"0,"拉伸终点"2800,材质为"混凝土"。单击"完成"按钮 ☑ 。

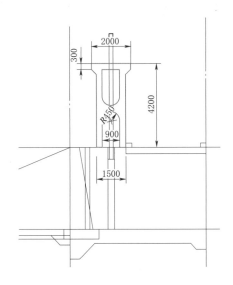

图 5.1.31 排架截面

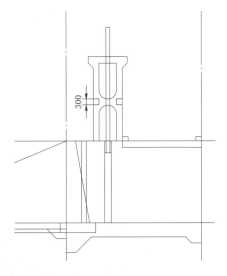

图 5.1.32 排架联系梁截面

d. "镜像"生成左侧排架联系梁。

三维显示排架如图 5.1.33 所示。

9) 创建工作桥板。命名"工作桥"。

a. 选择"创建→形状→拉伸",激活"修改|创建拉伸"选项卡。

b. 选择"工作平面→设置",打开"工作平面"对话框,在"指定新的工作面"里选择"轴网 A"。

c. 选择"立面→南",切换至南立面视图。选择"绘制→直线",用"直线"命令绘制工作桥截面,如图 5.1.34 所示。在"属性"选项板里,输入"拉伸起点"3250,"拉伸终点"−3250,材质为"混凝土"。单击"完成"按钮 ☑ 。

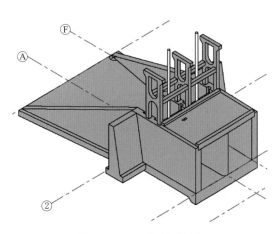

图 5.1.33 三维显示排架

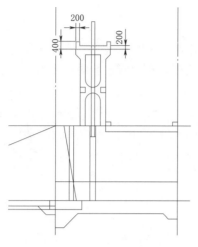

图 5.1.34　工作桥截面

d. 在"修改 | 拉伸"选项下，选择"创建→形状→空心形状→空心拉伸"，激活在"修改 | 创建空心拉伸"选项。在"修改 | 创建空心拉伸"选项下，选择"绘制→直线"，用"直线"命令绘制需要修剪掉的闸门启闭杆孔部分轮廓，"镜像"出另一部分。单击"完成"按钮 ☑。

三维显示工作桥如图 5.1.35 所示。

10）创建爬梯。先了解楼梯的基本知识。

选择"建筑→楼梯坡道→楼梯"，激活"修改 | 创建楼梯"。选择"构件→梯段→直梯"，激活楼梯"属性"选项板如图 5.1.36 所示。

图 5.1.36 所示楼梯"属性"中单击楼梯"属性"选项板里的楼梯，下拉选项出现三种楼梯：现场浇筑楼梯、组合楼梯和预浇筑楼梯。

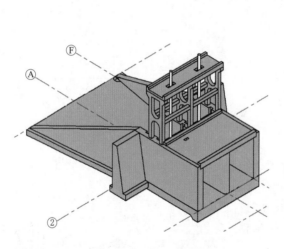

图 5.1.35　三维显示工作桥

图 5.1.36　"属性"选项板

现场浇筑楼梯：将楼梯段、平台和平台梁现场浇筑成一个整体的楼梯，其整体性好，抗震性强。其按构造的不同又分为板式楼梯和梁式楼梯两种。

组合楼梯：包括了专用楼梯和工业用楼梯，结构上比较简单，装饰性效果较明显。

预浇筑楼梯：属于装配式结构件，场外浇筑后现场装配成楼梯。

无论哪一种类型的楼梯，它们的图元属性的设定基本相同。

a. 约束：控制楼梯的顶部和底部标高及其偏移量。

"底部标高"控制楼梯底部的标高，与之对应的是底部偏移。底部偏移值是指低于或高于底部约束标高的值。

"顶部标高"控制楼梯顶部的标高，与之对应的是顶部偏移。顶部偏移值是指低于或高于顶部约束标高的值。如果顶部约束选择未连接，顶部偏移不起作用，启用无连接高度。

b. 尺寸标注：对楼梯的踢面数和踏板深度进行设定。

踏面与踢面：台阶或踏步有两个面，水平的叫"踏面"，竖直的叫"踢面"。一段楼梯的高度＝踢面数×踢高，一段楼梯的水平投影长＝踏面数×踏宽（踏板深度）＝（踢面数－1）×踏板深度。

踏板深度：楼梯踏板的宽度，如图 5.1.37 所示。

下面创建爬梯。

a. 在"楼层平面"选择"渠顶标高"，选择"建筑→模型→模型线"，在闸室左边墩外 5500 绘制一条直线作为爬梯的起始线。

b. 选择"建筑→楼梯坡道→楼梯"，在"修改｜创建楼梯"状态下，选择"构件→梯段→直梯 ⬛"，在楼梯"属性"栏里选择"组合楼梯→专用"。

c. 单击 🔲 编辑类型 按钮，在打开的"类型属性"对话框中选择 ⬛ 复制(D)... 按钮，出现"名称"对话框，如图 5.1.38 所示。在"名称"对话框中输入"工作桥爬梯"，单击"确定"按钮，回到"类型属性"对话框，此时"类型"名称里已经增加一个"工作桥爬梯"。

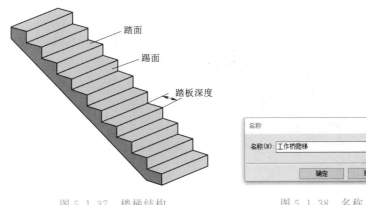

图 5.1.37　楼梯结构　　　　　　　　　图 5.1.38　名称

d. 在"类型属性"对话框中，根据工作桥爬梯和实际情况确定爬梯的各项参数，如图 5.1.39 所示设置爬梯参数。

在"类型属性"对话框中，我们可以对"构造"中"梯段类型"和"平台类型"进行设置；对"支撑"中的"支撑"和"支撑类型"进行设置。"支撑"方式有三种：梯边梁（闭合）、踏步梁（开放）或者无支撑。这里用不上这些设置。

e. 单击确定，又回到楼梯"属性"选项板。在楼梯"属性"选项板中添加了一个"工作桥爬梯"的楼梯类型。

f. 在"约束"中选择"底部标高"为"渠顶标高""顶部标高"为"工作桥顶标高"，输入"底部偏移"为 0、"顶部偏移"为 0。在"尺寸标注"中输入"所需踢面数"为 23、

"实际踏步深度"为 250，如图 5.1.40 所示。在"属性工具条"里，"定位线"选择"梯段：右"，"实际梯段宽度"填写 2000。

图 5.1.39　类型参数

图 5.1.40　属性

g. 以爬梯起始线为起点，绘制爬梯路径，单击"完成"按钮 ✅ ，转到三维视图中，即可看到创建好的工作桥爬梯，如图 5.1.41 所示。栏杆是自动生成的。

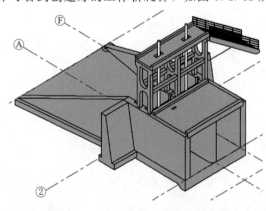

图 5.1.41　三维显示工作桥爬梯

11）创建栏杆与扶手。先了解创建栏杆与扶手的知识。

创建栏杆与扶手有两种方法，一种是"绘制路径"，另一种是"放置栏杆与扶手"。无论哪一种形式创建栏杆与扶手，都要事前设置好栏杆与扶手的类型。

a. 设置栏杆与扶手的类型。

（a）在楼层平面状态下，选择"建筑→楼梯坡道→栏杆扶手"，单击"绘制路径"或"放置在楼梯/坡道上"任一选项，激活"栏杆扶手"选项板。

"栏杆扶手"选项板里，系统自带有四个选项：900mm、900mm 圆管、1100mm 和玻璃嵌板—底部填充。选择其中一个选项，如玻璃嵌板—底部填充。单击"类型属性"按钮，在打开的"类型属性"对话框中选择"复制"按钮，"复制"创建一个栏杆扶手类型。

（b）在"类型属性"对话框中，对创建的"栏杆扶手"的参数进行设置：单击"栏杆结构（非连续）"后面的"编辑"按钮，打开"编辑扶手（非连续）"界面，对栏杆的结构进行参数设置；单击"栏杆位置"后面的"编辑"按钮，打开"编辑栏杆位置"界面，对栏杆位置进行设置。

（c）在"类型属性"对话框中修改其他相关参数，如果不需要修改，单击"确定"进入"修改｜创建栏杆扶手路径"选项。

b．"绘制路径"创建栏杆扶手。

（a）楼层平面状态下，选择"建筑→楼梯坡道→栏杆扶手"，选择"绘制路径"，进入"修改｜创建栏杆扶手路径"选项。

（b）在"修改｜创建栏杆扶手路径"选项，调整栏杆扶手的底部标高，绘制栏杆扶手的路径，单击"完成"按钮 ✅ 。

c．"放置在楼梯/坡道上"创建栏杆扶手。用于将栏杆扶手放置在楼梯/坡道上。

（a）在楼层平面状态下，选择"建筑→楼梯坡道→栏杆扶手"，单击"放置在楼梯/坡道上"，进入"修改｜在楼梯/坡道上放置栏杆扶手"选项。

（b）在"修改｜在楼梯/坡道上放置栏杆扶手"选项中，有放置在踏板和放置在梯边梁上两种创建栏杆扶手的方法，选择其一。

（c）当光标放置已经创建好的楼梯踏板、梯边梁或坡道时，在楼梯踏板、梯边梁或坡道上自动生成栏杆扶手。

下面用"绘制路径"创建交通桥和工作桥上的栏杆与扶手。

①在"楼层平面"选择"渠顶平面"，选择"建筑→楼梯坡道→栏杆扶手"，选择"绘制路径"，进入"修改｜创建栏杆扶手路径"选项。

②在"栏杆扶手"选项板里，选择1100mm。单击"类型属性"按钮，在打开的"类型属性"对话框中选择"复制"按钮，"复制"创建一个"桥边栏杆扶手1200"类型，如图5.1.42所示。

③在"类型属性"对话框中，对创建的"桥边栏杆扶手1200"的参数进行设置：单击"扶栏结构（非连续）"后面的"编辑"按钮，打开"编辑扶手（非连续）"界面，如图5.1.43所示，对扶栏的结构进行参数设置；单击"栏杆位置"后面的"编辑"按钮，打开"编辑栏杆位置"界面，如图5.1.44所示，对栏杆位置进行设置。

图 5.1.42 "名称"　　　　　图 5.1.43 "编辑扶手（非连续）"

d. 在"类型属性"对话框中修改其他相关参数，如图 5.1.45 所示，单击"确定"进入"修改│创建栏杆扶手路径"选项，对"属性"选项板里的"约束"进行修改。

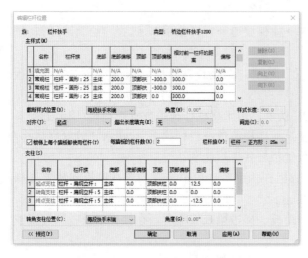

图 5.1.44　"编辑栏杆位置"

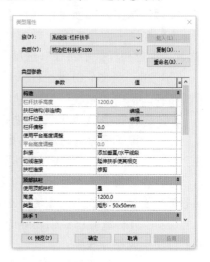

图 5.1.45　"类型属性"

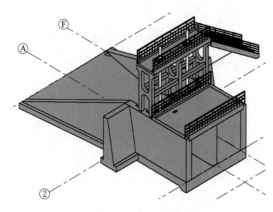

图 5.1.46　三维显示栏杆扶手

注意：创建交通桥扶手栏杆时，"楼层平面"选择"渠顶标高"，"底部标高"选择"渠顶标高"，"底部偏移"为 0；创建工作桥扶手栏杆时，楼层平面选择"工作桥顶标高"，"底部标高"选择"工作桥顶标高"，"底部偏移"为 200。

e. 分别在交通桥和工作桥的两侧绘制栏杆扶手的路径，单击"完成"按钮。

三维显示栏杆扶手如图 5.1.46 所示。

（3）创建下游连接段。

1）创建消力池底板。命名为"消力池底板"。

a. 选择"创建→形状→拉伸"，激活"修改│创建拉伸"选项卡，选择"立面→南"，切换至南立面视图。

b. 选择"工作平面→设置"，打开"工作平面"对话框，在"指定新的工作面"里选择"轴网 A"。

c. 选择"绘制→直线"，用"直线"命令绘制消力池底板截面，如图 5.1.47 所示。

d. 在"属性"选项板里，输入"拉伸起点"4400，"拉伸终点"−4400，材质为"混凝土"。单击"完成"按钮 ✓，退回到"修改│拉伸""在位编辑器"状态。

e. 在"修改│拉伸"选项下，选择"创建→形状→空心形状→空心拉伸"，激活在"修改│创建空心拉伸"选项。在"修改│创建空心拉伸"选项下，返回楼层平面，单击"底板顶面"，选择"绘制→直线"，用"直线"命令绘制消力池底板需要修剪掉部分（包

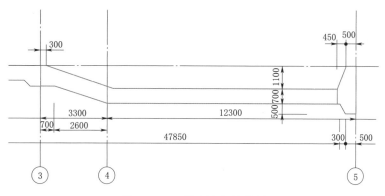

图 5.1.47 消力池底板截面

括底板排水孔）轮廓，"镜像"出另一部分，如图 5.1.48 所示。单击"完成"按钮 。

注意：此时在"属性"选项板里，输入"拉伸起点"0，"拉伸终点"－3000。

三维显示消力池底板如图 5.1.49 所示。

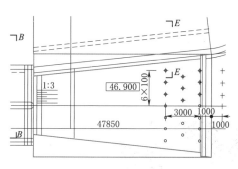

图 5.1.48 空心拉伸轮廓

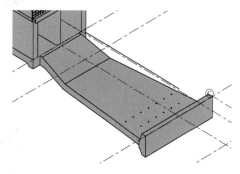

图 5.1.49 三维显示消力池底板

2）创建消力池边墙。先创建一侧消力池边墙，如左侧消力池边墙，再镜像另一侧消力池边墙。

a. 创建消力池 1∶3 斜坡边墙，命名为"消力池斜坡边墙"。

（a）选择"创建→形状→融合"，激活"修改｜创建融合底部边界"选项卡，选择"立面→西"，切换至西立面视图。

（b）选择"工作平面→设置"，打开"工作平面"对话框，在"指定新的工作面"里选择"轴网 3"。

（c）选择"绘制→直线"，用"直线"命令绘制消力池斜坡边墙前端面，如图 5.1.50 所示。

（d）在"修改｜创建融合底部边界"选项卡，选择"立面→东"，切换至东面视图。选择"工作平面→设置"，打开"工作平面"对话框，在"指定新的工作面"里选择"轴网 4"。

（e）选择"模式→编辑顶部"，选择"绘制→直线"，用"直线"命令绘制消力池斜坡边墙后端面，如图 5.1.51 所示。单击"完成"按钮。

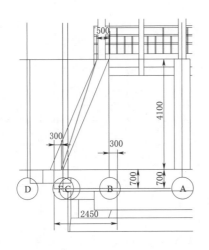

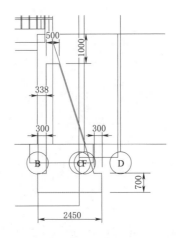

图 5.1.50　消力池斜坡边墙前端面　　　　　　图 5.1.51　消力池斜坡边墙后端面

注意：消力池斜坡边墙后端面与前端面上下、左右都错位，上下错位 1100，从平面图上测量，左右错位 338.48。材质为"混凝土"。

（f）返回楼层平面，单击"底板顶面"。选择刚创建的左侧消力池斜坡边墙，激活"修改｜常规模型"选项卡，选择"修改→镜像-拾取轴"，拾取 A 轴线，结果如图 5.1.52所示。

三维显示消力池斜坡边墙如图 5.1.53 所示。

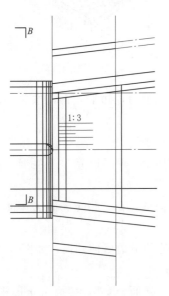

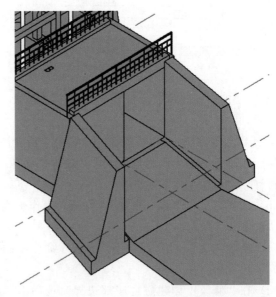

图 5.1.52　镜像消力池斜坡边墙　　　　　　　图 5.1.53　三维显示消力池斜坡边墙

b. 创建消力池平段边墙。命名为"消力池平段边墙"。

（a）选择"创建→形状→融合"，激活"修改｜创建融合底部边界"选项卡，选择"立面→西"，切换至西立面视图。

（b）选择"工作平面→设置"，打开"工作平面"对话框，在"指定新的工作面"里选择"轴网 4"。

（c）选择"绘制→直线"，用"直线"命令绘制消力池平段边墙前端面，如图 5.1.54 所示。

（d）在"修改｜创建融合底部边界"选项卡，选择"立面→东"，切换至东面视图。选择"工作平面→设置"，打开"工作平面"对话框，在"指定新的工作面"里选择"轴网 5"。

（e）选择"模式→编辑顶部"，选择"绘制→直线"，用"直线"命令绘制消力池平段边墙后端面，如图 5.1.55 所示。单击"完成"按钮，退回到"修改｜融合""在位编辑器"状态。

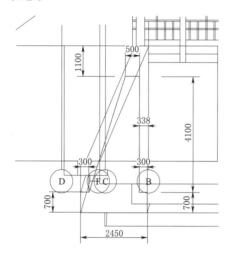

图 5.1.54　消力池平段边墙前端面

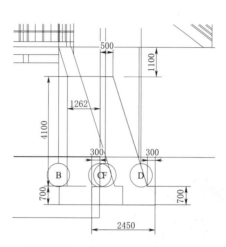

图 5.1.55　消力池平段边墙后端面

注意：消力池平段边墙前端面与消力池斜坡边墙后端面在同一位置，消力池平段边墙后端面与前端面左右错位，从平面图上测量，左右错 1261.52。材质为"混凝土"。

（f）在"修改｜融合"选项下，选择"创建→形状→空心形状→空心拉伸"，激活在"修改｜创建空心拉伸"选项。在"修改｜创建空心拉伸"选项，选择"立面→南"，切换至南立面视图。选择"工作平面→设置"，打开"工作平面"对话框，在"指定新的工作面"里选择"轴网 A"。

（g）在"修改｜创建空心拉伸"选项下，选择"绘制→圆形"，用"圆形"命令绘制消力池平段边墙上排水孔轮廓，如图 5.1.56 所示。单击"完成"按钮。

注意：此时在"属性"选项板里，输入"拉伸起点"为 0，"拉伸终点"为 7000。

（h）返回楼层平面，单击"底板顶面"。选择刚创建的左侧消力池平段边墙，激活"修改｜常规模型"选项卡，选择"修改→镜像-拾取轴"，拾取 A 轴线，结果如图 5.1.57 所示。

三维显示消力池平段边墙如图 5.1.58 所示。

3）创建下游海漫。命名为"下游海漫"。

a. 选择"创建→形状→拉伸"，激活"修改｜创建拉伸"选项卡，选择"立面→南"，切换至南立面视图。

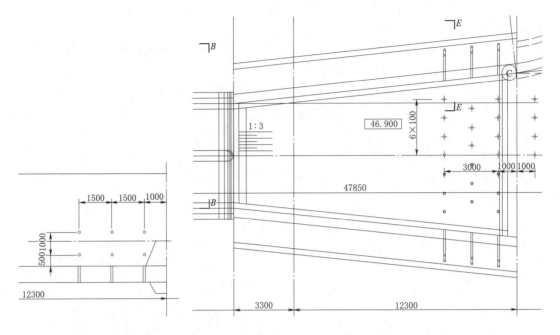

图 5.1.56　排水孔轮廓　　　　　　　　图 5.1.57　镜像消力池平段边墙

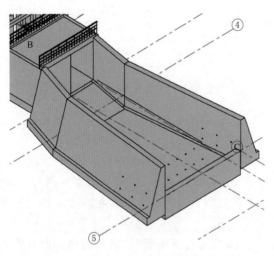

图 5.1.58　三维显示消力池平段边墙

b. 选择"工作平面→设置",打开"工作平面"对话框,在"指定新的工作面"里选择"轴网 A"。

c. 选择"绘制→直线",用"直线"命令绘制下游海漫截面,如图 5.1.59所示。

d. 在"属性"选项板里,输入"拉伸起点"6500,"拉伸终点"-6500,材质为"混凝土"。单击"完成"按钮 ，退回到"修改｜拉伸""在位编辑器"状态。

e. 在"修改｜拉伸"选项下,选择"创建→形状→空心形状→空心拉伸",激活在"修改｜创建空心拉伸"选项。在

"修改｜创建空心拉伸"选项下,返回楼层平面,单击"底板顶面",选择"绘制→直线",用"直线"命令绘制下游海漫需要修剪掉部分(包括排水孔)轮廓,"镜像"出另一部分,如图 5.1.60 所示。单击"完成"按钮 。

注意:此时在"属性"选项板里,输入"拉伸起点"为 0,"拉伸终点"为-500。

三维显示下游海漫如图 5.1.61 所示。

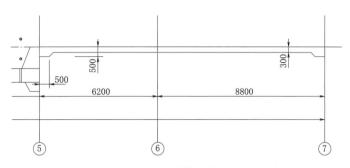

图 5.1.59 下游海漫截面

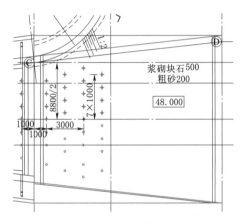

图 5.1.60 空心拉伸轮廓

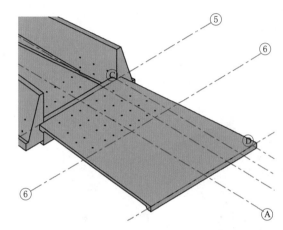

图 5.1.61 三维显示下游海漫

4）创建下游柱面翼墙。命名为"下游柱面翼墙"。

a. 返回楼层平面，单击"底板顶面"。选择"建筑→工作平面→参照平面"，激活"修改｜放置 参照平面"选项。在"修改｜放置 参照平面"选项下，选择"绘制→直线"，用"直线"命令沿柱面翼墙的起始线绘制一个参照平面，命名为"柱面翼墙截面"，如图 5.1.62 所示。

b. 选择"建筑→模型→模型线"，激活"修改｜放置 线"选项。在"修改｜放置 线"选项下，选择"绘制→直线"，用"直线"命令从柱面翼墙圆心沿"柱面翼墙截面"参照平面绘制一条长 7300 的直线，用于"旋转"模型时绘制"轴线"和"边界线定位"。

c. 选择"创建→形状→旋转"，激活"修改｜创建旋转"选项卡。选择"工作平面→设置"，打开"工作平面"对话框，在"指定新的工作面"里选择"参照平面：柱面翼墙截面"，将视图转到三维状态，将"视觉样式"切换至为"线框"。

d. 选择"绘制→边界线→直线"，用"直线"命令绘制下游柱面翼墙截面；选择"绘制→轴线→直线"，用"直线"命令绘制旋转下游柱面翼墙截面的轴线，如图 5.1.63 所示。

e. 在"属性"选项板里，输入"起始角度"为 0，"结束角度"为 86°，材质为"混凝土"。单击"完成"按钮 ✅ 。

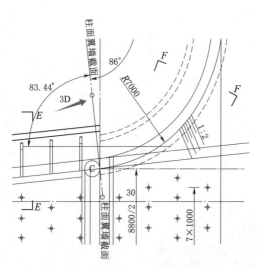

图 5.1.62 参照平面"柱面翼墙截面"

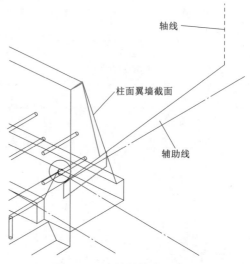

图 5.1.63 旋转轴线和截面

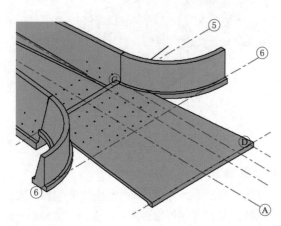

图 5.1.64 三维显示下游柱面翼墙

f. "镜像"右侧下游柱面翼墙。

三维显示下游柱面翼墙,如图 5.1.64 所示。

5)创建下游护坡 命名为"下游护坡"。

a. 选择"创建→形状→融合",激活"修改 | 创建融合底部边界"选项卡,选择"立面→西",切换至西立面视图。

b. 选择"工作平面→设置",打开"工作平面"对话框,在"指定新的工作面"里选择"轴网5"。

c. 选择"绘制→直线",用"直线"

命令绘制下游护坡前端面,如图 5.1.65 所示。

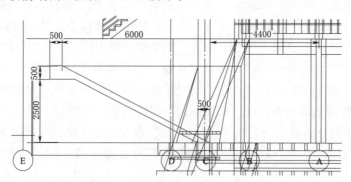

图 5.1.65 下游护坡前端面

d. 在"修改｜创建融合底部边界"选项卡，选择"立面→东"，切换至东立面视图。选择"工作平面→设置"，打开"工作平面"对话框，在"指定新的工作面"里选择"轴网7"。

e. 选择"模式→编辑顶部"，选择"绘制→直线"，用"直线"命令绘制下游护坡后端面，如图5.1.66所示。单击"完成"按钮，退回到"修改｜融合""在位编辑器"状态。

f. 返回楼层平面，单击"底板顶面"。在"修改｜融合"选项下，选择"创建→形状→空心形状→空心拉伸"，激活在"修改｜创建空心拉伸"选项。在"修改｜创建空心拉伸"选项。在"修改｜创建空心拉伸"选项下，选择"绘制→圆形"，用"圆形"命令绘制下游护坡剪切部分轮廓，如图5.1.67所示。单击"完成"按钮。

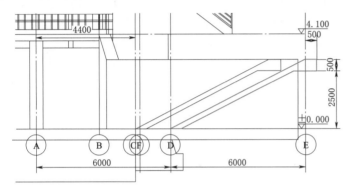

图 5.1.66　下游护坡后端面

图 5.1.67　空心拉伸轮廓

注意：此时在"属性"选项板里，输入"拉伸起点"为0，"拉伸终点"为3500。

g."镜像"右侧下游护坡，

三维显示下游护坡如图5.1.68所示。

5. 整体显示开敞式进水闸模型

将"视觉样式"切换至为"真实"，选择"三维视图→｛三维｝"，隐藏轴网，整体显示开敞式进水闸模型如图5.1.69所示。

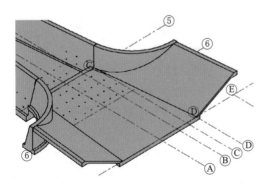

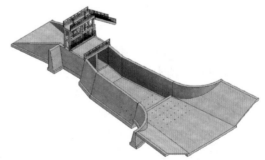

图 5.1.68　三维显示下游护坡

图 5.1.69　三维显示开敞式进水闸模型

巩 固 练 习

1. 单选题

（1）链接的 CAD 参照底图被同名称文件替换但路径并未发生更改，这时应该（　　）。

A. 刷新　　　　　B. 添加　　　　　C. 卸载　　　　　D. 重新载入

（2）Revit 中，栏杆扶手可通过以下哪种方式创建（　　）。

A. 放置在主体上　　B. 绘制路径　　C. 随坡道自动生成　D. 以上均可

（3）在 Revit 中要选择楼梯的整个外部或内部边界，将光标移到边缘上，按（　　）键，直到整个边界被高亮显示，然后单击以将其选中。

A.〈Tab〉　　　　B.〈Space〉　　　　C.〈Shift〉　　　　D.〈Ctrl〉

（4）新建视图样板时，默认的视图比例是（　　）。

A. 1∶50　　　　B. 1∶100　　　　C. 1∶1000　　　　D. 1∶10

（5）下列选项中，关于 BIM 技术与 CAD 技术在基本元素方面的对比中不正确的是（　　）。

A. CAD 的基本元素为点、线、面

B. CAD 的基本元素都具有专业意义

C. BIM 的基本元素为建筑构件

D. BIM 的基本元素不但具有几何特性，也具有建筑物特征

2. 多选题

（1）Revit 的平面视图包括（　　）平面视图。

A. 楼层　　　　　　　　　　　　B. 天花板投影

C. 详图　　　　　　　　　　　　D. 详图索引

（2）Revit 软件的基本文件格式主要分为（　　）。

A. rte　　　　　　　　　　　　B. rvt

C. rft　　　　　　　　　　　　D. rfa

（3）在管理链接中添加 Revit 模型，下列哪些是导入/链接 RVT 界面后可选择的定位方式（　　）。

A. 自动-原点到原点　　　　　　B. 自动-中心到中心

C. 手动-中心　　　　　　　　　D. 自动-通过共享坐标

（4）下列选项中，属于 BIM 技术相对二维 CAD 技术优势的有（　　）。

A. 模型的基本元素为点、线、面

B. 只需进行一次修改，则与之相关的平面、立面、剖面、三维视图、明细表都自动修改

C. 各个构件是相互关联的，例如删除墙上的门，墙会自动恢复为完整的墙

D. 所有图元均为参数化建筑构件，附有建筑属性

（5）常见的工程图纸图例有（　　）。

A. 标题栏　　　　B. 会签栏　　　　C. 比例尺　　　　D. 定位轴线

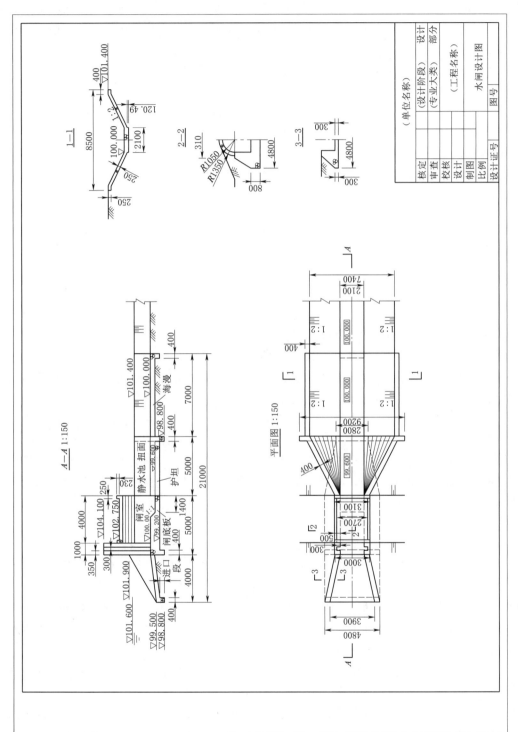

图 5.1.70 水闸设计图

3. 判断题

（1）Revit 绘图过程中，激活某些工具或选择图元时，会自动切换至上下文功能区选项卡，该选项卡只显示与该工具或图元上下相关的工具，"完成"操作退出后，该上下文选项卡关闭。　　　　　　　　　　　　　　　　　　　　　　　　　　　　　（　　）

（2）内建族仅能在本项目中使用，但能保存为单独的".rfa"格式的族文件。（　　）

（3）在 Revit 中，类型比实例在图元管理的模式中低一个等级。　　　　（　　）

（4）修改类型属性的值会影响该族类型的所有实例。　　　　　　　　　（　　）

（5）修改实例属性时，仅仅影响被选中的实例。　　　　　　　　　　　（　　）

4. 实操题

根据图 5.1.70 水闸设计图创建涵洞式过水闸三维模型。

任务 5.2　创 建 渡 槽 模 型

5.2.1　识读图纸

5.2.1.1　渡槽的组成与作用

渡槽在渠系建筑物中是一种输送渠道水流跨越道路、河流、山谷、洼地的交叉建筑物。如图 5.2.1 所示为砌石拱渡槽设计图。

整个渡槽是由进口段、槽身、支承结构和出口段四部分组成。

（1）槽身。它是渡槽的主体部分，用于输送水。本渡槽槽身的横剖面为矩形，用条石砌筑而成，全长 72.1m，纵坡 1/500。

（2）支承结构。它用于架设槽身，由槽墩、槽台、主拱圈、腹拱立墙、腹拱圈、拱腔等部分组成。

（3）进、出口段。这两段是分别连接渠道与槽身的结构。渠道的横剖面通常是梯形的，而槽身的横剖面是矩形的，两者之间的连接通常采用扭面过渡。本设计图对这两段结构没有表达。

5.2.1.2　渡槽的视图及表达方法

表达该渡槽除正立面图外，还有两个详图，四个剖视图和一个用料说明表。

（1）正立面图。它表达了渡槽的结构型式，支承结构各组成部分的位置关系以及长度和高度方向的主要尺寸。图中清楚地表明该渡槽共四跨，净跨 14m，矢跨比 1/5，有三个槽墩（1、2、3 号墩），两个槽台（1、2 号台）。等截面圆弧形的主拱圈支承在墩、台顶部的多角石上，在主拱圈上砌筑腹拱立墙和等截面圆弧形腹拱，在主、腹拱顶部再砌筑拱腔和槽身，槽身分成六段砌筑，每段间有伸缩缝。

（2）详图甲、乙。主要是进一步表达主拱圈上部腹拱立墙和腹拱圈以及 2 号台在长度和高度方向的详细尺寸，腹拱净跨 1.45m，矢跨比约 1/4。

（3）A-A 剖视图。主要表达 1 号墩和 2 号墩侧立面的形状和详细尺寸，同时也表明了槽身的剖面形状、大小和材料。为了进一步表达槽墩平面图的形状，又画出了 D-D 剖视图。图中可以看出两个槽墩在高程▽298.30m 以下的墩身部分，沿宽度方向两端头部

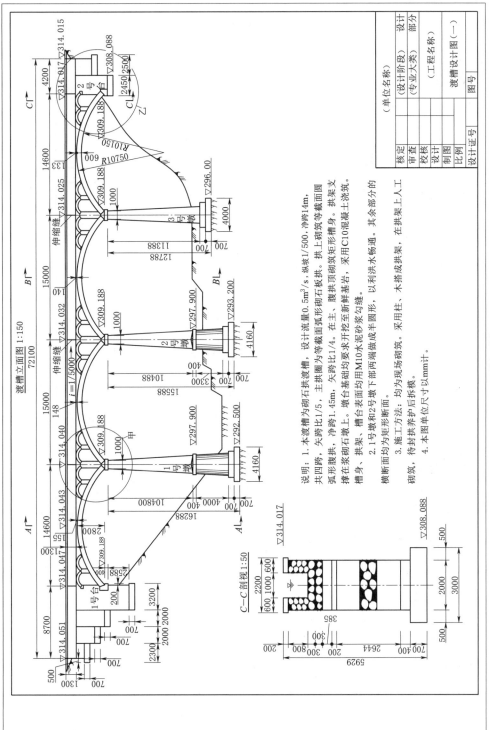

（a）渡槽立面图

图 5.2.1（一） 渡槽设计图

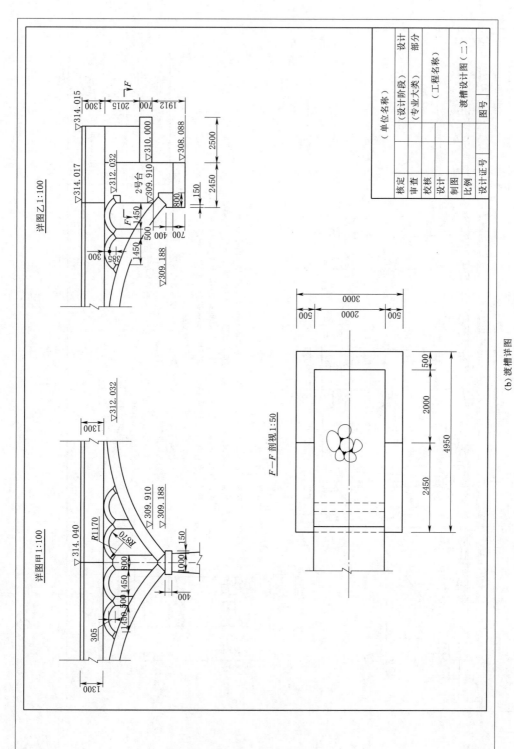

(b) 渡槽详图

图 5.2.1 (二) 渡槽设计图

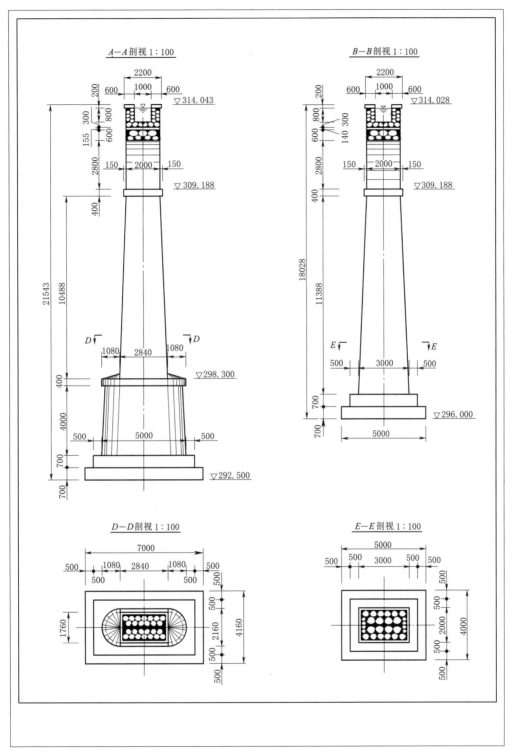

（c）坡槽剖视图

图 5.2.1（三） 渡槽设计图

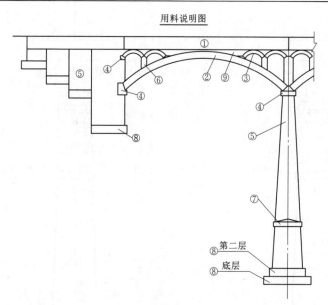

用料说明表

编号	名称	材料			备注
		内部	外露面	水泥砂浆	
①	槽身	条石	粗镶面石	M10	石料坚硬无裂纹锈迹，镶面砌成横平竖直，直缝错峰不小于10cm，一丁一顺
②	主拱图	条石	粗镶加细边	M15	
③	腹拼图	条石	粗镶加细边	M15	
④	五角石	C20混凝土	粗镶面石	M15	
⑤	墩合身	块石	粗镶面石	M10	地面线/m 以下不镶面
⑥	腹拱立墙	块石	粗镶面石	M10	
⑦	墩身腰图	C20混凝土	粗镶面石	M10	顶上流水坡不镶面
⑧	基础底层	C10混凝土			
⑧	基础第二层	块石		M10	
⑨	拱腔	片石	粗镶面石	内M2.5 外M10	片石与粗镶面石每层厚度不相同

（单位名称）			
核定		（设计阶段）	设计
审查		（专业大类）	部分
校核		（工程名称）	
设计			
制图		渡槽设计图（三）	
比例			
设计证号		图号	

(d)用料说明图

图 5.2.1（四）　渡槽设计图

做成半圆形,主要是以利水流畅通。在高程▽298.30m 以上的墩身为四棱台形。

(4) B-B 剖视图。主要是为了表达 3 号墩侧立面的形状和详细尺寸,还画出了 E-E 剖视图,注意 3 号墩下部与 1、2 号墩构造有所不同。

(5) C-C、F-F 剖视图。这两个剖视图主要是为了表达 2 号台侧立面和平面的形状以及高度和宽度方向的尺寸。

该渡槽除了采用以上视图、剖视图表达以外,另外还有一个用料说明表,从中可以了解各部分所用材料和砌筑要求。

5.2.2 创建渡槽模型的方法与步骤

5.2.2.1 建模前的规划

由渡槽设计图可知,渡槽由进口段、槽身、支承结构和出口段四部分组成,每一部分相对独立,平面布置相对简单。因此,在创建渡槽时不必与创建水闸模型时全部用内建模型的方式创建,有些构件(比如槽台、槽身、槽墩)可以做成可载入族,然后按控制线的位置搭建,在此基础上再用内建模型的方法完成其他结构(比如拱部分)。

控制线依然用轴网和标高。横轴线用于控制槽墩水平位置,纵轴线用于控制槽身宽度;标高用于控制槽身顶面和槽墩底面。由于渡槽设计图采用的是绝对标高,为了便于创建模型,将绝对标高转换为相对标高。选择 2 号墩台底面标高 293.200 对应相对标高±0.000,这样更有利于创建模型,使模型更具有真实感。

5.2.2.2 设计项目基点

为了便于将模型导入其他项目或其他软件中,在创建渡槽模型前需要设置模型的项目基点,故将 2 号墩台底面中点设置为项目基点。

5.2.2.3 绘制结构控制线

1. 创建平面控制线

选择"建筑-基准-轴网",在"修改│放置 轴网"选项下,设置轴网属性,用直线命令沿渡槽的分段边界创建横轴线,沿对称线和槽身内面边线创建纵轴线,并对轴网进行尺寸标注。

2. 创建高程控制线

在项目浏览器中,选择"立面—南",激活南立面,修改"标高 1"为"1 号墩底面"标高,并修改高程值为 -0.700,同时绘制"槽身顶"标高和"槽墩顶"标高,修改高程值为 20.851 和 15.988。选择"建筑-基准-标高",在"修改│放置 标高"选项下,设置"上标头""下标头"和"正负零标高"属性。调整标高线位置,并选择"影响范围:立面—北",使标高线位置合理,"立面—北"会同步调整。同理在"立面—西"界面调整标高线,"立面—东"会同步调整,然后对轴线标注尺寸。

5.2.2.4 创建渡槽模型的各部分

1. 创建槽台族、槽墩族和槽身族

打开 Revit 2022,在"打开界面"选择"族→新建",或在项目文件下,选择"文件→新建→族",在打开的"新族"对话框选择"公制常规模型",单击"确定"进入创建"公制常规模型"族界面。

在"公制常规模型"族界面创建槽台族、槽墩族和槽身族,然后载入到项目中进行放置。

2. 用内建模型创建拱（主拱圈、腹拱立墙、腹拱圈、拱腔等）部分

在"建筑"功能选项下，选择"构件"→"内建模型"，打开"族类别与族参数"对话框，在"族类别"选项中选择"常规模型"，出现"名称"对话框，在"名称"里输入需要创建模型的名称，比如"主拱圈""腹拱立墙"等，单击"确定"按钮，进入内建模型界面。

创建主拱圈、腹拱立墙、腹拱圈、拱腔等部分用"拉伸"命令基本都可以完成。

知 识 拓 展

水利工程建筑物的类型及作用

1. 水工建筑物按作用分类

（1）挡水建筑物。用以拦截江河，形成水库或壅高水位，如各种坝和水闸；以及为抗御洪水或挡潮，沿江河海岸修建的堤防、海塘等。

（2）泄水建筑物。用以宣泄多余水量、排放泥沙和冰凌；或为人防、检修而放空水库、渠道等，以保证坝和其他建筑物的安全。如各种溢流坝、坝身泄水孔；又如各式岸边溢洪道和泄水隧洞等。

（3）输水建筑物。为满足灌溉、发电和供水的需要，从上游向下游输水用的建筑物，如引水隧洞、引水涵管、渠道、渡槽等。

（4）取（进）水建筑物。输水建筑物的首部建筑，如引水隧洞的进口段、灌溉渠首和供水用的进水闸、扬水站等。

（5）整治建筑物。用以改善河流的水流条件，调整水流对河床及河岸的作用，以及防护水库、湖泊中的波浪和水流对岸坡的冲刷，如丁坝、顺坝、导流堤、护底和护岸等。

（6）专门建筑物。为灌溉、发电、过坝需要而兴建的建筑物，如专为发电用的压力前池、调压室、电站厂房；专为灌溉用的沉沙池、冲沙闸；专为过坝用的船闸、升船机、鱼道、过木道等。

2. 水工建筑物按功能分类

按功能可分为通用性水工建筑物和专门性水工建筑物。

通用性水工建筑物主要有：①挡水建筑物，如各种坝、水闸、堤和海塘；②泄水建筑物，如各种溢流坝、岸边溢洪道、泄水隧洞、分洪闸；③进水建筑物，也称取水建筑物，如进水闸、深式进水口、泵站；④输水建筑物，如引（供）水隧洞、渡槽、输水管道、渠道；⑤河道整治建筑物，如丁坝、顺坝、潜坝、护岸、导流堤。

专门性水工建筑物主要有：①水电站建筑物，如前池、调压室、压力水管、水电站厂房；②渠系建筑物，如节制闸、分水闸、渡槽、沉沙池、冲沙闸；③港口水工建筑物，如防波堤、码头、船坞、船台和滑道；④过坝设施，如船闸、升船机、放木道、筏道及鱼道等。

3. 水工建筑物按使用期限分类

按使用期限可分为永久性水工建筑物和临时性水工建筑物。

通用性水工建筑物和专门性水工建筑物两类均属于长期使用的建筑物，称为永久性水工建筑物；另有一些仅在施工期短时间内发挥作用的建筑物，如围堰、导流隧洞、导流明渠等，称为临时性水工建筑物。

有些水工建筑物的功能并非单一的，难以严格区分其类型，如各种溢流坝，既是挡水建筑物，又是泄水建筑物；水闸既可挡水，又可泄水，有时还可作为灌溉渠首或供水工程的取水建筑物；有时施工导流隧洞可以改建成永久性的泄水或引水隧洞等。

技 能 训 练

创 建 渡 槽 模 型

1. 创建槽台族、槽墩族和槽身族

（1）创建槽台族。

1）创建槽台身。

a. 在"公制常规模型"族界面，选择"创建→形状→拉伸"，激活"修改 | 创建拉伸"选项卡，选择"楼层平面→参照标高"。

b. 在"修改 | 创建拉伸"选项卡，选择"绘制→直线"，用"直线"命令绘制"槽台身"平面轮廓，并标注尺寸。

c. 选中其中一个尺寸，激活"修改 | 尺寸标注"选项卡，选择"标签尺寸标注→标签→创建标签"按钮 📋，打开"参数属性"对话框，在"参数属性"对话框，选择"族参数"和"实例"，新建"槽台身长"族参数，如图5.2.2所示，单击"确定"，则该参数与该尺寸标注关联。

d. 按此方法将其他尺寸标注与相应的族参数关联，如图5.2.3所示，单击"完成"按钮。

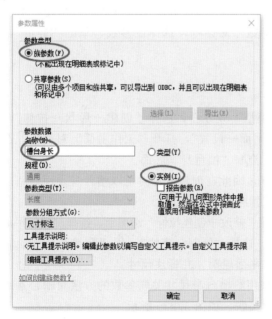

图5.2.2 参数属性

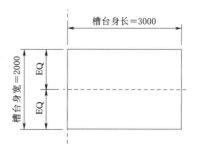

图5.2.3 槽台身平面轮廓

e. 在"属性"选项板里,输入"拉伸起点"为 0,"拉伸终点"为 −3000。在"拉伸终点"右侧,选择"关联族参数"按钮 ,打开"关联族参数"对话框,单击 ,打开"参数属性"对话框,新建"槽台身高"族参数,单击"确定"返回"关联族参数"对话框,选择该参数,单击"确定",则拉伸终点值与该参数关联,如图 5.2.4 所示。

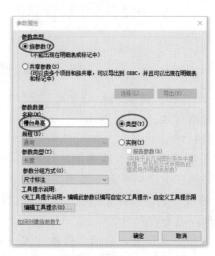

(a) 关联族参数   (b) 参数属性

图 5.2.4 槽台身高关联参数

f. 在"属性"选项板里,"材质与装饰"中创建名为"混凝土"(外观为:混凝土→混凝土 − 现场浇注。下同)的"材质",同时在"材质"右侧,选择"关联族参数"按钮 ,打开"关联族参数"对话框,单击 ,打开"参数属性"对话框,新建"槽台身材质"参数,单击"确定"返回"关联族参数"对话框,选择该参数,单击"确定",使槽台身的材质与该参数关联。

g. 单击"完成编辑模式"按钮 。

2) 创建槽台基础。

a. 三维显示槽台身。在"公制常规模型"族界面,选择"创建→形状→拉伸",激活"修改 | 创建拉伸"选项卡。选择"工作平面→设置",打开"工作平面"对话框,在"指定新的工作面"里选择"拾取一个平面"拾取"槽台身"底面。

注意:由于槽台在排列时是上部平齐,因此在创建槽台时是以槽台身顶面为基准,槽台基础放置在槽台身底面上。

b. 在"修改 | 创建拉伸"选项卡,选择"楼层平面→参照标高",选择"绘制→直线",用"直线"命令绘制"槽台基础"平面轮廓,并标注尺寸。

c. 采用给槽台身尺寸关联参数的方法对槽台基础尺寸进行参数关联,如图 5.2.5 所示。

d. 在"属性"选项板里,输入"拉伸起点"为 0,"拉伸终点"为 −700,采用给槽台身拉伸终点值关联参数

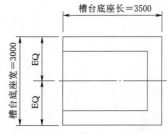

图 5.2.5 槽台基础平面轮廓

的方法，关联"槽台基础高"参数。"材质与装饰"中创建名为"浆砌石-基础"（外观为：
外观为：石料→碎石-河流岩石。下同）的"材质"，并采用给槽台身材质关联参数的方
法，关联"槽台基础材质"参数。

e. 选择"创建→属性→族类型"按钮 ，打开"族参数"对话框，在"族参数"对
话框中可以看到刚才创建的族参数，如图 5.2.6 所示。

3）选择"文件→另存为→族"，保存为"槽台族"。

三维显示槽台族，如图 5.2.7 所示。

（2）创建槽墩族。

1）创建槽墩基础底层。

图 5.2.6　族类型

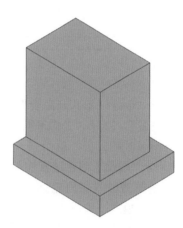

图 5.2.7　三维显示槽台族

a. 在"公制常规模型"族界面，选择"创建→形状→拉伸"，激活"修改│创建拉
伸"选项卡，选择"楼层平面→参照标高"。

b. 绘制槽墩基础底层平面轮廓并标注尺寸，分别对尺寸进行参数关联，如图 5.2.8
所示，单击"完成"按钮。

c. 在"属性"选项板里，输入"拉伸起点"
为 0，"拉伸终点"为 700。在"拉伸终点"右侧，
选择"关联族参数"按钮 ，打开"关联族参数"
对话框，选择"族参数"和"类型"，新建"槽墩
基础底层高"参数，单击"确定"返回"关联族参
数"对话框，选择该参数，单击"确定"，则拉伸终
点值与该参数关联。"材质与装饰"中选择"浆砌石-
基础"材质，并在"材质"右侧，选择"关联族

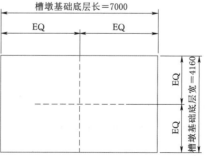

图 5.2.8　槽墩基础底层平面轮廓

参数"按钮▇，打开"关联族参数"对话框，单击▇，打开"参数属性"对话框，新建"槽墩基础底层材质"参数，单击"确定"返回"关联族参数"对话框，选择该参数，单击"确定"，则槽墩基础的材质与该参数关联。

2）创建槽墩基础二层。

a. 三维显示槽墩基础。在"公制常规模型"族界面，选择"创建→形状→拉伸"，激活"修改｜创建拉伸"选项卡。选择"工作平面→设置"，打开"工作平面"对话框，在"指定新的工作面"里选择"拾取一个平面"拾取"槽墩基础底层"顶面。

b. 在"修改｜创建拉伸"选项卡，选择"楼层平面→参照标高"。

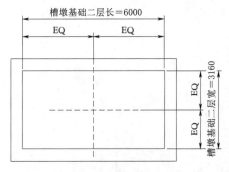

图 5.2.9　槽墩基础二层平面轮廓

c. 绘制槽墩基础二层平面轮廓并标注尺寸，分别对尺寸进行参数关联，如图 5.2.9 所示，单击"完成"按钮。

d. 在"属性"选项板里，输入"拉伸起点"为 0，"拉伸终点"为 700，按上述方法关联"槽墩基础二层高"参数。"材质与装饰"中选择"浆砌石-基础"材质，并按上述方法关联"槽墩基础二层材质"参数。

3）创建槽墩座。

a. 三维显示模型。在"公制常规模型"族界面，选择"创建→形状→融合"，激活"修改｜创建融合底部边界"选项卡。选择"工作平面→设置"，打开"工作平面"对话框，在"指定新的工作面"里选择"拾取一个平面"拾取"槽墩基础二层"顶面。

b. 在"修改｜创建融合底部边界"选项卡，选择"楼层平面→参照标高"。

c. 绘制槽墩座底面轮廓，并标注尺寸，分别对尺寸进行参数关联，如图 5.2.10 所示；选择"模式→编辑顶部"，绘制槽墩座顶面轮廓，标注顶面轮廓，并分别对尺寸进行参数关联，如图 5.2.11 所示。单击"完成"按钮。

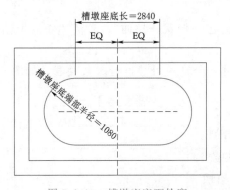

图 5.2.10　槽墩座底面轮廓

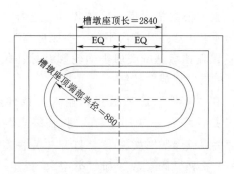

图 5.2.11　槽墩座顶面轮廓

d. 在"属性"选项板里，输入"第一端点"为 0，"第二端点"为 4000，按上述方法关联"第二端点"和"槽墩座高"参数。"材质与装饰"中选择"混凝土"材质，并按上述方法关联"槽墩座材质"参数。

4）创建槽墩身腰。

a. 三维显示模型。在"公制常规模型"界面，选择"创建→形状→拉伸"，激活"修改｜创建拉伸"选项卡。选择"工作平面→设置"，打开"工作平面"对话框，在"指定新的工作面"里选择"拾取一个平面"拾取"槽墩座"顶面。

b. 在"修改｜创建拉伸"选项卡，选择"楼层平面→参照标高"。

c. 绘制槽墩身腰轮廓并标注尺寸，分别对尺寸关联参数，如图 5.2.12 所示，单击"完成"按钮。

d. 在"属性"选项板里，输入"拉伸起点"为 0，"拉伸终点"为 400，按上述方法关联"拉伸终点"和"槽墩身腰高"参数。"材质与装饰"中选择"混凝土"材质，并按上述方法关联"槽墩身腰材质"参数。

三维显示部分槽墩，如图 5.2.13 所示。

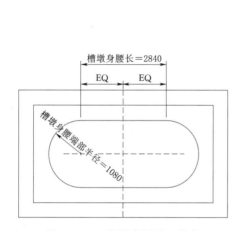

图 5.2.12　槽墩身腰平面轮廓

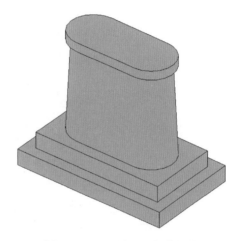

图 5.2.13　三维显示部分槽墩

5）创建槽墩台身。

a. 三维显示模型。在"公制常规模型"族界面，选择"创建→形状→融合"，激活"修改｜创建融合底部边界"选项卡。选择"工作平面→设置"，打开"工作平面"对话框，在"指定新的工作面"里选择"拾取一个平面"拾取"槽墩腰身"顶面。

b. 在"修改｜创建融合底部边界"选项卡，选择"楼层平面→参照标高"。

c. 绘制槽墩台身底面轮廓并标注尺寸，分别对尺寸关联参数，如图 5.2.14 所示；选择"模式→编辑顶部"，绘制槽墩台身顶面轮廓，标注顶面轮廓，并分别对尺寸关联参数，如图 5.2.15 所示。单击"完成"按钮。

d. 在"属性"选项板里，输入"第一端点"为 0，"第二端点"为 10488，按上述方法关联"第二端点"和"槽墩台身高"参数。"材质与装饰"中选择"混凝土"材质，并按上述方法关联"槽墩台身材质"参数。

6）创建槽墩台身根部锥体。

创建槽墩台身根部锥体用"旋转"或"放样"均不合适，用"融合"命令比较合理。但"融合"命令创建锥体时，锥顶的尖点用尽可能小的圆来代替。

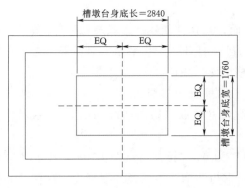

图 5.2.14　槽墩台身底面轮廓

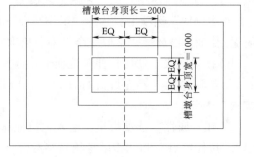

图 5.2.15　槽墩台身顶面轮廓

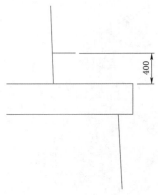

图 5.2.16　锥顶模型线

a. 选择"立面→前"。选择"创建→模型→模型线"，在距槽墩身腰顶面向上 400 作一条直线，如图 5.2.16 所示。单击该直线，激活"修改｜线"选项卡，选择"修改→复制"将该直线复制到槽墩身腰顶面上。

b. 三维显示模型。在"公制常规模型"族界面，选择"创建→形状→融合"，激活"修改｜创建融合底部边界"选项卡。选择"工作平面→设置"，打开"工作平面"对话框，在"指定新的工作面"里选择"拾取一个平面"拾取"槽墩身腰"顶面。绘制锥体底面轮廓，标注底面轮廓，并分别对尺寸关联参数，如图 5.2.17 所示。选择"模型→编辑顶部"。绘制锥体顶面轮廓，锥体顶面轮廓尽可能地小，如图 5.2.18 所示。单击"完成"按钮。

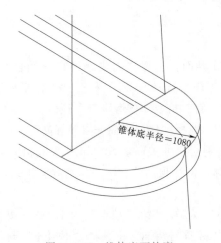

图 5.2.17　锥体底面轮廓

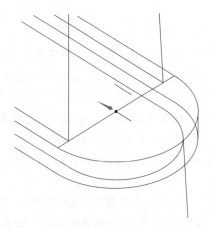

图 5.2.18　锥体顶面轮廓

c. 在"属性"选项板里，输入"第一端点"为 0，"第二端点"为 400，按上述方法关联"第二端点"和"锥体高"参数。"材质与装饰"中选择"混凝土"材质，并按上述方法关联"锥体材质"参数。

d. "镜像"左侧锥体。

三维显示锥体如图 5.2.19 所示。

7）创建槽墩顶板。

a. 在"公制常规模型"族界面，选择"创建→形状→拉伸"，激活"修改｜创建拉伸"选项卡。选择"工作平面→设置"，打开"工作平面"对话框，在"指定新的工作面"里选择"拾取一个平面"拾取"槽墩台身"顶面。

b. 在"修改｜创建拉伸"选项卡，选择"楼层平面→参照标高"。

c. 绘制槽墩顶板轮廓并标注尺寸，分别对尺寸关联参数，如图 5.2.20 所示，单击"完成"按钮。

图 5.2.19　三维显示锥体

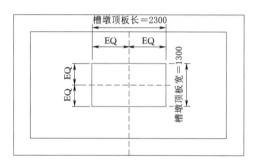

图 5.2.20　槽墩顶板平面轮廓

d. 在"属性"选项板里，输入"拉伸起点"为 0，"拉伸终点"为 400，并按上述方法关联"槽墩顶板厚"参数。"材质与装饰"中选择"混凝土"材质，并按上述方法关联"槽墩顶板"参数。

8）选择"文件→另存为→族"，保存为"槽墩族"。

三维显示槽墩族，如图 5.2.21 所示。

（3）创建槽身族。

1）在"公制常规模型"族界面，选择"创建→形状→拉伸"，激活"修改｜创建拉伸"选项卡，选择"立面→左"。

2）在"修改｜创建拉伸"选项卡，选择"绘制→直线"，用"直线"命令绘制"槽身"截面轮廓，标注尺寸，并分别对尺寸进行参数关联，如图 5.2.22 所示。

3）在"属性"选项板里，输入"拉伸起点"为 0，"拉伸终点"为 250，按上述方法关联"槽身长"参数。"材质与装饰"中新建"浆砌石-槽身"材质（外观为：石料→溪石-蓝色），并按上述方法关联"槽身材质"参数。

4）选择"文件→另存为→族"，保存为"槽身族"。

三维显示槽身族，如图 5.2.23 所示。

2. 设计项目基点

打开 Revit 2022，在"项目浏览器"选择"楼层平面→标高 1"。在"属性"选项板，单击"可见性/图形替换"后

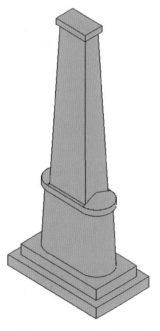

图 5.2.21　三维显示槽墩

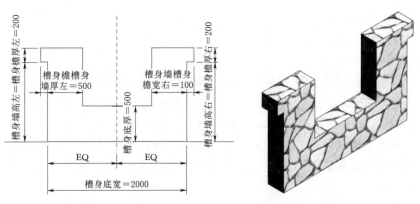

图 5.2.22　槽身截面轮廓　　　　　　图 5.2.23　三维显示槽身

面的"编辑"按钮 ![编辑...] ，打开"楼层平面：标高 1 的可见性/图形替换"对话框。在"模型类型"选项，勾选"场地→项目基点"，如图 5.2.24 所示，单击"确定"，在立面符号中间出现"场地：项目基点"符号 ⊗ 。

选择 2 号墩基础底层的底面中心为项目基点。

3. 绘制结构控制线

（1）绘制轴网。

1）选择"建筑→基准→轴网"，激活"修改｜放置 轴网"选项卡。选择"绘制→直线"，用"直线"命令沿"项目基点"绘制一条横轴线和一条纵轴线。

2）在"属性"选项板，单击"编辑类型"按钮，在打开的"类型属性"对话框里修改轴线的相应属性，如图 5.2.25 所示，单击"确定"。

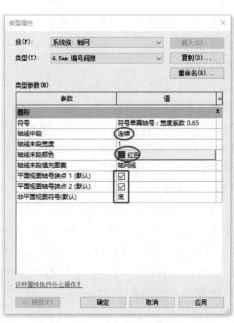

图 5.2.24　项目基点　　　　　　图 5.2.25　类型属性

3）单击刚才绘制的轴线，激活"修改｜轴网"选项卡。根据图5.2.1给定的尺寸，选择"修改→偏移"或"修改→复制"绘制其他轴线，调整所有轴线编号。

4）调整立面符号至合适位置。结果如图5.2.26所示。

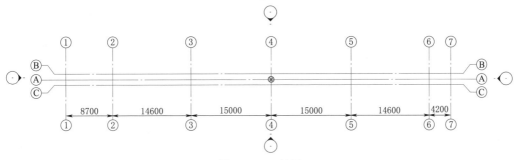

图5.2.26 轴网

（2）绘制标高。选择2号墩台底面的绝对标高293.200对应为±0.000。

1）在"项目浏览器"选择"立面→南"，在南立面调整轴线和"标高1""标高2"的位置。

2）单击"标高1"，在"属性"选项板，选择"标高：正负零标高"，单击"编辑类型"按钮，在打开的"类型属性"对话框里修改"正负零标高"的相应属性，如图5.2.27所示，单击"确定"。用相同方法修改"上标头"和"下标头"的属性。

3）修改"标高1"的名称为"2号墩底面"，修改"标高2"的名称为"3号墩底面"。

4）选择"建筑→基准→标高"，激活"修改｜放置 标高"选项卡。选择"绘制→直线"，用"直线"命令在标高"2号墩底面"下面绘制一条标高线，修改为"下标头"，命名为"1号墩底面"，与"2号墩底面"相距700。

5）单击"3号墩底面"标高线，激活"修改｜标高"选项卡。根据图5.2.1给定的标高值，选择"修改→偏移"或"修改→复制"绘制"槽墩顶"和"槽身顶"两条标高线，如图5.2.28所示。

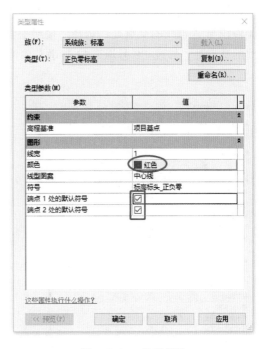

图5.2.27 类型属性

4. 创建渡槽

（1）创建槽墩。

1）载入槽墩族 在"项目浏览器"选择"楼层平面→1号墩底面"。选择"插入→从库中载入→载入族"，找到槽墩族文件，载入槽墩族。

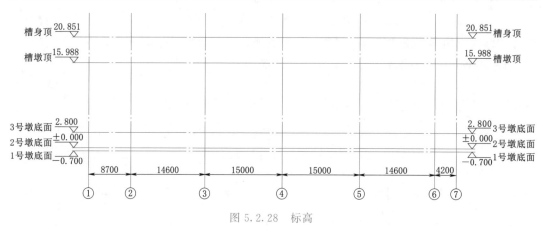

图 5.2.28　标高

2）放置槽墩。

a. 放置 1 号槽墩。选择"建筑→构建→构件→放置构件"，在"属性"选项板选择"槽墩族"文件。单击"编辑类型"按钮，在打开的"属性类型"对话框里复制一个命名为"1号墩"的族类型，修改它的相应属性，如图 5.2.29 所示，单击"确定"。在"属性"工具条勾选 ☑放置后旋转 ，将"1 号墩"放置在 3 轴线与 A 轴线的交点处，然后旋转 90°。

b. 放置 2 号、3 号槽墩。用同样的方法选择"楼层平面→2 号墩底面"把"2 号墩"放置 4 轴线与 A 轴线的交点处；选择"楼层平面→3 号墩底面"把"3 号墩"放置 5 轴线与 A 轴线的交点处。修改"2 号墩""3 号墩"属性见图 5.2.30、图 5.2.31，单击"确定"。

图 5.2.29　1 号墩类型参数

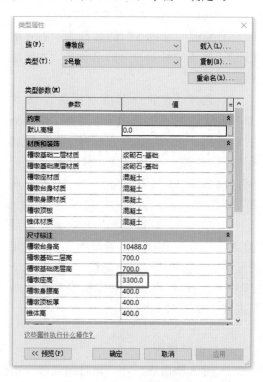

图 5.2.30　2 号墩类型参数

注意：修改"3号墩"的类型参数的同时，也要修改"3号墩"的实例参数，如图5.2.32所示。

图 5.2.31　3号墩类型参数　　　　　　　图 5.2.32　3号墩实例参数

南立面显示槽墩，如图 5.2.33 所示。

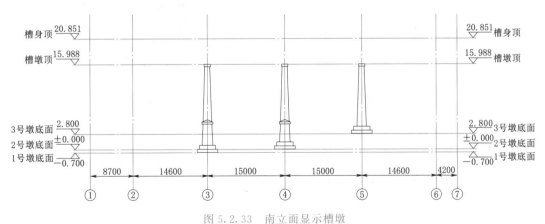

图 5.2.33　南立面显示槽墩

（2）创建槽台。

1）选择"视图→创建→平面视图→楼层平面"，打开"新建楼层平面"对话框。选中"槽墩顶""槽身顶"两个标高，单击"确定"，将"槽墩顶""槽身顶"标高加入到楼层平面，如图 5.2.34 所示。

图 5.2.34　新建楼层平面

2）载入槽台族　在"项目浏览器"选择"楼层平面→槽身顶"。选择"插入→从库中载入→载入族"，找到槽台族文件，载入槽台族。

3）放置 1 号槽台。

a. 选择"建筑→构建→构件→放置构件"，在"属性"选项板选择"槽台族"文件。单击"编辑类型"按钮，在打开的"属性类型"对话框里复制一个命名为"1 号台-1"的族类型，修改它的相应属性，如图 5.2.35 所示，单击"确定"。在"属性"选项板修改"1 号台-1"的实例参数，如图 5.2.36 所示。将"1 号台-1"放置在 1 轴线与 A 轴线的交点处，然后镜像调整"1 号台-1"的位置。

注意：在"属性"选项板要调整"视图范围"，调整"主要范围"的"底部"为－2000，"视图深度"的"标高"为－3000。

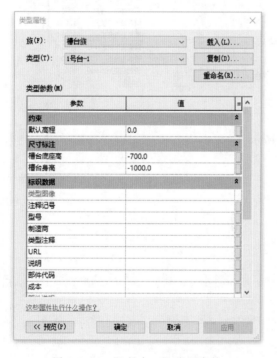

图 5.2.35　"1 号台-1"类型参数

图 5.2.36　"1 号台-1"实例参数

b. 用上述方法创建"1 号台-2""1 号台-3""1 号台-4"的实例参数。"1 号槽台"实例参数和类型参数见表 5.2.1。

4）放置 2 号槽台。用上述方法创建"2 号槽台"。"2 号槽台"由"2 号台-1""2 号台-2"组成。"2 号槽台"实例参数和类型参数见表 5.2.2。

表 5.2.1   "1 号槽台" 实例参数和类型参数   单位：mm

槽台名	实 例 参 数				类 型 参 数	
	槽台底座长	槽台底座宽	槽台身长	槽台身宽	槽台基础高	槽台身高
1 号台-1	2300	3000	1800	2000	700	1000
1 号台-2	2000	3000	2000	2000	700	2500
1 号台-3	2000	3000	2000	2000	700	3500
1 号台-4	3200	3000	3000	2000	700	6500

表 5.2.2   "2 号槽台" 实例参数和类型参数   单位：mm

槽台名	实 例 参 数				类 型 参 数	
	槽台底座长	槽台底座宽	槽台身长	槽台身宽	槽台基础高	槽台身高
2 号台-1	2500	3000	2000	2000	700	2015
2 号台-2	2450	3000	2200	2000	700	3927

南立面显示槽台，如图 5.2.37 所示。

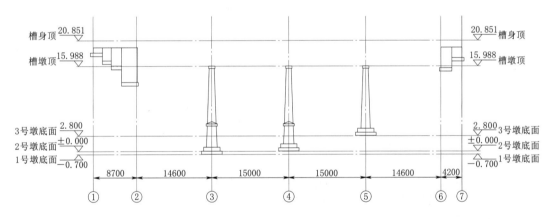

图 5.2.37 南立面显示槽台

（3）创建槽拱。

1）创建主拱圈。主拱圈由四个拱圈组成，分别命名为 "主拱圈 1" "主拱圈 2" "主拱圈 3" "主拱圈 4"，用 "建筑→构建→构件→内建模型→常规模型" 完成。

a. 在 "内建模型→常规模型" 界面，选择 "创建→形状→拉伸"，激活 "修改│创建拉伸" 选项卡，选择 "立面→南"。选择 "工作平面→设置"，打开 "工作平面" 对话框，在 "指定新的工作面" 里选择 "轴网：A"。

b. 在 "修改│创建拉伸" 选项卡，选择 "绘制→直线"，用 "直线" 命令绘制 "主拱圈 1" 截面轮廓。

c. 在 "属性" 选项板里，输入 "拉伸起点" 为-1000，"拉伸终点" 为 1000。材质为

161

"浆砌石-拱"（外观为：石料→碎石-塔里埃森西。下同）。

d. 单击完成。

e. 用同样的方法创建"主拱圈 2""主拱圈 3""主拱圈 4"。

2）创建多角石。支撑主拱圈的是多角石。六角石两个（1 号台、2 号台处各一个），四角石三个（1 号墩、2 号墩、3 号墩各一个）。用"拉伸"内建"常规模型"的方式完成，材质为"混凝土"（外观为：混凝土→混凝土－现场浇注）。

3）创建腹拱。腹拱由腹拱立墙和腹拱圈组成。根据详图甲和详图乙给定的尺寸，用"拉伸"内建"常规模型"的方式完成，材质为"浆砌石－拱"。

4）创建拱腔。拱腔是槽身下面与腹拱之间的空隙。根据渡槽立面图给定的尺寸，用"拉伸"内建"常规模型"的方式完成，材质为"浆砌石－拱"。

南立面显示槽拱，如图 5.2.38 所示。

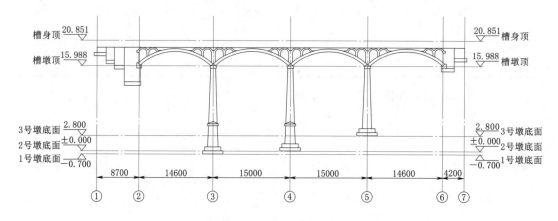

图 5.2.38　南立面显示槽拱

（4）创建槽身。

1）载入槽身族。在"项目浏览器"选择"楼层平面→槽身顶"。选择"插入→从库中载入→载入族"，找到槽身族文件，载入槽身族。

2）放置槽身。选择"建筑→构建→构件→放置构件"，在"属性"选项板选择"槽身族"文件。单击"编辑类型"按钮，在打开的"属性类型"对话框里复制一个命名为"1 号槽身"的族类型，单击"确定"。在"属性"选项板修改"1 号槽身"的实例参数，主要是修改"槽身长"的值为 8700。将"1 号槽身"放置在 1 轴线与 A 轴线的交点处。

注意：在"属性"选项板要调整"约束"，调整"相对标高的偏移"值为－1300。

3）用上述方法创建"2 号槽身""3 号槽""4 号槽身""5 号槽身""6 号槽身"。

5. 整体显示渡槽模型

将"视觉样式"切换至为"真实"，选择"三维视图→〔三维〕"，隐藏轴网和标高，三维显示渡槽模型，如图 5.2.39 所示。

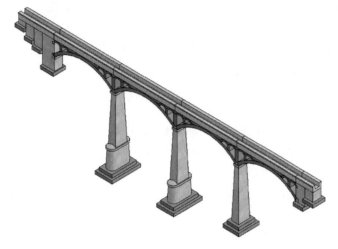

图 5.2.39　三维显示渡槽模型

巩　固　练　习

1. 单选题

（1）在"类型属性"对话框中，往族中添加一个新的类型并可修改这个类型的参数，首先（　　）。

A. 单击"复制"　　　　　　　　　　　B. 单击"添加族"

C. 单击"重命名"　　　　　　　　　　D. 单击"载入"

（2）材质用于定义建筑模型中图元的外观，材质属性不包括（　　）。

A. 图形　　　　　B. 渲染外观　　　　　C. 物理　　　　　D. 贴花

（3）在链接模型时，主体项目是公制，要链入的模型是英制，如何操作？（　　）

A. 把公制改成英制再链接　　　　　　B. 把英制改成公制再链接

C. 不用改就可以链接　　　　　　　　D. 不能链接

（4）在项目中，（　　）不属于模型图元。

A. 楼板　　　　　B. 楼梯　　　　　C. 幕墙　　　　　D. 轴网

（5）不属于 Revit 族分类的是（　　）。

A. 系统族　　　　　　　　　　　　　B. 半系统半样板族

C. 可载入族　　　　　　　　　　　　D. 内建族

2. 多选题

（1）以下说法错误的是（　　）。

A. 实心形式的创建工具要多于空心形式

B. 空心形式的创建工具要多于实心形式

C. 空心形式和实心形式的创建工具都不同

D. 实心体量和空心体量创建完后可以自由转换

（2）"实心放样"命令的用法，正确的有（　　）。

A. 必须指定轮廓和放样路径　　　　B. 路径可以是样条曲线

C. 轮廓可以是不封闭的线段　　　　D. 路径可以是不封闭的线段

（3）"实心拉伸"命令的用法，错误的是（　　）。

A. 轮廓可沿弧线路径拉伸

B. 轮廓可沿单段直线路径拉伸

C. 轮廓可以是不封闭的线段

D. 轮廓按给定的深度值作拉伸，不能选择路径

（4）视图详细程度包括（　　）。

A. 精细　　　　　　B. 粗略　　　　　C. 中等　　　　　　D. 一般

（5）一般情况下对系统对象进行整体颜色填充，以下哪些方法不可用？（　　）

A. 对对象样式调整　　　　　　　　B. 添加图元材质

C. 添加系统材质　　　　　　　　　D. 调整视图选项

3. 判断题

（1）Revit 中的立面符号不可随意删除，删除该立面符号的同时将一同删除对应的立面图。　　　　　　　　　　　　　　　　　　　　　　　　　　　　（　　）

（2）在项目文件中，可以对载入到项目的族文进行编辑。　　　　（　　）

（3）在"修改 | 创建拉伸"选项卡，不能对创建的拉伸模型进行"材质"编辑。
　　　　　　　　　　　　　　　　　　　　　　　　　　　　　　　（　　）

（4）双击载入到项目中的族文件，可以进入到族编辑器，能对族文件进行编辑。
　　　　　　　　　　　　　　　　　　　　　　　　　　　　　　　（　　）

（5）在同一工作面既可以"创建融合底部边界"，也可以"创建融合顶部边界"。
　　　　　　　　　　　　　　　　　　　　　　　　　　　　　　　（　　）

4. 实操题

根据图 5.2.40 渡槽设计图创建渡槽三维模型。

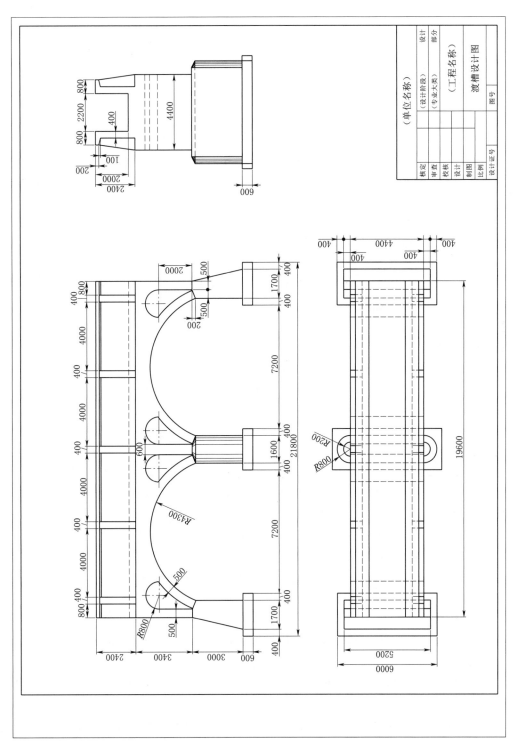

图 5.2.40 渡槽设计图

165

项目 6　为构件模型配置钢筋

【项目导入】

水利工程中的结构类型多样，钢筋混凝土结构是水利工程中最基本的结构类型，它是用钢筋和混凝土建造而成的一种结构，其中钢筋是其重要的组成部分。项目3、项目4和项目5讲述了如何创建水利工程模型，本项目主要讲述如何给水利工程模型中的构件配置钢筋。

【项目描述】

本项目首先学习如何给基本构件——板、墙、梁、柱配置钢筋，其次学习基于三维视图和基于剖面视图给特殊构件配置钢筋的方法，并拓展了钢筋设置、路径钢筋、表面钢筋等相关专业知识，最后以给渡槽模型配置钢筋为例进行全方位的技能训练，达到能够给常见的水利工程建筑物模型配置钢筋的目的。

【学习目标】

1. 知识目标

(1) 熟悉板、墙、梁、柱中钢筋的常规布置形式。

(2) 掌握给基本构件——板、墙、梁、柱配置钢筋的方法。

(3) 掌握给特殊构件配置钢筋的方法。

2. 能力目标

(1) 能够识读水利工程图纸。

(2) 能够为水利工程模型中的基本构件——板、墙、梁、柱配置钢筋。

(3) 能够为水利工程模型中的特殊构件配置钢筋。

3. 素质目标

(1) 培养学生的逻辑思维能力，使其思路条理清晰。

(2) 培养学生自主学习新软件新技能的能力。

(3) 通过综合运用工程制图、水工建筑物、钢筋混凝土结构和 Revit 相关知识进行建模，培养学生的跨学科综合运用能力。

【思政元素】

(1) 通过创建宏伟的水利工程模型，使学生领略超级工程的魅力，激发爱国情怀，树立强国志向。

(2) 在创建水利工程模型的过程中，通过逐步建模的过程，培养学生一步一个脚印、脚踏实地的职业精神。

(3) 通过建立复杂精细的钢筋模型，培养学生严谨细致、一丝不苟、精益求精的工匠精神。

任务6.1　设置保护层

6.1.1　钢筋保护层设置

图6.1.1是Revit给模型配置钢筋的工具面板。在给模型配置钢筋之前，需要先对项目中钢筋的保护层、弯钩、编号等规则进行统一设置。单击"钢筋"面板下拉按钮，出现三个选项：钢筋保护层设置、钢筋设置、钢筋编号，如图6.1.2所示。

图6.1.1　"结构"选项卡中"钢筋"面板

单击"钢筋保护层设置"，打开"钢筋保护层设置"对话框，如图6.1.3所示。在Revit"结构样板"文件中，根据《混凝土结构设计规范》（GB 50010—2010）预设了20种钢筋保护层类型，如"Ⅱa，（梁、柱、钢筋），≤C25，30mm"表示环境类别为Ⅱa、混凝土强度等级不大于C25时，梁和柱的钢筋保护层厚度为30mm。如预设的钢筋保护层不满足个人需求，可通过"复制"或"添加"按钮新增保护层，操作方法：单击"复制"或"添加"，输入"基础""35.0mm"，则新增"基础〈35.0mm〉"保护层。

图6.1.2　"钢筋"面板下拉选项

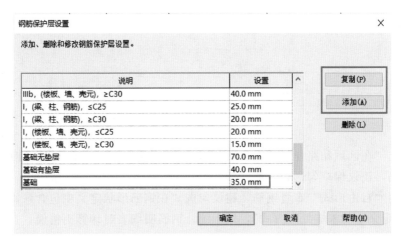

图6.1.3　"钢筋保护层设置"对话框

6.1.2　为构件设置保护层

结构构件中钢筋外边缘至构件表面范围用于保护钢筋的混凝土，简称保护层。选择"结构"→"钢筋"→"保护层"，激活"编辑钢筋保护层"选项栏，如图6.1.4所示。

（1）"拾取图元🔲"，用于为选择的图元设置保护层。

图 6.1.4　"编辑钢筋保护层"选项栏

（2）"拾取面"　，用于为选择的面设置保护层。

（3）"保护层设置"，在选中图元或面时，单击下拉箭头，可选择保护层类型。

（4）"编辑保护层设置"　，打开如图 6.1.3 所示的"钢筋保护层设置"对话框，可新增保护层。

知 识 拓 展

钢 筋 设 置

在"钢筋"面板下拉选项中，选择"钢筋设置"，打开"钢筋设置"对话框，如图 6.1.5 所示，该项设置必须在开始配筋前完成。

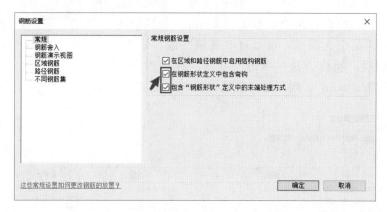

图 6.1.5　"钢筋设置"对话框

默认勾选"在区域和路径钢筋中启用结构钢筋"，用于创建区域和路径钢筋时创建相应的结构钢筋，建议保持勾选。

如果采用"自由形式"布置钢筋，建议勾选"在钢筋形状定义中包含弯钩"和"包含'钢筋形状'定义中的末端处理方式"，用于统计钢筋明细表时计算更精确。

技 能 训 练

为 基 础 设 置 保 护 层

根据图 6.1.6～图 6.1.9 所示的钢筋混凝土单排架矩形渡槽设计图创建渡槽模型。根据图 6.1.10 所示钢筋图，基础底层钢筋保护层厚度为 70mm，其余为 35mm，下面为基础设置钢筋保护层。

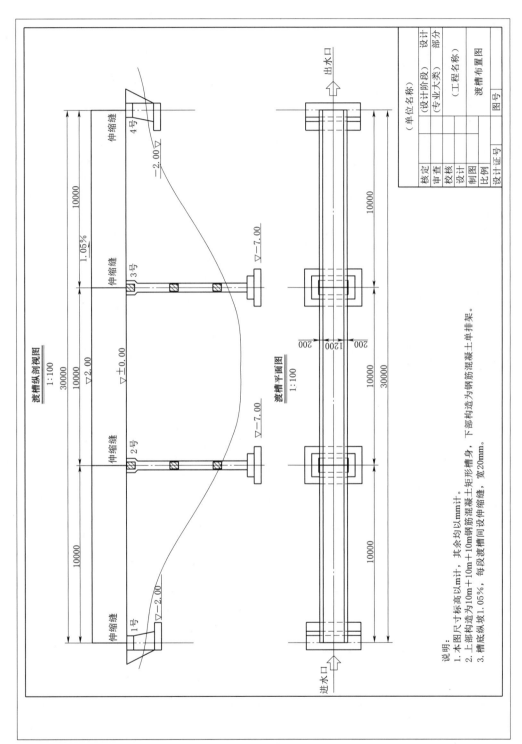

图 6.1.6 渡槽布置图

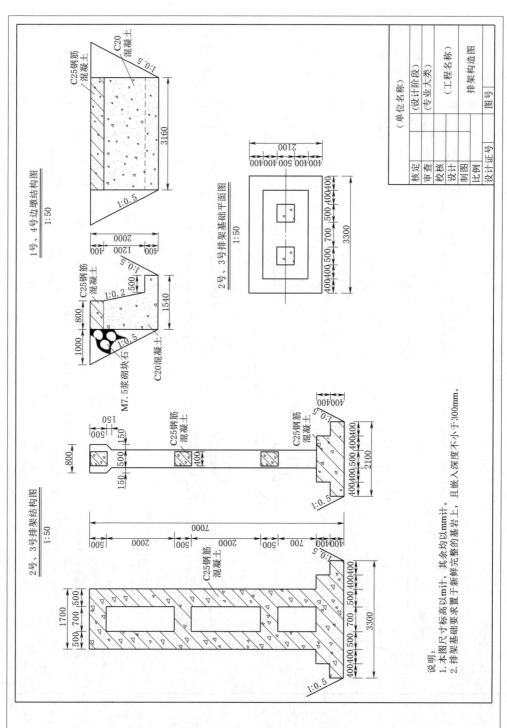

图 6.1.7　排架构造图

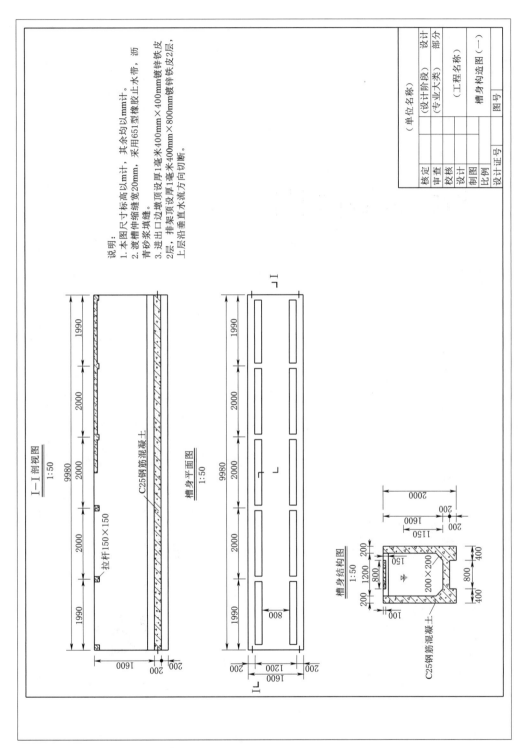

图 6.1.8 槽身构造图（一）

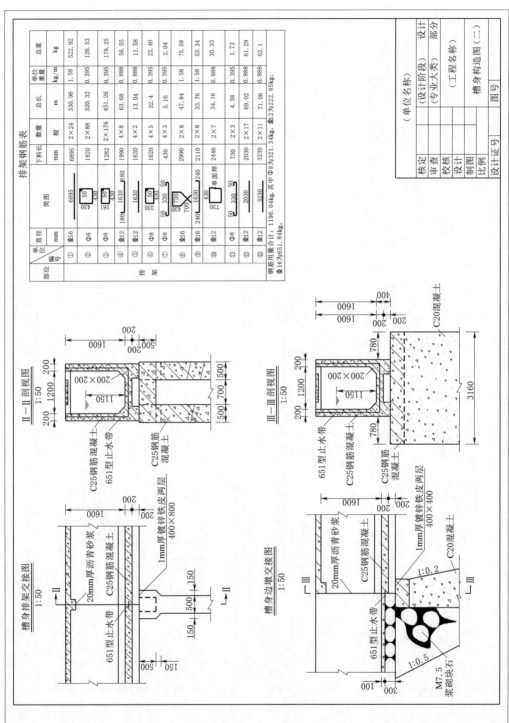

图 6.1.9 槽身构造图 (二)

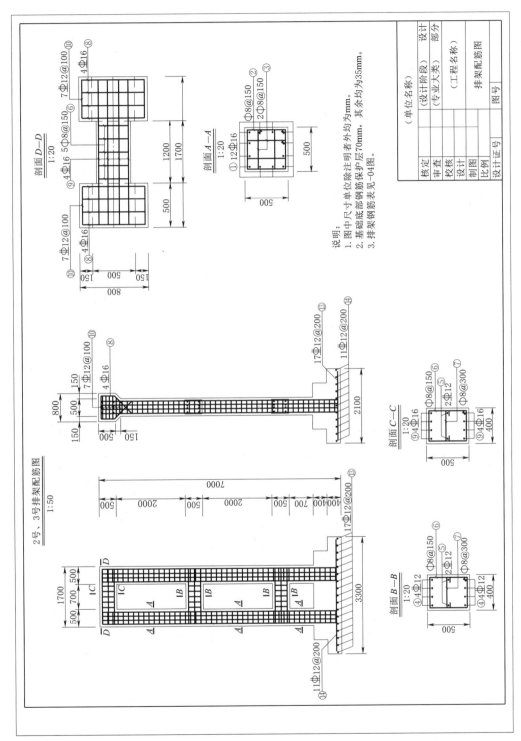

图 6.1.10 排架配筋图

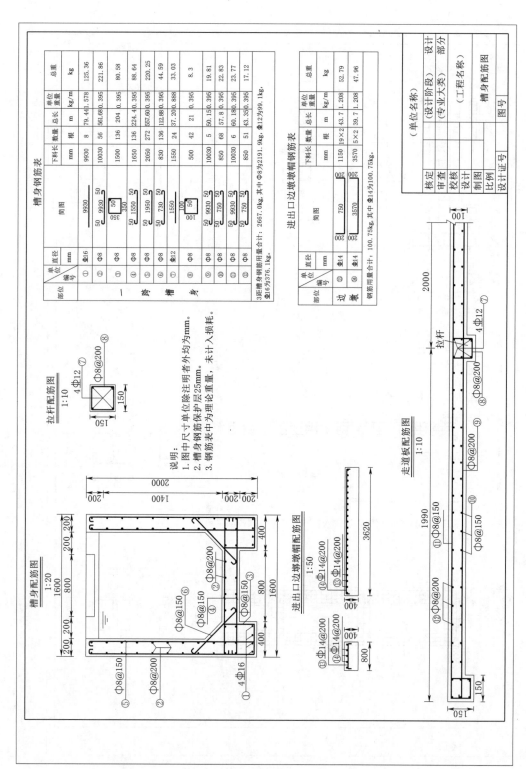

图 6.1.11　槽身配筋图

1. 新增保护层

在"结构"选项卡→"钢筋"面板下拉选项中,单击"钢筋保护层设置",激活"钢筋保护层设置"对话框,单击"添加",输入"基础""35mm"。

2. 设置基础保护层

选择"结构"→"钢筋"→"保护层",激活"编辑钢筋保护层"选项栏;单击"拾取图元",在绘图区域,选择基础,单击"保护层设置"下拉箭头,选择"基础〈35mm〉",按〈Esc〉键退出。

3. 设置基础底面保护层

选择"结构"→"钢筋"→"保护层",激活"编辑钢筋保护层"选项栏;打开三维视图,单击"拾取面",调整三维视图角度,选择基础底面,单击"保护层设置"下拉箭头,选择"基础无垫层〈70mm〉",按〈Esc〉键退出。

基础保护层设置完毕。

巩 固 练 习

1. 单选题

(1) 钢筋混凝土构件详图是属于(   )。

A. 总平面图　　　　B. 建筑施工图　　　　C. 结构施工图　　　　D. 设备施工图

(2) 在 Revit 中,配置钢筋是在(   )的基础上进行钢筋的详细设计。

A. 建筑模型　　　　B. 结构模型　　　　C. 场地模型　　　　D. 机电模型

(3) 在 Revit 中,为多个构件设置混凝土保护层时,选中第一个构件后,应该按(   )键,继续选中其他构件。

A. 〈Tab〉　　　　B. 〈Space〉　　　　C. 〈Shift〉　　　　D. 〈Ctrl〉

(4) 混凝土保护层是指(   )。

A. 纵筋中心至截面边缘的距离

B. 最外层钢筋外缘至截面边缘的距离

C. 箍筋中心至截面边缘的距离

D. 纵筋外缘至截面边缘的距离

(5) 根据《水工混凝土结构设计规范》(SL 191—2008),环境类别为Ⅱ、混凝土强度等级为 C25 时,梁和柱的纵向钢筋保护层厚度不应小于(   )mm。

A. 25　　　　B. 30　　　　C. 35　　　　D. 40

2. 多选题

(1) 在 Revit 中,设置构件混凝土保护层时,可以通过(   )的方法选择构件模型。

A. 拾取模型图元　　B. 拾取面　　　　C. 拾取线　　　　D. 拾取点

(2) 在"钢筋保护层设置"对话框中,可通过下列(   )按钮新增保护层。

A. 复制　　　　B. 添加　　　　C. 删除　　　　D. 新增

(3) 在 Revit 中,钢筋设置中的常规钢筋设置内容包括(   )。

A. 在区域和路径钢筋中启用结构钢筋

B. 在钢筋形状定义中包含弯钩

C. 包含"钢筋形状"定义中的末端处理方式

D. 删除钢筋编号之间的间隙

（4）根据《水工混凝土结构设计规范》（SL 191—2008），混凝土保护层厚度与（　　）有关。

    A. 构件类别　　　　B. 环境类别　　　　C. 混凝土强度等级　　D. 钢筋类型

（5）钢筋保护层的主要作用包括（　　）。

    A. 保证钢筋与混凝土的粘结锚固　　　　B. 保护钢筋免遭锈蚀

    C. 增大混凝土的抗压强度　　　　　　　D. 增大钢筋的屈服强度

3. 判断题

（1）在 Revit 中，在给构件配置钢筋之后，允许修改钢筋保护层厚度。（　　）

（2）在 Revit 中，在给构件配置钢筋之后，允许修改"在钢筋形状定义中包含弯钩"和"包含'钢筋形状'定义中的末端处理方式"。（　　）

（3）在 Revit 中，通过"拾取面"可以为构件模型的每个面指定不同的保护层厚度。

（　　）

（4）在 Revit 中，每个钢筋分区的钢筋起始编号必须是 1。（　　）

（5）在 Revit 中，创建区域或路径钢筋时一定会创建相应的结构钢筋。（　　）

4. 实操题

在渡槽模型中，为槽身、走道板、排架柱和梁等构件设置保护层。

任务 6.2　给板、墙配置钢筋

　　板、墙是混凝土结构的基本构件。在 Revit 中，对板、墙构件有专门配置钢筋的方法。选择已创建的板或墙，在"修改 | 楼板"或"修改 | 墙"选项卡→"钢筋"面板中出现五种配置钢筋的方法："钢筋""面积""路径""钢筋网区域"和"钢筋网片"，如图6.2.1 所示，其中"面积：区域钢筋"用于给板或墙批量配置双层双向钢筋，本任务主要学习给板配置钢筋，给墙配置钢筋的方法与之类似，不再赘述。板的双层双向钢筋如图6.2.2 所示，双层钢筋即板的顶部/底部两个钢筋层，双向钢筋即每个钢筋层包含相互垂直的两个方向。

图 6.2.1　"钢筋"面板

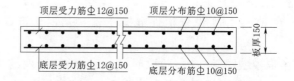

图 6.2.2　板双层双向钢筋示例

6.2.1　设置区域钢筋属性

在配置区域钢筋前，要对区域钢筋的属性进行设置。

在平面视图，选中已创建的板，选择"修改｜楼板"→"钢筋"→"面积"，激活区域钢筋"属性"选项板，如图 6.2.3 所示。

6.2.1.1　构造

（1）分区：指定钢筋分区，简单模型可不进行分区，但复杂模型，宜进行分区。

（2）布局规则：指定钢筋按最大间距布置或按固定数量布置。若选择"最大间距"，则在"层"设置钢筋间距，若选择"固定数量"，则在"层"设置钢筋根数。

（3）额外的顶部/底部保护层偏移：指定钢筋距板顶/底保护层的距离，一般设置为 0。

6.2.1.2　图形

视图可见性状态：单击"编辑"，打开"钢筋图元视图可见性状态"对话框，如图 6.2.4 所示，单击勾选，设置钢筋在各视图的可见性和在三维视图中作为实体查看。

图 6.2.3　区域钢筋"属性"选项板　　　　图 6.2.4　"钢筋图元视图可见性状态"对话框

6.2.1.3　层

（1）设置顶/底部主筋和分布筋的参数，包括是否创建钢筋、钢筋类型、钢筋弯钩、钢筋间距或根数。

（2）顶部主筋方向：勾选，表示创建顶部主筋。

（3）顶部主筋类型：设置主筋直径和型号，"8 HPB300"表示钢筋直径为 8，型号为一级钢 HPB300。目前常用钢筋型号包括一级钢 HPB300、二级钢 HRB335、三级钢 HRB400。

（4）顶部主筋弯钩类型：包括无、标准 90、标准 135、标准 180，如图 6.2.5 所示。

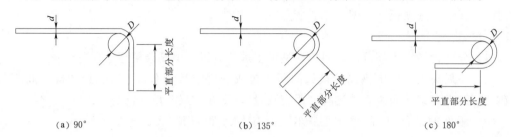

（a）90°　　　　　　（b）135°　　　　　　（c）180°

图 6.2.5　钢筋弯钩类型

（5）顶部主筋弯钩方向：包括向下、向上。

（6）顶部主筋间距：设置主筋的间距。

（7）顶部主筋根数：设置主筋的数量。

（8）顶部分布筋、底部钢筋等参数意义同上。

6.2.2　创建区域钢筋

在平面视图，选中已创建的板，选择"修改｜楼板"→"钢筋"→"面积"，激活"修改｜创建钢筋边界"选项卡，如图 6.2.6 所示。

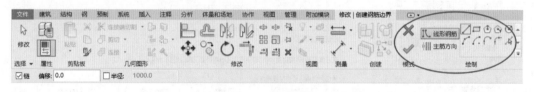

图 6.2.6　"修改｜创建钢筋边界"选项卡

（1）单击"线形钢筋"，用相应的绘图命令绘制区域钢筋的边界线框，如图 6.2.7 所示。

（2）单击"主筋方向"，确定区域钢筋中的主筋方向，可选择边界线方向作为主筋方向，也可重新绘制直线，以直线方向作为主筋方向。单向板应选择线框的短边作为主筋方向，双向板宜选择线框的短边作为主筋方向，如图 6.2.7 所示。

（3）单击 ✔，生成 1 个区域钢筋和相应的结构钢筋，板区域钢筋如图 6.2.8 所示。

注意：此处的"主筋"方向与"属性"选项板中主筋的方向一致。

图 6.2.7　创建区域钢筋边界　　　图 6.2.8　板区域钢筋

6.2.3　编辑区域钢筋

在平面视图，选择已创建的区域钢筋，激活"修改｜结构区域钢筋"选项卡，如图 6.2.9 所示，Revit 提供四种编辑方式：编辑边界、编辑钢筋、删除钢筋和删除区域系统。

图 6.2.9　"修改｜结构区域钢筋"选项卡

6.2.3.1　编辑边界

单击"编辑边界"，激活"修改｜结构区域钢筋→编辑边界"选项卡，单击"线形钢筋"，调整钢筋边界；单击"主筋方向"，调整主筋的方向。

6.2.3.2　编辑钢筋

单击"编辑钢筋"，在绘图区域，选择单根或多根钢筋，激活"修改｜结构区域钢筋"选项卡，如图 6.2.10 所示，单击 对齐钢筋，单击 移动钢筋，单击 删除钢筋。

图 6.2.10　"修改｜结构区域钢筋"选项卡

6.2.3.3　删除区域系统

单击"删除区域系统"，区域钢筋被删除，但相应的结构钢筋被保留。

<h1 align="center">知 识 拓 展</h1>

<h2 align="center">创 建 路 径 钢 筋</h2>

"路径：路径钢筋"：沿路径给板批量配置钢筋，一般用于配置板负弯矩筋。

1. 设置路径钢筋属性

在平面视图，选中已创建的板，选择"修改｜楼板"→"钢筋"→"路径"，激活路径钢筋"属性"选项板，如图 6.2.11 所示，其中"构造""图形"与区域钢筋"属性"选项板一致，此处不再赘述，下面主要介绍"层"。

面：设置路径钢筋位于板的顶部或底部。

钢筋间距：设置路径钢筋的间距。

钢筋数：设置路径钢筋的根数。

主筋-类型：设置主筋的直径和型号。

主筋-长度：设置路径钢筋直线段的长度，不包含弯折段的长度。

主筋-形状：指定钢筋形状，Revit 预设 53 种钢筋形状，可在"钢筋形状浏览器"查看。

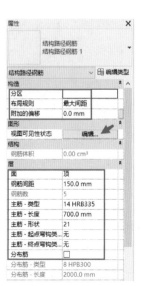

图 6.2.11　路径钢筋"属性"选项板

主筋、起点（终点）弯钩：弯钩类型包括无、标准 90、标准 135、标准 180。

分布筋：如无特殊情况，一般不勾选；勾选表示沿指定路径配置两种钢筋，二者采用"隔一布一"的方式布置；例如，主筋 8 HPB300 和分布筋 10 HPB300，钢筋间距 150，表示 1 根 8 HPB300、1 根 10 HPB300、1 根 8 HPB300、1 根 10 HPB300、……，8 HPB300 和 10 HPB300 之间的钢筋间距是 75mm。

2. 创建路径钢筋

在平面视图，选中已创建的板，选择"修改｜楼板"→"钢筋"→"路径"，激活"修改｜创建钢筋路径"选项卡，如图 6.2.12 所示。

图 6.2.12　"修改｜创建钢筋路径"选项卡

在板上绘制路径或拾取路径，若钢筋布置范围颠倒，则单击旁边的"翻转路径钢筋"控件，镜像钢筋布置范围，如图 6.2.13 所示；单击 ✔，生成 1 个路径钢筋和相应的结构钢筋，板路径钢筋如图 6.2.14 所示。

注意：路径不能形成闭合环。

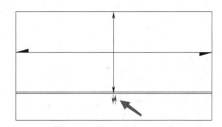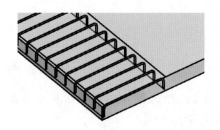

图 6.2.13　创建路径　　　　　　图 6.2.14　板路径钢筋

技 能 训 练

给走道板配置钢筋

1. 读图

根据图 6.1.11，走道板厚 100mm，配置双层双向钢筋，分别是底部主筋⑩、底部分布筋⑨、顶部主筋⑫、顶部分布筋⑪，采用"区域钢筋"给走道板配置钢筋。

2. 设置区域钢筋属性

在结构平面：渡槽顶视图，框选一块走道板，单击视图控制栏→临时隐藏与隔离→隔离图元，使绘图区域中只保留该走道板。

选中走道板，选择"修改｜楼板"→"钢筋"→"面积"，弹出"钢筋形状定义"提示框，如图 6.2.15 所示，单击"确定"后，对区域钢筋的"属性"选项板进行设置。

（1）构造。分区：输入"走道板"；布局规则：选择最大间距。

（2）图形。点击"编辑"，设置钢筋的视图可见性，如图 6.2.16 所示，并在图
6.2.17 所示的视图控制栏中，设置"详细程度：精细"和"视觉样式：着色或真实"。

图 6.2.15　钢筋形状提示框　　　　　图 6.2.16　"钢筋图元视图可见性状态"对话框

图 6.2.17　视图控制栏

（3）层。区域钢筋"属性"选项板→"层"如图 6.2.18
所示。

顶部主筋：⑫钢筋，类型为 8 HPB300，弯钩为标准
180°，间距为 200mm。

顶部分布筋：⑪钢筋，类型为 8 HPB300，弯钩为标准
180°，间距为 150mm。

底部主筋：⑩钢筋，类型为 8 HPB300，弯钩为标准
180°，间距为 150mm。

底部分布筋：⑨钢筋，类型为 8 HPB300，弯钩为标准
180°，间距为 200mm。

3. 创建区域钢筋

在"修改｜创建钢筋边界"选项卡，单击"线形钢
筋"，沿走道板边界绘制封闭线框；单击"主筋方向"，
选择短边，如图 6.2.19 所示；单击 ✔，生成 1 个区域
钢筋和相应的 4 个结构钢筋，钢筋局部三维视图如图
6.2.20 所示。

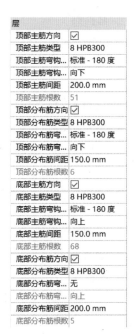

图 6.2.18　区域钢筋"属性"
选项板

图 6.2.19　区域钢筋的边界　　　　　　　　图 6.2.20　走道板钢筋

巩 固 练 习

1. 单选题

(1) 在"修改 | 楼板"中，用于给板批量配置双层双向钢筋的配筋方法是（　　）。

A. 钢筋　　　　　B. 面积　　　　　C. 路径　　　　　D. 钢筋网区域

(2) 单向板中，沿着板的短边方向布置的钢筋是（　　）。

A. 受力筋　　　　B. 分布筋　　　　C. 构造筋　　　　D. 负弯矩筋

(3) 在"修改 | 楼板"中，用于给板配置负弯矩钢筋的配筋方法是（　　）。

A. 钢筋　　　　　B. 面积　　　　　C. 路径　　　　　D. 钢筋网区域

(4) 在 Revit"钢筋形状浏览器"中，板负弯矩筋的钢筋形状宜选择（　　）。

A. 1　　　　　　B. 2　　　　　　C. 5　　　　　　D. 21

(5) 连续板的受力特点是支座有（　　）弯矩。

A. 正　　　　　　B. 负　　　　　　C. 零　　　　　　D. 不能确定

2. 多选题

(1) 选中区域钢筋，激活"修改 | 结构区域钢筋"选项卡，单击"编辑钢筋"，选中单根或多根钢筋，可以对选中的钢筋进行（　　）。

A. 移动　　　　　B. 删除　　　　　C. 复制　　　　　D. 旋转

(2) 目前，现浇钢筋混凝土结构中常用钢筋型号包括（　　）。

A. HPB 235　　　B. HPB 300　　　C. HRB 335　　　D. HRB 400

(3) 在 Revit 中，钢筋弯钩类型包括（　　）。

A. 标准 90°　　　B. 标准 120°　　　C. 标准 135°　　　D. 标准 180°

(4) 一般情况下，楼板钢筋包括（　　）。

A. 底层受力筋　　B. 底层分布筋　　C. 顶层负弯矩筋　D. 顶层分布筋

(5) 在区域钢筋"属性"选项板→"层"区域，可以对（　　）进行设置。

A. 顶部主筋　　　B. 顶部分布筋　　C. 底部主筋　　　D. 底部分布筋

3. 判断题

(1) 在 Revit 中，给板配置路径钢筋时，允许路径形成一个闭合环。　　　　（　　）

(2) 在 Revit 中，给单向板配置钢筋时，指定板的主筋方向时应选择短边。　（　　）

(3) 在 Revit 中，给双向板配置钢筋时，指定板的主筋方向时宜选择短边。　（　　）

(4) 在 Revit 中，一般通过路径钢筋"属性"选项板→"层"区域→分布筋，配置板

的顶层分布筋。 　　　　　　　　　　　　　　　　　　　　　　　　　（　　）

（5）连续板的受力特点是跨中有正弯矩。 　　　　　　　　　　　（　　）

4. 实操题

在渡槽模型中，给其他走道板配置钢筋。

任务 6.3　给梁、柱配置钢筋

梁、柱是混凝土结构的基本构件，其钢筋布置形式遵循特定的规律。梁内钢筋一般包括箍筋、架立筋、纵向受力筋、弯起钢筋、梁侧构造筋和拉结筋；柱内钢筋一般包括箍筋和纵向受力钢筋。图 6.3.1 为常规矩形简支梁配筋图，①箍筋，②架立筋，③纵向受力筋，④梁侧构造筋，⑤弯起钢筋，⑥拉结筋。

在 Revit 中，给梁、柱配置钢筋一般均采用基于剖面视图配置钢筋的方法，以图 6.3.1 所示梁为例学习给梁配置钢筋的方法，给柱配置钢筋的方法与之类似，不再赘述。

创建图 6.3.1 所示梁，设置保护层厚度为 35mm。

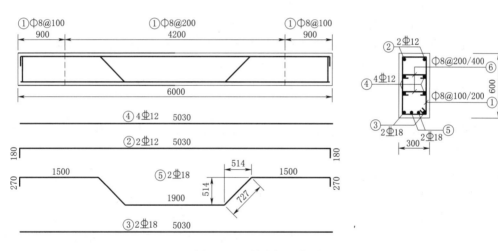

图 6.3.1　简支梁配筋图

6.3.1　创建剖面

在平面视图，选择"视图"→"创建"→"剖面"，给梁创建剖面，如图 6.3.2 所示。"翻转剖面"控件可改变剖面的投影方向，蓝色虚线框周边的拖曳箭头可拖曳调整剖面视图的范围。单击右键，在快捷菜单中，选择"转到视图"，打开剖面视图，如图 6.3.3 所示。

6.3.2　创建箍筋

在剖面视图，选中梁剖面，选择"修改｜结构框架"→"钢筋"→"钢筋"，激活"修改｜放置钢筋"选项卡，如图 6.3.4 所示，钢筋放置方法需要从以下三个方面进行设置：

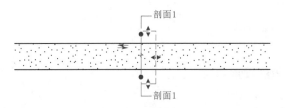

图 6.3.2　创建梁剖面

图 6.3.3　梁剖面图

图 6.3.4　"修改 | 放置钢筋"选项卡

（1）"放置方法"："展开以创建主体"用于软件自动生成钢筋，对于常规形状的钢筋，可直接采用此方法；"按两点"通过指定两个点定义钢筋布置的边界框，使钢筋展开布置到此框；"自由形式"主要用于创建不规则形状主体的钢筋，包括"对齐"钢筋和"表面"钢筋；"绘制"用于绘制特殊形状的钢筋。

（2）"放置平面"："当前工作平面"将钢筋布置在剖面位置；"近保护层参照"将钢筋布置在靠近剖面位置的端部；"远保护层参照"将钢筋布置在远离剖面位置的端部。

（3）"放置方向"："平行于工作平面"指钢筋平行于工作平面放置；"平行于保护层"指钢筋平行于保护层放置；"垂直于保护层"指钢筋垂直于保护层放置。

6.3.2.1　选择箍筋放置方法

"放置方法"选择"展开以创建主体"，"放置平面"选择"当前工作平面"，"放置方向"选择"平行于工作平面"。

6.3.2.2　选择箍筋形状

在"钢筋形状浏览器"中，选择 33，如图 6.3.5 所示，或在"修改 | 放置钢筋"选项栏，选择"钢筋形状：33"。

在 Revit 软件中，钢筋形状族库提供 53 种钢筋形状族，常规形状的钢筋可直接选用。

6.3.2.3　设置箍筋属性

如图 6.3.6 所示，在钢筋"属性"选项板，选择箍筋类型：直径和型号；在"构造"区域，指定分区；在"钢筋集"区域，设置箍筋布局，钢筋布局方式有 5 种：单根、固定数量、最大间距、间距数量、最小净间距。

6.3.2.4　放置箍筋

移动鼠标至梁剖面，预览箍筋，按〈空格〉键调整弯钩位置，单击左键，放置箍筋，按〈Esc〉键退出。

选择已创建的箍筋，在钢筋"属性"选项板→"图层"→"视图可见性状态"，编辑钢筋的视图可见性，使箍筋在三维视图中作为实体查看；梁箍筋如图 6.3.7 所示。

注意：视图控制栏应设置"详细程度：精细"和"视觉样式：着色或真实"，才可以在绘图区显示钢筋实体。

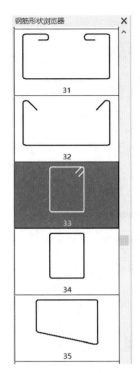

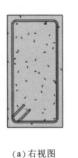

(a)右视图　　　　　(b)三维视图

图 6.3.5　钢筋形状浏览器　图 6.3.6　箍筋"属性"选项板　　图 6.3.7　梁箍筋

6.3.3　创建纵向钢筋

在剖面视图，选中梁剖面，选择"修改|结构框架"→"钢筋"→"钢筋"，激活"修改|放置钢筋"选项卡。

6.3.3.1　创建架立筋

1. 选择钢筋放置方法

"放置方法"选择"展开以创建主体"，"放置平面"选择"当前工作平面"，"放置方向"选择"垂直于保护层"。

2. 选择钢筋形状

在"钢筋形状浏览器"，选择 01 或 05，01 为直钢筋，05 钢筋两端自带标准 90°弯钩，根据实际情况选用。

3. 设置钢筋属性

在钢筋"属性"选项板，如图 6.3.8 所示，选择钢筋类型：直径和型号；在"构造"区域，指定分区；在"钢筋集"区域，设置钢筋布局：固定数量。

4. 放置钢筋

移动鼠标至梁剖面的上侧，预览钢筋，单击左键，放置钢筋，按〈Esc〉键退出。

6.3.3.2　创建纵向受力筋

与"创建架立筋"方法类似，此处不再赘述。

6.3.3.3　创建梁侧构造钢筋

在剖面视图，选中梁剖面，选择"修改|结构框架"→"钢筋"→"钢筋"，激活

"修改│放置钢筋"选项卡。

1. 选择钢筋放置方法

与"创建架立筋"方法相同。

2. 选择钢筋形状

在"钢筋形状浏览器",选择01。

3. 设置钢筋属性

与"创建架立筋"方法相同,但在"钢筋集"区域,设置钢筋布局:间距数量,根据实际情况填写间距和数量。

4. 放置钢筋

移动鼠标至梁剖面,依次预览和放置梁左侧和右侧构造钢筋,按〈Esc〉键退出。

选择已创建的钢筋,在钢筋"属性"选项板→"图层"→"视图可见性状态",编辑钢筋的视图可见性,使钢筋在三维视图中作为实体查看,梁纵向钢筋和箍筋如图6.3.9所示。

图 6.3.8 架立筋"属性"选项板

6.3.4 创建弯起钢筋

在剖面视图,选中梁剖面,选择"修改│结构框架"→"钢筋"→"钢筋",激活"修改│放置钢筋"选项卡。

6.3.4.1 选择钢筋放置方法

与"创建架立筋"方法相同。

6.3.4.2 选择钢筋形状

在"钢筋形状浏览器",选择18号。

6.3.4.3 设置钢筋属性

与"创建架立筋"方法相同,但在"钢筋集"区域,设置钢筋布局:间距数量,根据实际情况填写间距和数量。

6.3.4.4 放置钢筋

与"创建架立筋"方法相同。

6.3.4.5 调整钢筋形状

选中弯起钢筋,在钢筋"属性"选项板→"图层"→"视图可见性状态",编辑钢筋的视图可见性,使钢筋在南立面视图可见。

弯起钢筋形状与18号钢筋形状类似,但并不完全一样,需要修改弯起钢筋的形状参数。

在南立面视图,选中弯起钢筋,选择"修改│结构钢筋"选项卡→"模式"→"编辑族",进入族环境,可以看到弯起钢筋形状由 A、B、C、D、E、F、H、J 共 8 个参数控制,如图 6.3.10 所示。

退出族环境,在钢筋"属性"选项板→"尺寸标注"区域,修改钢筋形状尺寸参数,一般只修改 A、C、E、F,如图 6.3.11 所示。

 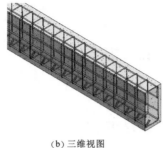

（a）右视图　　（b）三维视图

图 6.3.9　梁纵向钢筋和箍筋

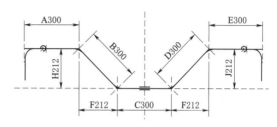

图 6.3.10　18 号钢筋形状

6.3.4.6　移动钢筋

在南立面视图，选中弯起钢筋，选择"修改｜结构钢筋"→"修改"→"移动"，将弯起钢筋移动至正确位置，按〈Esc〉键退出。

6.3.5　创建拉结筋

选择梁剖面，选择"修改｜结构框架"→"钢筋"→"钢筋"，激活"修改｜放置钢筋"选项卡。

6.3.5.1　选择拉结筋放置方法

与"创建箍筋"方法相同。

6.3.5.2　选择拉结筋形状

在"钢筋形状浏览器"中，选择 02，该钢筋两端自带标准 180°弯钩。

6.3.5.3　设置拉结筋属性

与"创建箍筋"方法相同。

6.3.5.4　放置拉结筋

移动鼠标至梁剖面，预览拉结筋，按空格键旋转钢筋，单击左键，放置拉结筋，按〈Esc〉键退出。

选择钢筋，在钢筋"属性"选项板→"图层"→"视图可见性状态"，编辑钢筋的视图可见性，使钢筋在三维视图中作为实体查看，梁钢筋如图 6.3.12 所示。

图 6.3.11　弯起钢筋"属性"选项板

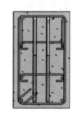 

（a）右视图　　　　（b）三维视图

图 6.3.12　梁钢筋

187

知 识 拓 展

创建加密区箍筋和拉结筋

一般情况下，梁两端为加密区，箍筋和拉结筋在此区域要加密布置。

1. 调整非加密区箍筋

在平面视图，选择"结构"→"工作平面"→"参照平面"，激活"修改｜放置 参照平面"选项卡，如图 6.3.13 所示，在"修改｜放置 参照平面"选项栏，设置偏移值，创建距梁两端一定距离的两个参照平面，以确定非加密区范围。

图 6.3.13 "修改｜放置 参照平面"选项卡

选中已创建的箍筋，拖曳蓝色虚线框两侧箭头至参照平面，调整非加密区箍筋如图 6.3.14 所示。

2. 复制生成加密区箍筋

如图 6.3.15 所示，在梁左侧加密区，再创建 2 个参照平面以确定加密箍筋的布置范围，复制非加密区箍筋至加密区，在"钢筋集"区域，修改箍筋间距为 100，拖曳其虚线框两侧箭头至参照平面，则在梁左侧加密区的箍筋创建完成。

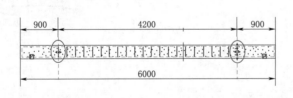

图 6.3.14 梁非加密区箍筋

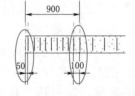

图 6.3.15 梁左侧加密区箍筋

采用同样的方法，创建梁右侧加密区的箍筋；采用同样的方法创建梁加密区的拉结筋。

技 能 训 练

给 排 架 配 置 钢 筋

1. 读图

根据图 6.1.10，排架柱横截面为 500×500，纵向钢筋为①，箍筋为②③；排架中间设三层横梁，顶标高分别为±0.00、−2.50、−5.00，横截面为 400×500，顶部钢筋为

④或⑨，底部钢筋为④或⑨，梁侧构造筋为⑤，箍筋为⑥，拉结筋为⑦。

2. 给柱配置钢筋

（1）创建剖面。打开南立面视图，选择"视图"→"创建"→"剖面"，给排架柱创建剖面，如图 6.3.16 所示，单击右键，在快捷菜单中选择"转到视图"，打开剖面 1 视图，如图 6.3.17 所示。

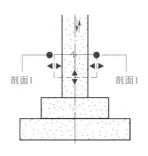

图 6.3.16　创建柱剖面　　　　　　图 6.3.17　柱剖面图

（2）创建箍筋。在剖面 1 视图，选中柱剖面，选择"修改 | 结构框架"→"钢筋"→"钢筋"，激活"修改 | 放置钢筋"选项卡。

1）选择箍筋放置方法。"放置方法"选择"展开以创建主体"，"放置平面"选择"当前工作平面"，"放置方向"选择"平行于工作平面"。

2）选择箍筋形状。在"钢筋形状浏览器"，选择 33。

3）设置箍筋属性。在钢筋"属性"选项板，选择箍筋类型：8 HPB300；在"构造"区域→"分区"，输入"排架"；在"钢筋集"区域，设置箍筋布局：最大间距，150mm。

4）放置箍筋。移动鼠标至排架柱剖面，预览钢筋，单击左键，放置箍筋，继续单击两次，共放置 3 个箍筋，按〈Esc〉键退出。

5）调整箍筋大小。选择其中的 2 个箍筋，拖曳其周边的蓝色箭头，调整箍筋大小，如图 6.3.18 所示。

6）调整箍筋范围。选择箍筋，在"属性"选项板→"图层"→"视图可见性状态"，编辑钢筋的视图可见性，使钢筋在南立面视图可见；打开南立面视图，依次向下拖曳 3 个箍筋周边的虚线框，使 3 个箍筋的布置范围都向下延伸至基础底部，如图 6.3.19 所示。

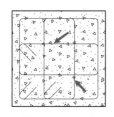 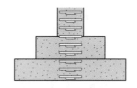

图 6.3.18　调整箍筋大小　　　　　图 6.3.19　调整箍筋布置范围

（3）创建纵筋。在剖面 1 视图，选中柱剖面，选择"修改 | 结构框架"→"钢筋"→"钢筋"，激活"修改 | 放置钢筋"选项卡。

1）选择纵筋放置方法。"放置方法"选择"展开以创建主体","放置平面"选择"当前工作平面","放置方向"选择"垂直于保护层"。

　　2）选择纵筋形状。在"钢筋形状浏览器",选择 01。

　　3）创建左右侧纵筋。

　　a. 设置纵筋属性。在钢筋"属性"选项板,选择钢筋类型:16 HRB400;在"构造"区域→"分区",选择"排架";在"钢筋集"区域,设置纵筋布局:固定数量,4。

　　b. 放置纵筋。移动鼠标至柱剖面,依次预览和放置柱左侧纵筋和柱右侧纵筋。

　　4）创建上下侧纵筋。

　　a. 设置纵筋属性。在"钢筋集"区域,设置纵筋布局:间距数量,数量为 2,间距为 127mm。

　　b. 放置纵筋。移动鼠标至柱剖面,依次预览和放置柱上侧纵筋和柱下侧纵筋,按〈Esc〉键退出。

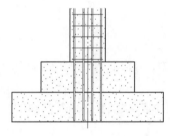

图 6.3.20　调整纵筋长度

　　5）调整纵筋长度。选择柱纵筋,在"属性"选项板→"图层"→"视图可见性状态",编辑钢筋的视图可见性,使钢筋在南立面视图可见;打开南立面视图,拖曳纵筋端部箭头,使所有纵筋均延伸到基础底面,如图 6.3.20 所示。

　　排架柱钢筋如图 6.3.21 所示。

　　3. 给横梁配置钢筋

　　(1) 创建剖面。打开西立面视图,选择"视图"→"创建"→"剖面",给顶标高为 −5.00 的横梁创建剖面,如图 6.3.22 所示,单击右键,在快捷菜单中选择"转到视图",打开剖面 2 视图。

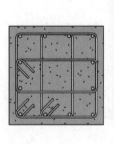
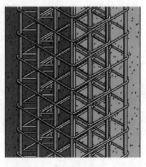

（a）截面图　　　　（b）三维视图

图 6.3.21　排架柱钢筋

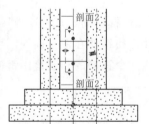

图 6.3.22　创建梁剖面　　图 6.3.23　横梁剖面图

　　(2) 创建箍筋。在剖面 2 视图,选中梁剖面,选择"修改 | 结构框架"→"钢筋"→"钢筋",激活"修改 | 放置钢筋"选项卡。

　　1）选择箍筋放置方法。"放置方法"选择"展开以创建主体","放置平面"选择"当前工作平面","放置方向"选择"平行于工作平面"。

2）选择箍筋形状。在"钢筋形状浏览器"，选择 33。

3）设置箍筋属性。在钢筋"属性"选项板，选择箍筋类型：8 HPB300；在"构造"区域→"分区"，选择"排架"；在"钢筋集"区域，设置箍筋布局：最大间距，150mm。

4）放置箍筋。移动鼠标至梁剖面，预览钢筋，单击左键，放置箍筋，按〈Esc〉键退出。

（3）创建纵向钢筋。在剖面 2 视图，选中梁剖面，选择"修改｜结构框架"→"钢筋"→"钢筋"，激活"修改｜放置钢筋"选项卡。

1）选择纵筋放置方法。"放置方法"选择"展开以创建主体"，"放置平面"选择"当前工作平面"，"放置方向"选择"垂直于保护层"。

2）创建梁顶、梁底纵筋。

a. 选择纵筋形状。在"钢筋形状浏览器"，选择 05。

b. 设置纵筋属性。在钢筋"属性"选项板，选择钢筋类型：12 HRB400；在"构造"区域→"分区"，选择"排架"；在"钢筋集"区域，设置纵筋布局：固定数量，4。

c. 放置纵筋。移动鼠标至梁剖面，依次预览和单击左键放置梁顶和梁底纵筋。

3）创建梁侧构造纵筋。

a. 选择纵筋形状。在"钢筋形状浏览器"，选择 01。

b. 设置纵筋属性。在钢筋"属性"选项板，选择钢筋类型：12 HRB400；在"构造"区域→"分区"，选择"排架"；在"钢筋集"区域，设置钢筋布局：单根。

c. 放置纵筋。移动鼠标至梁剖面，依次预览和单击左键放置梁左侧和右侧纵筋，按〈Esc〉键退出。

（4）创建拉结筋。在剖面 2 视图，选中梁剖面，选择"修改｜结构框架"→"钢筋"→"钢筋"，激活"修改｜放置钢筋"选项卡。

1）选择拉结筋放置方法。"放置方法"选择"展开以创建主体"，"放置平面"选择"当前工作平面"，"放置方向"选择"平行于工作平面"。

2）选择拉结筋形状。在"钢筋形状浏览器"，选择 02。

3）设置拉结筋属性。在钢筋"属性"选项板，选择拉结筋类型：8 HPB300；在"构造"区域→"分区"，选择"排架"；在"钢筋集"区域，设置拉结筋布局：最大间距，300mm。

4）放置拉结筋。移动鼠标至梁剖面，预览钢筋，按"空格"键旋转调整方向，单击左键，放置拉结筋，按〈Esc〉键退出。

在绘图区域，框选所有构件，单击"修改｜选择多个"选项卡→"过滤器"，在"过滤器对话框"，勾选"结构钢筋"，在钢筋"属性"选项板→"图层"→"视图可见性状态"，编辑钢筋的视图可见性，使钢筋在三维视图中作为实体查看，横梁钢筋如图 6.3.24 所示。

（a）前视图

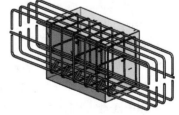
（b）三维视图

图 6.3.24　横梁钢筋

巩 固 练 习

1. 单选题

(1) 在 Revit "钢筋形状浏览器"中，矩形梁箍筋的钢筋形状选择（　　）。

A. 1　　　　　　　B. 33　　　　　　　C. 34　　　　　　　D. 35

(2) 在剖面视图，创建箍筋时，放置方向应选择（　　）。

A. 平行于工作平面　　　　　　　　B. 垂直于工作平面

C. 平行于保护层　　　　　　　　　D. 垂直于保护层

(3) 在剖面视图，创建梁的弯起钢筋时，放置方向应选择（　　）。

A. 平行于工作平面　　　　　　　　B. 垂直于工作平面

C. 平行于保护层　　　　　　　　　D. 垂直于保护层

(4) 在 Revit "钢筋形状浏览器"中，梁弯起钢筋的钢筋形状宜选择（　　）。

A. 1　　　　　　　B. 33　　　　　　　C. 18　　　　　　　D. 21

(5) 一般情况下，当梁腹板高度不低于（　　）mm 时，需要设置梁侧纵向构造钢筋。

A. 300　　　　　　B. 450　　　　　　C. 500　　　　　　D. 550

2. 多选题

(1) 梁的上部钢筋包括（　　）。

A. 上部通长筋　　B. 架立筋　　　　C. 支座负筋　　　　D. 附加箍筋

(2) 简支梁的上部钢筋，在"钢筋形状浏览器"中一般选择（　　）。

A. 01　　　　　　B. 02　　　　　　C. 05　　　　　　　D. 33

(3) 在钢筋"属性"选项板中，钢筋布局规则包括（　　）。

A. 单根　　　　　B. 固定数量　　　C. 最大间距　　　　D. 间距数量

(4) 一般情况下，梁的钢筋包括（　　）。

A. 架立筋　　　　B. 箍筋　　　　　C. 纵向受力筋　　　D. 梁侧构造筋

(5) 关于钢筋混凝土梁配筋的说法，不正确的是（　　）。

A. 纵向受力钢筋应布置在梁的受压区

B. 梁的箍筋主要作用是承担剪力和固定主筋位置

C. 梁的箍筋直径最小可采用 4mm

D. 当梁的截面高度小于 200mm 时，不应设置箍筋

3. 判断题

(1) 在创建剖面时，"翻转剖面箭头"用于改变剖面的投影方向。　　　　　　（　　）

(2) 在 Revit 中，创建弯起钢筋后，一般需要在"属性"选项板→"尺寸标注"区域参数中修改参数，调整钢筋形状。　　　　　　　　　　　　　　　　　（　　）

(3) 梁的拉结筋应与箍筋绑扎在一起。　　　　　　　　　　　　　　　　　（　　）

(4) 在 Revit "钢筋形状浏览器"中，05 钢筋两端自带标准 90°弯钩。　　　（　　）

(5) 在 Revit 中，单击空格，可旋转箍筋弯头的位置。　　　　　　　　　　（　　）

4. 实操题

（1）在渡槽模型中，给另一根排架柱和其他横梁配置钢筋。

（2）在渡槽模型中，给槽身的拉杆配置钢筋。

任务 6.4　给特殊构件配置钢筋

水利工程建筑物的结构形式多样。在 Revit 中，水利工程模型不仅包括基本构件——梁、柱、板、墙，而且包括采用内建族或可载入族创建的特殊构件。给特殊构件配置钢筋的方法简单归纳为两类，一类基于剖面视图配置钢筋，另一类基于三维视图配置钢筋。图 6.4.1 是城门洞型涵洞配筋图，以该图为例学习给特殊构件配置钢筋的方法，横向钢筋为①～⑤，宜采用基于剖面视图配置钢筋的方法创建，纵向钢筋为⑥，宜采用基于三维视图配置钢筋的方法创建。

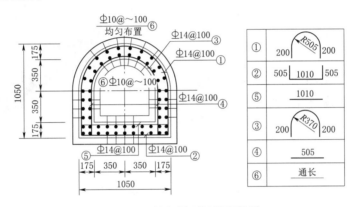

图 6.4.1　城门洞型涵洞配筋图

6.4.1　将钢筋附着到主体

给特殊构件配置钢筋之前，必须首先设置"可将钢筋附着到主体"。

6.4.1.1　内建族

选中构件模型，选择"修改｜常规模型"→"模型"→"在位编辑"，如图 6.4.2 所示；在"族：常规模型"的"属性"选项板中，勾选"可将钢筋附着到主体"，如图 6.4.3 所示；单击 ✔ 完成。

图 6.4.2　"修改｜常规模型"选项卡

6.4.1.2　可载入族

双击构件模型，进入族环境，在"族：常规模型"的"属性"选项板，勾选"可将钢筋附着到主体"，如图 6.4.3 所示；选择"创建"→"族编辑器"→"载入到项目并关闭"，弹出"保存文件"提示框，选择"是"或"否"，如图 6.4.4 所示；弹出"族已存在"提示框，单击"覆盖现有版本及其参数值"，如图 6.4.5 所示。

图 6.4.3　"属性"选项板

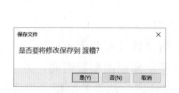
图 6.4.4　"保存文件"提示框

图 6.4.5　"族已存在"提示框

6.4.2　基于剖面视图配置钢筋

创建如图 6.4.6 所示的城门洞型涵洞模型，设置保护层厚度为 20mm。

6.4.2.1　创建剖面

在平面视图，选择"视图"→"创建"→"剖面"，给涵洞创建剖面，如图 6.4.7 所示；单击右键，在快捷菜单中，选择"转到视图"，打开剖面视图，如图 6.4.8 所示。

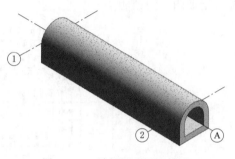
图 6.4.6　城门洞型涵洞模型

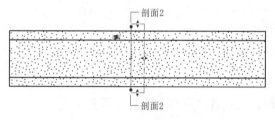
图 6.4.7　创建涵洞剖面

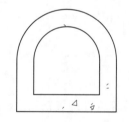
图 6.4.8　涵洞剖面图

6.4.2.2　创建特殊形状的钢筋①～④

在剖面视图，选中涵洞剖面，单击"修改｜常规模型"→"钢筋"→"钢筋"，弹出"钢筋形状定义"提示框，单击"确定"关闭，激活"修改｜放置钢筋"选项卡。

1. 选择钢筋放置方法

如图 6.4.9 所示，"放置方法"面板中有四种放置方法，其中常规形状的钢筋可通过"展开以创建主体"创建，但特殊形状的钢筋需要通过"绘制"创建，因此选择"绘制"创建①～④钢筋，"放置平面"选择"当前工作平面"，"放置方向"选择"平行于工作平面"。

图 6.4.9　"修改｜放置钢筋"选项卡

2. 绘制钢筋草图

单击涵洞剖面，剖面变为灰色并出现以虚线表示的保护层参照线，沿保护层参照线绘制①号钢筋，如图 6.4.10 所示，单击 ✅ 完成，按〈Esc〉键退出。

3. 设置钢筋属性

选择刚绘制的钢筋草图，在"属性"选项板，选择钢筋直径和型号，设置钢筋布局，如图 6.4.11 所示，单击左键完成。

采用同样的方法，创建②～④钢筋。

图 6.4.10　绘制钢筋草图

6.4.2.3　创建常规形状钢筋⑤

选择涵洞剖面，单击"修改│常规模型"→"钢筋"→"钢筋"，激活"修改│放置钢筋"选项卡。

1. 选择钢筋放置方法

"放置方法"选择"展开以创建主体"，"放置平面"选择"当前工作平面"，"放置方向"选择"平行于工作平面"。

2. 选择钢筋形状

在"钢筋形状浏览器"，选择 01。

3. 设置钢筋属性

在"属性"选项板，选择钢筋类型：14 HRB335；设置钢筋布局：最大间距，100mm。

4. 放置钢筋

在绘图区域，移动鼠标至剖面，预览钢筋，单击左键，放置⑤钢筋，按〈Esc〉键退出。

选择所有钢筋，在"属性"选项板→"图层"→"视图可见性状态"，编辑钢筋的视图可见性，使钢筋在三维视图作为实体查看，涵洞横向钢筋如图 6.4.12 所示。

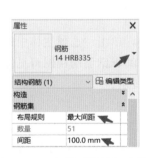

图 6.4.11　钢筋"属性"选项板

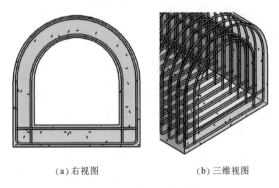

（a）右视图　　　（b）三维视图

图 6.4.12　涵洞横向钢筋

6.4.3　基于三维视图配置钢筋

在 Revit 中，钢筋包括两种：形状控制钢筋和自由形式钢筋。基于三维视图配置钢筋可布置自由形式钢筋，其钢筋分布类型包括"对齐"和"表面"。

打开涵洞三维视图，选中涵洞，单击"视图控制栏"→"临时隐藏与隔离"→"隔离图元"，使绘图区域中只保留涵洞；选择"修改│常规模型"→"钢筋"→"钢筋"，激活"修改│放置自由形式钢筋"选项卡，如图 6.4.13 所示。

图 6.4.13 "修改|放置自由形式钢筋"选项卡

6.4.3.1 创建"对齐"钢筋

"对齐"钢筋是指钢筋沿主体表面分布并与路径垂直。

1. 设置钢筋属性

在"属性"选项板,选择钢筋类型:10 HRB335;设置钢筋布局:最大间距,100mm。

2. 放置钢筋

单击"对齐",选择主体表面,依次单击涵洞外顶面、外侧面和外底面,如图 6.4.14 所示;单击"路径",选择路径,依次单击涵洞一端的所有外轮廓线,如图 6.4.15 所示;单击 ✓ ,生成涵洞外侧纵向钢筋。

采用同样的方法,通过"对齐"和"路径"创建涵洞内侧纵向钢筋。

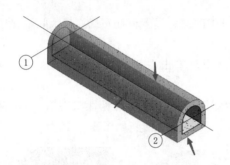
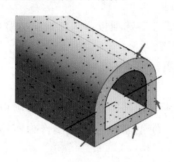

图 6.4.14 主体表面   图 6.4.15 路径

在绘图区域,选中一根钢筋,单击右键,在快捷菜单中,单击"选择主体中的所有钢筋",在"属性"选项板→"图形"→"视图可见性状态",编辑钢筋的视图可见性,使钢筋在三维视图中作为实体查看,涵洞纵向钢筋如图 6.4.16 所示。

6.4.3.2 编辑约束

单击"视图控制栏"→"临时隐藏与隔离"→"重设临时隐藏与隔离",涵洞钢筋如图 6.4.17 所示,可以看出横向钢筋和纵向钢筋发生重叠,需要编辑约束使纵向钢筋向内移动。

选中内侧纵向钢筋,激活"修改|结构钢筋"选项卡,如图 6.4.18 所示,选择"约束"→"编辑约束"。

如图 6.4.19 所示,涵洞内侧纵向钢筋呈黄绿色,涵洞内表面呈橙色,若干蓝色圆点为钢筋操纵柄,其中处于激活状态的是橙色圆点表示"钢筋操纵柄:主体表面",旁边是约束至保护层 ◉ ,单击 0.00mm 将其修改为 −19.00mm,单击 ✓ 完成,按〈Esc〉键退出,则涵洞内侧纵向钢筋向内移动 19mm。

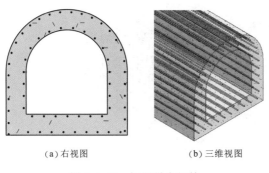
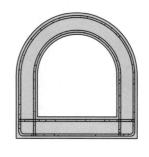

（a）右视图　　　　　　　（b）三维视图

图 6.4.16　涵洞纵向钢筋　　　　　　　　图 6.4.17　涵洞钢筋右视图

图 6.4.18　"修改｜结构钢筋"选项卡

注意：③～⑤横向钢筋直径 14，纵向钢筋直径 10，纵向钢筋位于横向钢筋内侧，所以纵向钢筋中点距离保护层距离为 14＋5＝19mm。

采用同样的方法，编辑约束使外侧纵向钢筋向内移动，如图 6.4.20 所示。

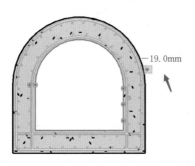
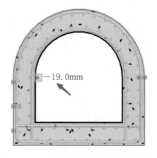

图 6.4.19　编辑内侧纵向钢筋约束　　　　　图 6.4.20　编辑外侧纵向钢筋约束

6.4.3.3　删除多余钢筋

选中外侧纵向钢筋，选择"修改｜结构钢筋"→"自定义"→"编辑钢筋"，激活"修改｜修改"选项卡，如图 6.4.21 所示，选中拐角多余钢筋，单击 🔲 删除钢筋，单击 ✓ 完成，涵洞钢筋如图 6.4.22 所示。

图 6.4.21　"修改｜修改"选项卡

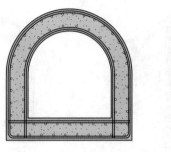　

(a) 右视图　　　　　　　　　　　(b) 三维视图

图 6.4.22　涵洞钢筋

知 识 拓 展

创建 "表面" 钢筋

"表面" 钢筋是指钢筋沿主体表面分布于起始表面至结束表面之间,涵洞横向钢筋也可以采用 "表面" 钢筋的方式创建。

打开涵洞三维视图,选中涵洞,选择 "修改 | 常规模型" → "钢筋" → "钢筋",激活 "修改 | 放置自由形式钢筋" 选项卡,如图 6.4.23 所示。

图 6.4.23　"修改 | 放置自由形式钢筋" 选项卡

1. 设置钢筋属性

在 "属性" 选项板,选择钢筋类型:14 HRB335;设置钢筋布局:最大布局,100mm。

2. 放置钢筋

(1) 单击 "表面",选择主体表面,依次选择涵洞外顶面和外侧面,如图 6.4.24 所示。

(2) 单击 "起始表面",选择涵洞一端面,如图 6.4.25 所示。

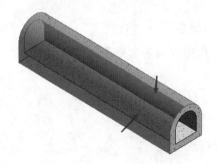　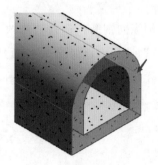

图 6.4.24　主体表面　　　　　　　图 6.4.25　起始端面

（3）单击"终止表面"，选择涵洞另一端面；

（4）单击 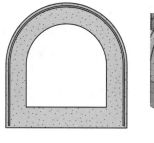，生成外顶和外侧钢筋，如图6.4.26所示。

注意：因为不能创建闭合的表面钢筋，所以不能同时选择外顶面、外侧面和外底面。

采用同样的方法，可以创建涵洞其他横向钢筋。

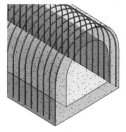

（a）右视图 　　　　（b）三维视图

图 6.4.26　涵洞外顶和外侧钢筋

技 能 训 练

给 槽 身 配 置 钢 筋

1. 读图

根据图 6.1.11，槽身侧壁厚 200mm，受力钢筋为⑤，分布钢筋为②；底板厚 200mm，受力钢筋为④，分布钢筋为②；槽身支撑梁，横截面为 400mm×400mm，底部钢筋为①，箍筋为③；腋角尺寸为 200mm×400mm，钢筋为⑥。

该槽身造型简单，可直接采用基于剖面视图配置钢筋的方法配置钢筋。

2. 创建平行于剖面的钢筋

（1）创建剖面。打开渡槽顶平面视图，单击"视图"→"创建"→"剖面"，给槽身创建剖面，如图6.4.27所示；单击右键，在快捷菜单中，选择"转到视图"，打开剖面5视图，如图6.4.28所示。

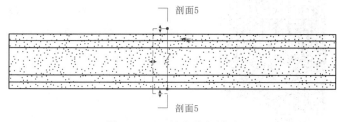

图 6.4.27　创建槽身剖面

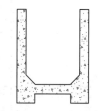

图 6.4.28　槽身剖面图

（2）选择钢筋放置方法。选择剖面，单击"修改｜常规模型"→"钢筋"→"钢筋"，激活"修改｜放置钢筋"选项卡；"放置方法"选择"展开以创建主体"，"放置平面"选择"当前工作平面"，"放置方向"选择"平行于工作平面"。

（3）创建钢筋⑤④⑥。

1）选择钢筋形状。在"钢筋形状浏览器"，选择 02。

2）设置钢筋属性。在"属性"选项板，选择钢筋类型：8 HPB300；在"构造"区域→"分区"，输入"槽身"；在"钢筋集"区域，设置钢筋布局：最大间距，150mm。

3）放置钢筋。移动鼠标至槽身剖面，依次预览和单击左键放置钢筋⑤④⑥，按〈Esc〉键退出。

（4）创建槽身支撑梁箍筋③。

1）选择钢筋形状。在"钢筋形状浏览器"，选择 33。

2）设置钢筋属性。在"属性"选项板，选择钢筋类型：8 HPB300；在"构造"区域→"分区"，选择"槽身"；在"钢筋集"区域，设置钢筋布局：最大间距，150mm。

3）放置钢筋。移动鼠标至槽身剖面支撑梁，预览钢筋，单击左键，放置钢筋③，按〈Esc〉键退出。

3. 创建垂直于剖面的钢筋

（1）选择钢筋放置方法。"放置方法"选择"展开以创建主体"，"放置平面"选择"当前工作平面"，"放置方向"选择"垂直于保护层"。

（2）创建槽身支撑梁底纵筋①。

1）选择钢筋形状。在"钢筋形状浏览器"，选择 01。

2）设置梁底纵筋属性。在"属性"选项板，选择钢筋类型：16 HRB400；在"构造"区域→"分区"，选择"槽身"；在"钢筋集"区域，设置纵筋布局：固定数量，4。

3）放置梁底纵筋。移动鼠标至槽身剖面支撑梁下侧，预览钢筋，单击左键，放置梁底纵筋。

（3）创建槽身侧壁和底板分布筋②。

1）选择钢筋形状。在"钢筋形状浏览器"，选择 01。

2）设置钢筋属性。在"属性"选项板，选择钢筋类型：8 HPB300；在"构造"区域→"分区"，选择"槽身"；在"钢筋集"区域，设置钢筋布局：最大间距，200mm。

3）放置钢筋。移动鼠标至槽身剖面，依次预览和单击左键放置侧壁和底板分布筋②，按〈Esc〉键退出。

4）删除多余钢筋。选择钢筋，选择"修改｜结构钢筋"→"自定义"→"编辑钢筋"，选中多余钢筋，单击 🗑 删除钢筋，单击 ✔ 完成。

在绘图区域，选中一根钢筋，单击右键，在快捷菜单中，单击"选择主体中的所有钢筋"，在"属性"选项板→"图形"→"视图可见性状态"，编辑钢筋的视图可见性，使钢筋在三维视图中作为实体查看，槽身钢筋如图 6.4.29 所示。

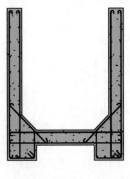
（a）右视图

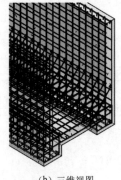
（b）三维视图

图 6.4.29　槽身钢筋

巩　固　练　习

1. 单选题

（1）在 Revit "钢筋形状浏览器"中，预设（　　）种常用钢筋形状。

A. 33　　　　　　B. 43　　　　　　C. 53　　　　　　D. 63

（2）"对齐"钢筋沿主体表面分布并与路径（　　）。

A. 平行　　　　　B. 垂直　　　　　C. 相交　　　　　D. 以上都不是

（3）在 Revit 中，对钢筋编辑约束时，激活的钢筋操纵柄以（　　）圆点显示。

A. 红色　　　　　　　B. 蓝色　　　　　　　C. 橙色　　　　　　　D. 黑色

（4）在 Revit 中，对于采用内建族和可载入族创建的模型，在给模型配置钢筋之前，首先需要设置（　　）。

A. 可将钢筋附着到主体　　　　　　　　B. 保护层

C. 钢筋编号规则　　　　　　　　　　　D. 常规钢筋设置

（5）基于剖面视图配置钢筋时，平行于剖面的钢筋的放置方向应选择（　　）。

A. 平行于工作平面　　　　　　　　　　B. 垂直于工作平面

C. 平行于保护层　　　　　　　　　　　D. 垂直于保护层

2. 多选题

（1）在 Revit 中，自由形式钢筋的分布类型包括（　　）。

A. 对齐　　　　　　　B. 表面　　　　　　　C. 平行　　　　　　　D. 垂直

（2）在 Revit 中，采用"展开以适应主体"放置结构钢筋时，需要设置（　　）。

A. 钢筋形状　　　　B. 钢筋类型　　　　C. 钢筋布局　　　　D. 钢筋长度

（3）"表面"钢筋的创建规则是（　　）。

A. 在起始表面和主体表面的相交处生成第一根钢筋

B. 在终止表面和主体表面的相交处生成最后一根钢筋

C. 在第一根和最后一根钢筋之间，按钢筋布局规则，插值生成其他钢筋

D. 在起始表面和路径的相交处生成第一根钢筋

（4）放置"表面"钢筋的步骤是（　　）。

A. 选择主体表面　　　　　　　　　　　B. 选择起始表面

C. 选择终止表面　　　　　　　　　　　D. 选择路径

（5）放置"对齐"钢筋的步骤是（　　）。

A. 选择主体表面　　　　　　　　　　　B. 选择起始表面

C. 选择终止表面　　　　　　　　　　　D. 选择路径

3. 判断题

（1）在 Revit 中，创建"表面"钢筋时，允许直接创建封闭的"表面"钢筋。（　　）

（2）在 Revit 中，特殊形状的钢筋无法在"钢筋形状浏览器"中选择，需要通过"绘制"创建。　　　　　　　　　　　　　　　　　　　　　　　　　　　（　　）

（3）在钢筋"属性"选项板中，必须设置分区。　　　　　　　　　　　　（　　）

（4）在 Revit 中，钢筋只有在三维视图中才能以实体显示。　　　　　　（　　）

（5）在 Revit 中，基于剖面视图配置钢筋时，垂直于剖面的钢筋的放置方向应选择垂直于工作平面。　　　　　　　　　　　　　　　　　　　　　　　　　　（　　）

4. 实操题

（1）在渡槽模型中，给其他槽身配置钢筋。

（2）在渡槽模型中，给排架柱牛腿配置钢筋。

项目 7　创建水利工程图和图纸打印

【项目导入】

用 Revit 软件创建水利工程模型，解决了三维表达问题。但在现有阶段，要想让三维模型与工程施工结合起来，还需要将三维模型转化为二维视图。水工建筑物一般需要经过勘测、规划、设计和施工、验收等几个阶段，每个阶段都要绘制出相应的图纸。本项目就是在三维模型的基础上创建水利工程图，用以打印图纸或导出为其他格式文件与用户进行数据交换。

【项目描述】

水利工程图是表达水工建筑物（水闸、大坝、渡槽、溢洪道等）的设计图样，是建设项目的重要组成文件。水工建筑物类型不同，所需图纸也不一样。本项目以水闸模型为例，在 Revit 中创建和编辑水利工程图纸，通过模型创建构件明细表和材质明细表，并进行图纸打印和导出为其他格式的文件。

【学习目标】

1. 知识目标

（1）掌握利用三维模型创建水利工程图的方法。

（2）掌握构件明细表和材质明细表的创建过程。

（3）掌握图纸打印与输出其他格式文件的相关知识。

2. 能力目标

（1）能够为常见水利工程模型创建工程图纸。

（2）能够创建构件明细表和材质明细表。

（3）能够在 Revit 和 AutoCAD 软件环境下打印图纸，并能输出相关格式文件。

3. 素质目标

（1）培养学生的责任意识和担当精神。

（2）让学生树立正确的职业道德观念，遵守职业规范。

（3）培养学生认真的工作态度和严谨的工作作风。

【思政元素】

（1）通过创建符合规范要求的水利工程图培养学生精益求精的工匠精神。

（2）通过创建水利工程图，让学生感受水利工程的重要作用，树立爱岗敬业的职业品质。

（3）通过 Revit 软件导出其他格式文件并与各类软件实现数据交换，激发学生学习热情和探索精神。

任务 7.1 创 建 图 纸

创建图纸可采用创建图纸族文件和载入 Revit 自带的族文件两种方法。

7.1.1 创建图纸

7.1.1.1 创建图框族文件

（1）新建族文件。启动 Revit2022，在开始界面，选择"族"→"新建"。

（2）打开族样板文件。在弹出的"新族-选择样板文件"对话框中，如图 7.1.1 所示，双击进入标题栏文件夹。注意：族样板文件的扩展名是".rft"。

图 7.1.1 打开"新族-选择样板文件"对话框

（3）选择族文件。根据需要选择 A0～A4 公制图框，也可选择"新尺寸公制"自行创建。

（4）设置周边线线型。图纸应画出周边线（幅面线）和图框线。打开样板进入族文件，此时界面显示图幅的周边线。选中四条周边线，在"子类别"功能面板中，将线型"图框"修改为"细线"，如图 7.1.2 所示。

（5）设置图框线型。选择"创建"选项卡，在"详图"面板单击"线"工具，在"子类别"面板中将线型"图框"调整为"宽线"，用来绘制图框。

（6）根据图幅确定图框与周边线距离，完成图框创建。

7.1.1.2 创建标题栏

先用"宽线"画出标题栏的外框，再用"细线"画出内部分格线。

创建图框和标题栏后，在标题栏中标注文字。

7.1.1.3 保存图纸族文件

单击快速工具栏里的"保存"按钮 ，保存为族文件。

7.1.1.4 打开图纸文件

打开 Revit 项目文件，选择"插入"功能面板→"载入族"按钮，单击"载入族"按钮，可载入刚才保存的图纸。

7.1.2 导入图纸

选择"视图"选项卡→"图纸组合"面板→"图纸"按钮 ，在"新建图纸"对话框→"选择标题栏"中选择一种图纸类型，如图 7.1.3 所示。

图 7.1.2 设置线型   图 7.1.3 "新建图纸"对话框

选择一个图纸类型，如"A3 公制"，出现 A3 图纸，包含图框和标题栏样板，如图 7.1.4 所示。图纸右侧为项目信息栏，双击右侧信息栏，进入族编辑状态，按照需要进行修改和调整。

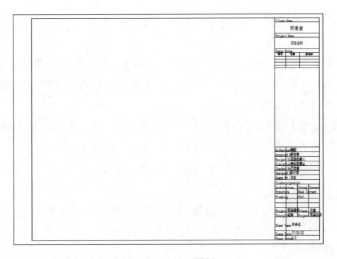

图 7.1.4 A3 图纸

如果选项中没有合适的图纸，可以单击"载入"，载入其他图纸。

知 识 拓 展

图 纸 幅 面 与 标 题 栏

1. 图纸幅面及格式

图纸幅面是指图纸本身的大小规格，简称图幅。为了便于图纸的保管与合理利用，2013 年由水利部颁布的《水利水电工程制图标准 基础制图》（SL 73.1—2013）对图纸的基本幅面做了规定，具体尺寸见表 7.1.1。

表 7.1.1   **基本图幅及图框尺寸**   单位：mm

幅面代号		A0	A1	A2	A3	A4
幅面尺寸（宽×长）		841×1189	594×841	420×594	297×420	210×297
周边尺寸	e	20			10	
	c	10			5	
	a	25				

无论用哪种幅面的图纸绘制图样，均应先在图纸上用粗实线绘出图框，图形只能绘制在图框内。图框格式分为无装订边和有装订边两种，如图 7.1.5 和图 7.1.6 所示。横式图纸装订边应在图左边；立式图纸的装订边对 A0、A2、A4 图宜在图上边。

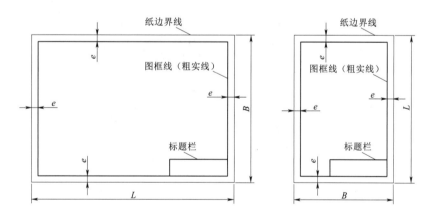

图 7.1.5 无装订边图框

图纸应画出周边线（幅面线）、图框线和标题栏，图框周边尺寸见表 7.1.1。

2. 标题栏

图样中的标题栏是图样的重要内容之一，应放在图纸右下角，如图 7.1.8 和图 7.1.9 所示。外框线为粗实线，分格线应为细实线。A0、A1 图幅可采用如图 7.1.7（a）所示标题栏；A2～A4 图幅可采用如图 7.1.7（b）所示标题栏。

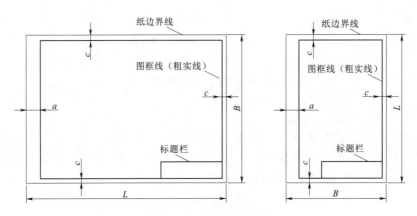

图 7.1.6 有装订边图框

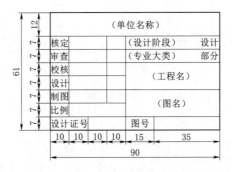

（a）标题栏（A0、A1）

批准		（工程名）	（设计阶段） 设计
核定			（专业大类） 部分
审查		（图名）	
校核			
设计			
制图		比例	日期
设计证号		图号	

（b）标题栏（A2~A4）

图 7.1.7 标题栏

技 能 训 练

创 建 A3 图 纸

1. 创建图框

启动 Revit2022，在开始界面，选择"族"→"新建"，弹出"选择族样板文件"对话框。

点击进入标题栏文件夹，选择"A3 公制图框"。

（1）创建周边线。打开样板进入族文件，此时界面显示图幅的周边线。选中四条周边线，在"子类别"功能面板中，单击"线型"下拉菜单，选择"细线"。

（2）创建图框线。单击"创建"→"详图"→"线"，在"子类别"功能面板中，单击"线型"下拉菜单，选择"宽线"线型。根据表 7.1.1，A3 图纸周边尺寸 a＝25mm，c＝5mm。绘制图框线，如图 7.1.8 所示。

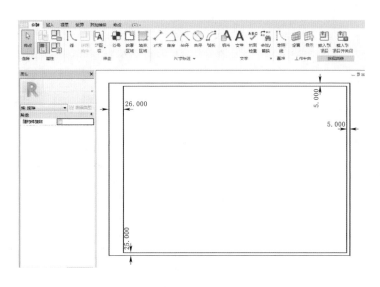

图 7.1.8　A3 图框

2. 创建标题栏

（1）创建标题栏分格线。标题栏尺寸参照图 7.1.7（b），先用宽线画出标题栏的外框，再用细线分格，如图 7.1.9 所示。

（2）输入文字。选择"创建"选项卡，单击"文字"功能面板的"文字"。

单击"编辑类型"按钮，在打开的"类型属性"对话框中单击"复制"按钮，弹出"名称"对话框。在"名称"对话框中输入"3mm"。

在"类型属性"对话框中，修改"文字字体"为"仿宋"，"文字大小"为"3mm"，"宽度系数"为0.7。完成 A3 图框和标题栏，如图 7.1.10 所示。

3. 保存文件

单击快速工具栏里的"保存"按钮 ，另存为族文件。选择储存的文件夹，命名为"水利 A3 图框和标题栏"。

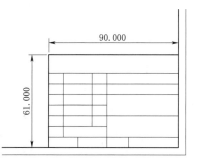

图 7.1.9　A3 标题栏

河南水利与环境职业学院

核定		（设计阶段）	设计
审查		（专业大类）	部分
校核		（工程名）	
设计			
制图		（图名）	
比例			
设计证号		图号	

图 7.1.10　A3 图纸

巩 固 练 习

1. 单选题

（1）如何一次性使视图中的建筑立面边缘线条变粗？（　　　）

A. 使用"线处理"工具

B. 在视图的"可见性"对话框中设置

C. 采用"带边框着色"的显示样式

D. 图形显示选项中设置轮廓

（2）在 BIM 辅助业主进行设计管理中，基于 BIM，能够让业主与各专业工程参与者实时更新观测数据，实现最短时间达到图纸、模型合一的内容是（　　　）。

A. 协同工作　　　　B. 图纸检查　　　　C. 数据共享　　　　D. 虚拟现实

（3）图框线用下面哪种线型绘制？（　　　）

A. 粗实线　　　　B. 细实线　　　　C. 点画线　　　　D. 虚线

（4）在施工阶段中，负责配合进行图纸深化，并进行图纸签认和对竣工图纸确认的参与方是（　　　）。

A. 甲方　　　　B. 设计方　　　　C. 总包 BIM　　　　D. 分包

（5）根据规范，图纸的基本幅面尺寸包括（　　　）种。

A. 2　　　　B. 3　　　　C. 4　　　　D. 5

2. 多选题

（1）制图标准规定，尺寸起止符号必须采用箭头的是（　　）。

A. 弧长　　　　　　　B. 半径　　　　　　　C. 角度　　　　　　　D. 长度

（2）下列选项属于总平面图内容的是（　　）。

A. 总平面布置图　　　　　　　　　　B. 土方工程图

C. 结构布置图　　　　　　　　　　　D. 竖向设计图

（3）制图标准规定了图纸幅面的大小，基本幅面有 A0、A1、A2、A3 和 A4，以下描述正确的是（　　）。

　A. A0 图幅最小，A4 图幅最大，A4 是 A0 的 4 倍

　B. A4 图幅最小，A0 图幅最大，A0 是 A4 的 4 倍

　C. A3 图幅大小是 A4 图幅的 2 倍

　D. A3 图幅尺寸是 297×420，A4 图幅尺寸是 210×297

（4）图形比例为 1∶10，线性尺寸数字 200 表示（　　）。

　A. 物体的实际尺寸是 200

　B. 图形的线段长度是 200

　C. 图形的线段长度是物体的 1/10

　D. 图形的线段长度是 20

（5）在 Revit 的样板文件中可以设定符合不同用户需要的工作环境，包括（　　）。

A. 文字大小及样式　　　　　　　　　B. 尺寸标注样式

C. 图框　　　　　　　　　　　　　　D. 构件样式

3. 判断题

（1）Revit 中，在"视图"选项卡的"图形"面板中的"粗线/细线"按钮，软件默认的打开模式是"粗线"显示。　　　　　　　　　　　　　　　　　　（　　）

（2）一张图纸的比例必须统一注写在标题栏内。　　　　　　　　　　　（　　）

（3）视图、剖视图分别用来主要表达物体的外部结构形状和内部结构形状。（　　）

（4）断面图不包括剖切面后的轮廓，实质上说，断面图其实是剖视图的一部分。

　　　　　　　　　　　　　　　　　　　　　　　　　　　　　　　　　（　　）

（5）水利工程图规定，在回转体的曲面上画出的素线是细实线。　　　　（　　）

4. 实操题

根据 A3 图纸的创建方法，创建并保存 A0～A4 水利工程图纸族文件。

任务 7.2　创建水利工程图

本任务讲解由水利工程模型创建水利工程图（CAD 图）的方法。限于篇幅，水利工程模型已经完成，图 7.2.1 为某水闸三维模型，可在任务中直接引用。

一般情况下，水闸施工图由平面布置图、纵向剖视图、上下游立面图、若干剖面图和详图组成。

7.2.1　创建图纸

7.2.1.1　选择图纸和视图比例

　　根据模型尺寸确定选用图纸大小，同
时确定视图比例。

7.2.1.2　创建图纸

　　选择"视图"→"图纸组合"→"图

纸"按钮 ![图纸]，打开"新建图纸"对话
框，如图 7.1.3 所示。在此对话框里如果
没有合适的图纸样式，可通过"载入"加
载新的样式。

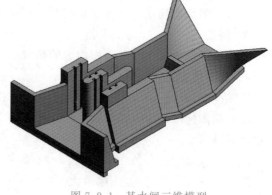

图 7.2.1　某水闸三维模型

　　此时在"项目浏览器"中产生一个
"图纸（全部）"的分支，在"图纸（全部）"分支下产生一个带有编号的未命名的图纸，
可以重命名该图纸。

7.2.2　创建视图

　　打开项目文件，例如图 7.2.1 所示某水闸三维模型。

7.2.2.1　创建平面视图

　　为了不影响项目模型的平面视图属性，另外复制一个平面视图。

　　1. 复制视图

　　在"项目浏览器"中，选择"楼层平面"→"F2-101"视图，如图 7.2.2 所示，单
击鼠标右键，选择"复制视图"→"复制"命令，如图 7.2.3 所示，复制新建视图，此
时，在楼层平面里增加一个"F2-101 副本 1"视图，如图 7.2.4 所示。

图 7.2.2　"F2-101 平面视图"

图 7.2.3　复制视图

　　选择"F2-101 副本 1"视图，单击鼠标右键，重命名该视图为"水闸平面图"，如图
7.2.5 所示。

　　2. 编辑视图

　　在"属性"选项卡中：

图 7.2.4 复制"F2-101 副本 1"

图 7.2.5 "水闸平面图"

（1）打开"可见性/图形替换"对话框，在"注释类别"选项卡中设置剖面、标高、轴网等类别可见或不可见时，这里选择"可见"。

（2）在"图形显示"选项点击"编辑"，弹出"图形显示选项"对话框，将"样式"选为"隐藏线"，点击"确定"。

（3）在"显示隐藏线"中，调整为"全部"，此时，底部不可见线条用虚线表示。

（4）选择"视图范围"→"编辑"，调整顶部、剖切面、底部及视图深度偏移量，将视图范围涵盖整个水闸。

结果如图 7.2.6 所示。

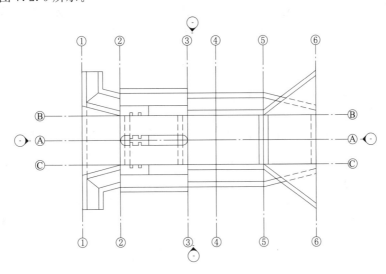

图 7.2.6 水闸平面图

7.2.2.2 创建立面视图

立面视图有东、西、南、北四个视图。

（1）同创建平面视图，在"项目浏览器"中，选择"立面（建筑立面）"中的一个视图，如"西"立面图。在弹出的快捷菜单中，选择"复制视图"→"复制"命令，复制西立面图。此时在"项目浏览器"中，"立面（建筑立面）"里增加一个"西 副本 1"的立面视图，重命名该视图为"上游立面图"。

（2）同创建平面视图，编辑水闸上游立面图，结果如图 7.2.7 所示。

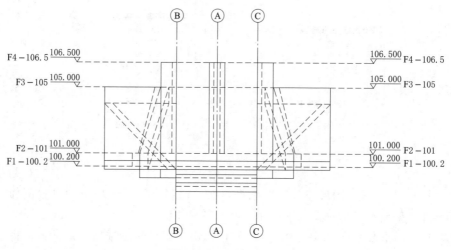

图 7.2.7　上游立面图

7.2.2.3　创建剖视图

1.创建全剖视图

（1）创建剖面。单击"视图"→"创建"→"剖面"按钮 ⌙。在平面视图（或立面视图）中，沿所需要剖切的位置点击以放置剖切线，如图 7.2.8 所示。同时在"项目浏览器"中产生一个"剖面（建筑剖面）"的分支，在该分支下自动产生一个名称为"剖面1"的剖视图，如图 7.2.9 所示。单击鼠标右键，可以对该剖视图重新命名。

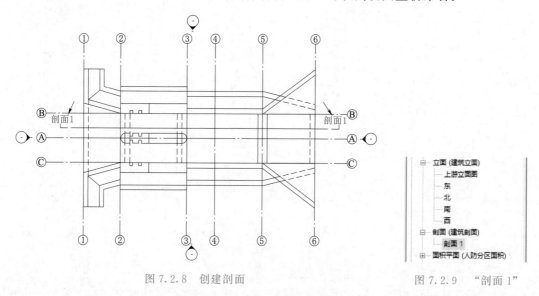

图 7.2.8　创建剖面　　　　　　　　　　　图 7.2.9　"剖面 1"

（2）调整剖视符号。单击翻转控制柄 ⇕ 可以翻转剖面方向；剖切线起点和终点位置各有一个循环剖面标头控制柄 ↻ ，单击可更换剖面标头样式；图中的蓝色虚线框表示剖切范围，可拖拽箭头调整剖切范围大小。

（3）在"可见性/图形替换"对话框"注释类别"中将不需要的图元隐藏；将"显示

隐藏线"调整为"全部",完成剖视图的创建。

（4）双击"项目浏览器"→"剖面（建筑剖面）"→"剖面1"，在绘图区中显示剖视图。

2. 创建阶梯剖视图

阶梯剖视图是在全剖视图的基础上进行拆分后改建的，可以多次拆分。

首先沿需要剖切的位置创建一个全剖切符号，再单击"修改｜视图"→"剖面"→"拆分线段"按钮 ，在原有剖切线上，点击需要转折的位置然后任意移动鼠标，完成阶梯剖面创建，如图7.2.10所示。

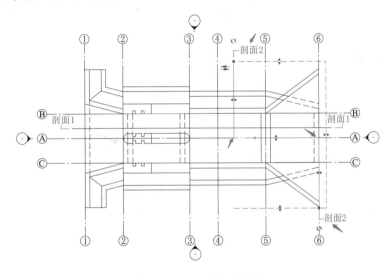

图 7.2.10　创建阶梯剖面

7.2.2.4　创建详图

当建筑物或构件需要表示更为详细的结构、尺寸时，用大于原图形的比例另行绘出的图形称为详图。详图显示父视图中某一部分的放大样本，并提供有关建筑模型中这一部分的详细信息。

1. 添加详图索引

除了三维视图，楼层平面视图、立面视图、剖面视图和详图视图都可以添加详图索引。

（1）打开父视图。添加详图索引的视图均是父视图，如楼层平面视图、立面视图、剖面视图和详图，选择其中一个视图，即打开父视图。

（2）添加详图索引。在父视图中，单击"视图"→"创建"→"详图索引"按钮。"详图索引"按钮有两个下拉选项，"矩形"和"草图"按钮。

1）"矩形"，用丁在视图中创建矩形详图索引。

2）"草图"，用于创建非矩形详图索引视图。可以通过"线""矩形""内接多边形""外接多边形"和"拾取线"多种方式绘制详图索引视图。

如选择"矩形"，在视图中找到需要放大的部分，用矩形框选该部分视图，即添加了一个详图索引，如图 7.2.11 所示。

2. 创建详图

在楼层平面视图、立面视图、剖面视图和详图视图中添加详图索引，那么就在相应视图分支下产生一个详图。

3. 调整索引符号

点击详图索引矩形框，四边各出现一个蓝色圆点，拖拽圆点可以调整详图视图区域。

7.2.3　创建水利工程图

（1）放置视图。单击"视图"→"图纸组合"→"视图"按钮  ，弹出"视图"对话框，如图 7.2.12 所示，视图列表中列出当前项目中所有可用视图。选择其中一个视图，单击 在图纸中添加视图(A) 按钮，光标在绘图区拖动一个包含该视图的视口，移动光标至合适位置，单击放置视图。

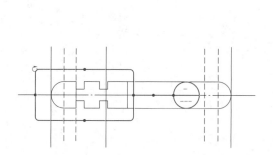

图 7.2.11　创建详图索引　　　　　图 7.2.12　"视图"对话框

也可以直接在"项目浏览器"中找到相应视图，按压鼠标左键不松开，移动鼠标至绘图区域，放置视图。

（2）在图纸内调整视图窗口、视图位置、视图属性和视图名称。注意不要在此修改视图，它远没有在模型中修改方便。

（3）将所有需要的视图均按上述方法拖放到图纸中的合适位置放置，并调整视图。

7.2.4　给水利工程图标注

水利工程图标注一般要标注尺寸、文字和符号。标注水利工程图，首先要激活视图。

单击"视图"，激活"修改│视口"选项卡，点击"视口"→"激活视图"。

图 7.2.13　"尺寸标注"面板

7.2.4.1　标注尺寸

1. 尺寸类型

在"注释"选项卡"尺寸标注"面板中，有对齐、线性、角度、半径、直径、弧长、高程点、高程点坐标和高程点坡度等多个尺寸标注工具，如图 7.2.13 所示。

（1）对齐：用于在平行参照之间或多点之间放置尺寸标注。

（2）线性：放置水平或垂直标注，以便测量参照点之间的距离。

（3）角度：放置尺寸标注，以便测量共享公共交点的参照点之间的角度。

（4）半径：放置尺寸标注，以便测量内部曲线或圆角的半径。

（5）直径：放置一个表示圆弧或圆的直径的尺寸标注。

（6）弧长：放置尺寸标注，以便测量弯曲墙或其他图元的长度。

（7）高程点：显示选定点的高程。

（8）高程点坐标：显示项目中点的"北/南"和"东/西"坐标。

（9）高程点坡度：在模型图元的面或边上的特定点处显示坡度。

2. 设置尺寸类型

在"注释"选项卡"尺寸标注"面板中，选择一种标注类型，激活"修改|放置尺寸标注"选项卡。点击"属性"选项卡→"编辑类型"按钮，弹出"类型属性"对话框，如图 7.2.14 所示。在"类型属性"对话框可以设置标注的形式，比如尺寸线、尺寸界线、尺寸起始符和尺寸数字进行编辑。

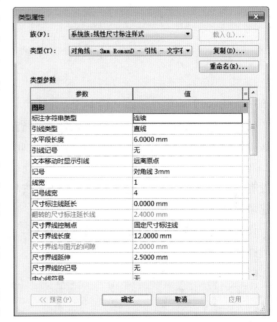

图 7.2.14　尺寸"类型属性"对话框

7.2.4.2　标注文字

1. 文字类型

点击"注释"选项卡，出现"文字"面板，如图 7.2.15 所示。"文字"面板有"文字""拼写 检查"和"查找/替换"三个工具按钮。

（1）"文字"：用于将文字注释（注释）添加到当前视图中。

（2）"拼写检查"：用于对选择集、当前视图或图纸中的文字注释进行拼写检查。

（3）"查找/替换"：在打开的项目文件中查找并替换文字。

2. 设置文字类型

单击"文字"功能面板的右下角箭头，或单击"文字"按钮，在文字"属性"选项卡

图 7.2.15　"文字"
功能面板

中，单击"编辑类型"按钮，打开"类型属性"对话框，设置文字属性，如图 7.2.16 所示。在此设置文字的具体参数值，如颜色、线宽、背景以及文字字体和文字大小，设置后的文字类型在项目中可直接运用。

7.2.4.3　标注剖面图案和遮罩图形

点击"注释"选项卡，点击"详图"面板→"区域"工具按钮，

图 7.2.16　文字"类型属性"对话框

如图 7.2.17 所示，可以进行图案填充和遮罩图形。

单击"区域"右侧黑三角，出现两种区域填充方式：填充区域和遮罩区域。

"填充区域"：用于创建视图专有的二维图形，其中包含填充样式和边界线。

"遮罩区域"：用于创建一个遮挡项目或族中的图元的图形。

1. 标注"填充区域"

（1）单击"填充区域"按钮，打开"修改｜创建填充区域边界"选项卡，如图 7.2.18 所示。在"绘制"面板中选择工具绘制填充区域边界。

（2）点击"属性"选项卡→"编辑类型"按钮，打开"类型属性"对话框，如图 7.2.19 所示。在"类型（T）"下拉

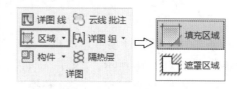

图 7.2.17　"区域"面板

菜单中，选择填充类型，如"混凝土_钢砼"，表示钢筋混凝土材料。

（3）点击"图形"→"填充样式"右侧省略号按钮，弹出"填充样式"对话框，如图 7.2.20 所示，在此可以选择相应填充图案。如果没有合适填充样式，点击右侧"新建"按钮，新建填充图案。

设置好填充样式后，点击"确定"按钮，完成剖面图案标注。

图 7.2.18　"修改｜创建填充区域边界"选项卡

2. 创建"遮罩区域"

方法同"填充区域"创建一个"遮罩区域"，区别是区域内没有填充图案。

7.2.4.4　创建示坡线

示坡线是垂直于等高线并指向斜坡降低方向的长短线。

（1）点击"注释"选项卡，在"详图"功能面板点击"详图线"按钮，激活"修改｜放置 详图线"选项卡。

（2）在"修改｜放置 详图线"选项卡，用"绘制"面板里的绘图工具绘制图线，在"线样式"面板里选择线样式，比如选择"细线"，绘制示坡线如图 7.2.21 所示。

图 7.2.19　填充区域"类型属性"对话框

意位置放置。

注意：折断线、波浪线也可以通过"创建组"的方法来重复绘制。

7.2.4.5　创建平面高程

水利工程平面布置图的平面高程是一个矩形线框内放高程值，创建平面高程需要综合运用"详图线"和"文字"工具来完成。

（1）点击"注释"选项卡→"文字"面板→"文字"按钮，在"文字"属性面板里点击"编辑类型"，创建一个文字类型，修改其中参数；输入高程数字。

（2）点击"注释"选项卡→"详图"面板→"详图线"按钮，"线样式"选择"细线"，用"直线"或"矩形"命令绘制平面高程外框。

图 7.2.27 所示为平面高程符号。

图 7.2.21　"绘制"与"线样式"面板

在水闸平面图中，有多处需要绘制示坡线，为方便绘图，可通过"创建组"的方法来重复绘制多个图元。

（1）用"详图线"工具绘制示坡线，如图 7.2.22 所示。

（2）点击"修改"选项卡，在"创建"功能面板点击"创建组"按钮，如图 7.2.23 所示。

（3）弹出"创建组"对话框，如图 7.2.24 所示。名称改为"示坡线"，组类型选择"详图"，点击确定。

（4）在"编辑组"工具栏，如图 7.2.25 所示，点击"添加"按钮。选中绘制的示坡线，点击"完成"按钮。此时，"项目浏览器"→"组"→"详图"中，添加"示坡线"组，如图 7.2.26 所示。

（5）点击"示坡线"，拖拽到图纸任意位置放置。

图 7.2.20　"填充样式"对话框

可以将平面高程创建为一个可载入族文件，载入项目使用。

7.2.5　导出 CAD 图

（1）在当前图纸状态下，选择"文件"→"导出"→"CAD 格式"→"DWG"，弹出"DWG 导出"对话框。在此对话框中，点击"修改导出设置"按钮 ，对导出的 CAD 图纸属性进行设置。设置完毕，点击"确定"。

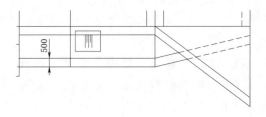

图 7.2.22　绘制示坡线

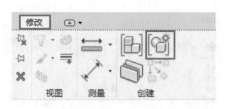

图 7.2.23　"创建"面板

图 7.2.24　"创建组"对话框

图 7.2.25　编辑组

图 7.2.26　"示坡线"组类型

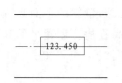

图 7.2.27　平面高程符号

（2）在"DWG 导出"对话框点击"下一步"，进入"导出 CAD 格式-保存到目标文件夹"，找到保存路径，填写"文件名/前缀"和"文件类型"（CAD 版本号）。注意文件名的命名方式和是否选择"将图纸上的视图和链接作为外部参照导出"。

（3）单击"确定"，完成水利工程图的创建。

知 识 拓 展

调 整 视 图

1. 放置视图

选择"视图"选项卡→"图纸组合"面板，点击"视图"按钮，弹出"视图"对话框，在视图列表找到所需视图，比如水闸平面图。将水闸平面图放置在图纸中，如图

7.2.28 所示。

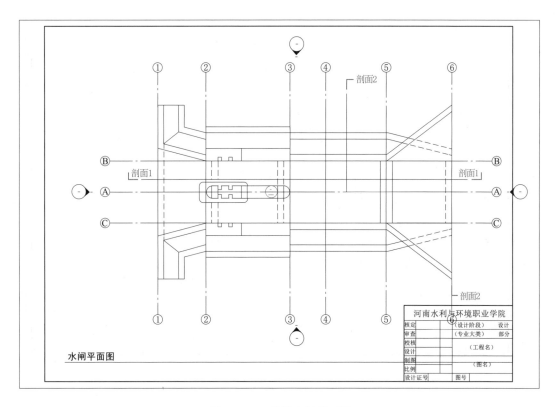

图 7.2.28　放置水闸平面图

2. 调整视图

从图 7.2.28 可以看出，放置的水闸平面图比例太大、位置不当、图名偏左，需要调整。

（1）调整属性选项。选中水闸平面图视口，激活"修改｜视口"选项卡，修改"属性"选项卡里的"视图比例"设置为"自定义"，比例值调整为 1∶150；将"可见性/图形替换"对话框中"注释类别"里的"立面"关掉；将"显示隐藏线"调整为"全部"；把"裁剪视图"和"裁剪区域可见"选项的对勾去掉。

（2）移动视图视口。点击视图视口边线，移动视图视口至图纸的左下角位置。

（3）修改图名。点击视图视口边线，激活视图图名，此时图名标题延伸线两端各出现一个蓝点。点击图名，修改图名，比如给图名增加比例，注意图名中不能有"∶"号；拖动蓝点，调整标题延伸线至合适长度；移动图名至水闸平面图的正下方。

（4）调整视口。选择"修改｜视口"→"视口"→"激活视口"。移动水闸平面图到合适位置；调整完毕，选择"视图"→"图纸组合"→"视口"→"取消激活视口"。

结果如图 7.2.29 所示。

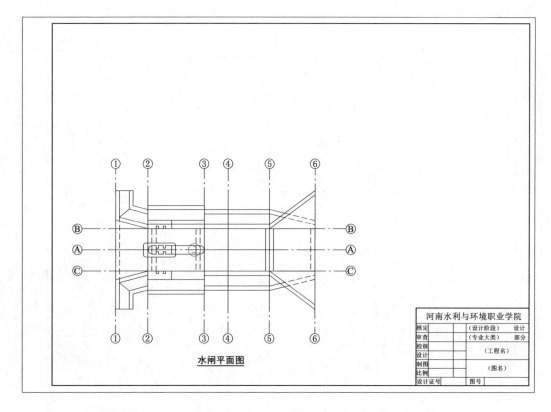

图 7.2.29　调整视图

技　能　训　练

创建涵洞式过水闸工程图

根据图 7.2.30 涵洞式过水闸模型，创建水闸工程图。

经过分析，涵洞式过水闸工程图应包含水闸平面布置图、纵向剖面图、上下游立面图、剖视图和详图。

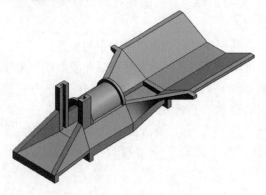

图 7.2.30　涵洞式过水闸模型

1. 创建水闸平面图

（1）选择"项目浏览器"→"楼层平面"→"F1 - 100"平面视图，右键选择"复制视图"→"复制"命令，复制新建视图。在"楼层平面"增加"F1 - 100 副本 1"平面视图，重命名该视图为"水闸平面布置图"。

（2）编辑视图属性。在"属性"选项卡，打开"可见性/图形替换"对话框，在"注释类别"选项卡中设置"立面"不可

见；将"显示隐藏线"调整为"全部"；选
择"视图范围"→"编辑"，调整剖切面大
于"4100"和底部偏移大于"－1200"，将
视图范围涵盖整个水闸。

　　完成水闸平面布置图，如图 7.2.31
所示。

　　2. 创建水闸立面图

　　(1) 选择"项目浏览器"→"立
面（建筑立面）"→"西"立面图，右
键选择"复制视图"→"复制"命令，
复制新建视图。在"立面（建筑立面）"

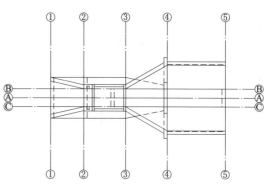

图 7.2.31　水闸平面布置图

增加"西 副本 1"立面视图，重命名该视图为"上游立面图"。

　　(2) 编辑视图属性。在"属性"选项卡，打开"可见性/图形替换"对话框，在"注
释类别"选项卡中设置"轴网""标高"不可见；将"显示隐藏线"调整为"按规程"。

　　完成水闸上游立面图，如图 7.2.32 所示。同理完成水闸下游立面图，如图 7.2.33 所示。

　　3. 创建水闸剖视图

　　切换视图至"F1-100"楼层平面视图，在"视图"选项卡→"创建"面板，单击
"剖面"按钮。

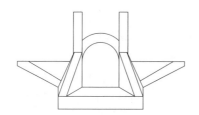

图 7.2.32　水闸上游立面图

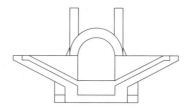

图 7.2.33　水闸下游立面图

　　以轴线"A-A"为基线，创建剖面。在"项目浏览器"中，将"剖面（建筑剖面）"
下的"剖面 1"重新命名为"水闸纵向剖视图"。

　　据此方法，创建其他剖视图，如图 7.2.34 所示。所有剖视图都在"剖面（建筑剖
面）"下显示。

　　双击"水闸纵向剖视图"，打开"水闸纵向剖视图"。在"属性"选项卡，打开"可见
性/图形替换"对话框，在"注释类别"选项卡中设置"标高""剖面"不可见；将"显示
隐藏线"调整为"按规程"；把"裁剪视图"和"裁剪区域可见"选项的对勾去掉；设置
轴网类型"非平面视图符号（默认）"为"底"，结果如图 7.2.35 所示。

　　同时编辑其他剖视图的属性和剖视深度。注意，在"属性"选项卡→"范围"中，
"远裁剪偏移"设置的数值不同，剖面形状也发生变化。此处剖面 1、2、3、4 均设置
"远裁剪偏移"为"100"，剖切效果最佳。

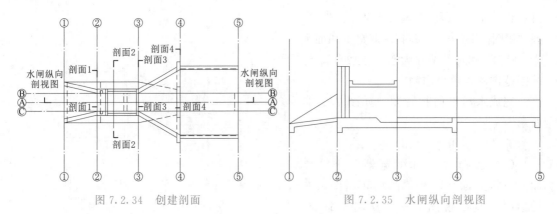

图 7.2.34　创建剖面　　　　　　　　　图 7.2.35　水闸纵向剖视图

4. 创建消力坎详图

（1）选择父视图。在"项目浏览器"中选择"水闸纵向剖视图"作为父视图。

（2）添加"详图索引"。选择"视图"选项卡，在"创建"面板，单击"详图索引"按钮，选择"矩形"。在"F1－100"标高与"4"轴线处添加"详图索引"，在"剖面（建筑剖面）"下增加了一个详图索引，重命名为"消力坎详图"。

（3）双击"消力坎详图"，在"属性"选项卡，打开"可见性/图形替换"对话框，在"注释类别"选项卡中设置"剖面""标高""轴网"为不可见；将"显示隐藏线"调整为"按规程"；把"裁剪区域可见"选项的对勾去掉，结果如图 7.2.36 所示。

5. 创建涵洞式过水闸工程图纸

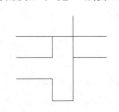

图 7.2.36　消力坎详图

（1）选择图纸和视图比例。根据模型尺寸确定选用 A3 图纸，视图比例根据放置在图纸中的视图而定。

（2）创建图纸。选择"视图"→"图纸组合"→"图纸"，打开"新建图纸"对话框，在此对话框里通过"载入"加载任务 7.1.1 创建的"水利 A3 图框和标题栏"。选择"水利 A3 图框和标题栏：A3 公制"，创建一张 A3 图纸，同时在"项目浏览器"中产生一个"图纸（全部）"的分支，在"图纸（全部）"分支下产生一个"J0－1－未命名"的图纸。

（3）放置视图。选择"视图"→"图纸组合"→"视图"按钮，弹出"视图"对话框，在视图列表中选择"水闸纵向剖视图"，移动光标至合适位置，单击放置视图。

（4）修改"属性"选项卡里的"视图比例"为 1∶150；将"可见性/图形替换"对话框中"注释类别"里的"轴网""标高"关掉；将"显示隐藏线"调整为"按规程"；把"裁剪区域可见"选项的对勾去掉。

（5）选中视口边线，编辑视图名称；激活视口，移动视图位置。

（6）以此方法放置"上游立面图"和"下游立面图"，"属性"修改同"水闸纵向剖视图"，"视图比例"为 1∶150。

（7）以此方法放置"水闸平面图"，这里不要关掉"剖面""轴网"和"标高"，"视图比例"为 1∶150。

（8）以此方法放置"剖面 1"～"剖面 4"，这里"视图比例"为 1∶100；关掉"剖面""轴网"和"标高"。

(9) 以此方法放置"消力坎详图","视图比例"为 1∶50。

经过上述放置和调整,涵洞式过水闸工程图结果如图 7.2.37 所示。

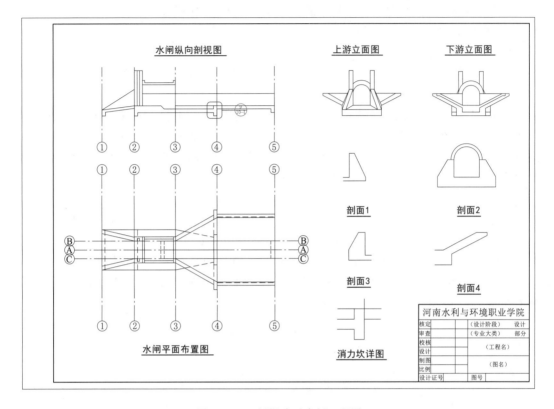

图 7.2.37 涵洞式过水闸工程图

6. 标注涵洞式过水闸工程图

(1) 标注纵向剖视图。单击水闸纵向剖视图,激活"修改︱视口"选项卡,点击"视口"→"激活视图",激活水闸纵向剖视图。调整轴线的长度至合适位置。

1) 标尺寸。

a. 点击"注释"选项卡→"尺寸标注"面板→"对齐"按钮,在"属性"选项卡,单击"编辑类型",在"类型属性"对话框,"复制"创建一个命名为"对角线-2.5mm"的尺寸类型,调整"记号"为"实心箭头 15 度";"文字大小"为"2.5mm"。

b. 标注所有线性尺寸,并调整尺寸界线的长度和尺寸数字至合适位置。

2) 标文字。

a. 点击"注释"选项卡→"文字"面板→"文字"按钮,在"属性"选项卡,单击"编辑类型",在"类型属性"对话框,"复制"创建一个命名为"文字 仿宋 _ 2.5mm"的文字类型,调整"文字大小"为"2.5mm"。

b. 在视图中标注文字。

注意:在标注视图比例"1∶150"时,选择"文字 仿宋 _ 3.5mm";标注坡度"1∶

1"时要用到"旋转"命令，使其旋转 45°。

3）标注标高。

a. 点击"注释"选项卡→"尺寸标注"面板→"高程点"按钮，在"属性"选项卡，单击"编辑类型"，在"类型属性"对话框，调整"文字大小"为"2.5mm"。

b. 在适当位置标注标高。

4）标注剖面符号。

a. 点击"注释"→"详图"→"区域"→"填充区域"，在"绘制"面板中选择"线"工具绘制填充区域边界。

b. 在"属性"选项卡，"填充区域"中选择"混凝土_钢砼"，单击"编辑类型"，在"类型属性"对话框，调整"颜色"为"青色"，对"进口段铺盖""闸底板""扭面护坦"进行填充；"填充区域"中选择"砌体_毛石"，单击"编辑类型"，在"类型属性"对话框，调整"颜色"为"青色"，对"海漫"进行填充。

5）标注符号。

a. 点击"注释"→"详图"→"详图线"，激活"修改│放置 详图线"选项卡。

b. 在"修改│放置 详图线"选项卡，在"线样式"面板里选择"细线"，用"绘制"面板里的"线"工具，绘制示坡线、水面线、折断符号和海漫后面的土渠部分。

选择"视图"→"图纸组合"→"视口"→"取消激活视口"，标注完成后的纵向剖视图如图 7.2.38 所示。

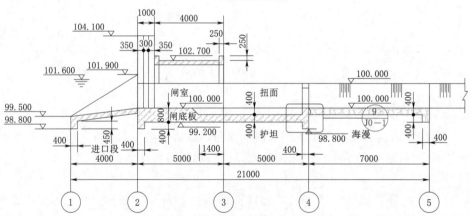

图 7.2.38　标注水闸纵向剖视图

（2）标注上、下游立面图。标注方法同标注纵向剖视图。注意标注拱圈半径时，点击"注释"→"尺寸标注"下拉选项，点击"半径尺寸标注类型"，在"类型属性"对话框调整"记号"为"实心箭头 20 度"；"文字大小"为"2.5mm"；取消"中心标记"后面的对勾。

（3）标注平面图。标注方法同标注纵向剖视图。注意标注平面高程时，配合使用"详图线"和"文字"命令。

（4）标注剖面图 1 至剖面图 4 及消力坎详图。标注方法同纵向剖视图。标注完成后的涵洞式过水闸工程图如图 7.2.39 所示。

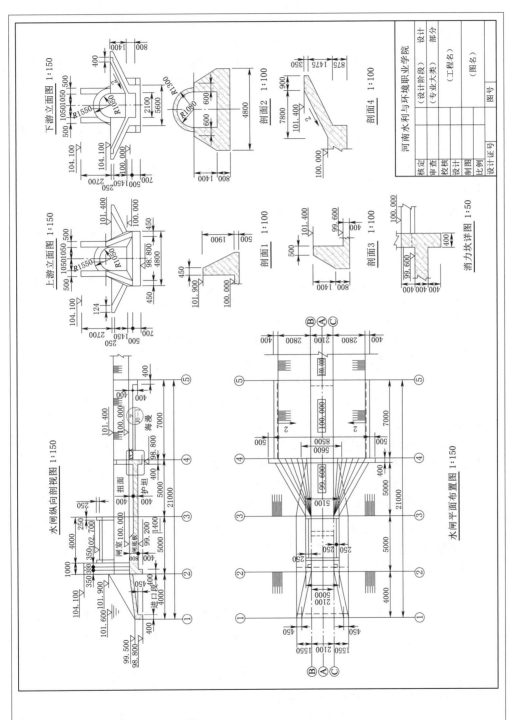

图 7.2.39 标注完涵洞式过水闸工程图

巩 固 练 习

1. 单选题

（1）下列选项关于工程图纸及其分类的说法不正确的是（　　）。

A. 三视图指的是正视图、侧视图及俯视图

B. 按照三视图的原理，建筑工程图纸可分为建筑平面图、立面图和透视图

C. 建筑工程图纸是用于表示建筑物的内部布置情况、外部形状，以及装修、构造、施工要求等内容的有关图纸

D. 常见的工程图纸图例有标题栏和会签栏、比例尺、定位轴线和编号、尺寸标注、标高、索引符号和详图符号以及指南针

（2）在项目中，尺寸标标注属于哪种类别的图元？（　　）

A. 注释图元　　　　B. 模型图元　　　　C. 参数图元　　　　D. 视图图元

（3）可以对哪种填充图案上的填充图案线进行尺寸标注？（　　）

A. 模型填充图案　　　　　　　　B. 绘图填充图案

C. 以上两种都可　　　　　　　　D. 以上两种都不可

（4）挡水建筑物平面布置图上的水流方向应该是（　　）。

A. 从左到右或从下而上　　　　　B. 从右到左或自下而上

C. 自上而下或从左到右　　　　　D. 任意方向

（5）绘制详图构件时，按（　　）键可以旋转构件方向以放置。

A. Tab　　　　　B. Shift　　　　　C. Space　　　　　D. Alt

2. 多选题

（1）下面关于详图编号的说法中错误的是（　　）。

A. 只有视图比例小于 1∶50 的视图才会有详图编号

B. 只有详图索引生成的视图才有详图编号

C. 平面视图也有详图编号

D. 剖面视图没有详图编号

（2）下列哪些视图可以添加详图索引？（　　）

A. 楼层平面视图　　B. 剖面视图　　　C. 详图视图　　　　D. 三维视图

（3）Revit 中常见的视图包括（　　）。

A. 三维视图　　　　B. 立面视图　　　C. 剖面视图　　　　D. 详图视图

（4）通过高程点族的"类型属性"对话框可以设置多种高程点符号族类型，对引线参数设置包括的命令有（　　）。

A. 颜色　　　　　B. 符号　　　　　C. 引线线宽　　　　D. 引线箭头

（5）向视图中添加所需的图元符号的方法为（　　）。

A. 可以将模型族类型和注释族类型从项目浏览器中拖曳到图例视图中

B. 可以通过从设计栏的"绘图"选项卡中单击"图例构件"命令，来添加模型族符号

C. 可以通过从设计栏的"绘图"选项卡中单击"符号"命令，添加注释符号

D. 可以通过从设计栏的"绘图"选项卡中单击"填充"命令，添加注释符号

3. 判断题

（1）根据投影方向，水闸平面布置图应该是俯视图。　　　　　　　　（　　）

（2）Revit 创建的工程图导出 DWG 格式图纸后只能得到图纸空间里的图。（　　）

（3）在施工图中，有时会因为比例问题而无法表达清楚某一局部，为方便施工需另画详图。一般用索引符号注明画出详图的位置、详图的编号以及详图所在的图纸编号。

　　　　　　　　　　　　　　　　　　　　　　　　　　　　　　（　　）

（4）详图是将建筑物的部分结构用大于原图所采用的比例画出的图形。　（　　）

（5）图形比例可以自定义输入任意比例值。　　　　　　　　　　　　（　　）

4. 实操题

根据图 7.2.1 某水闸三维模型，继续完成水闸工程图，视图数量自定。

任务 7.3　创 建 明 细 表

明细表是指可以在图形中插入、用以列出建筑模型中的选定对象相关信息的表。修改项目时，所有明细表都会自动更新。

在"视图"选项卡中，选择"创建"面板中的"明细表"下拉列表，如图 7.3.1 所示，可以看出"明细表"功能可以创建六种明细表。

本任务只讲"明细表/数量"和"材质提取"两种。

7.3.1　创建"明细表/数量"

"明细表/数量"用于创建建筑构件明细表或关键字明细表。

在"视图"选项卡→"明细表"下拉选项中选择"明细表/数量"，弹出"新建明细表"对话框，如图 7.3.2 所示。

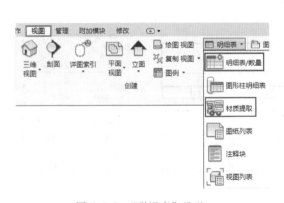

图 7.3.1　"明细表"选项

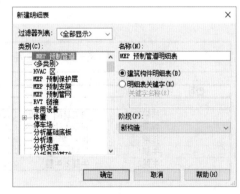

图 7.3.2　"新建明细表"对话框

在"类别"中选择构件类型，比如"常规模型"，在"名称"中输入明细表的名称，单击"确定"，弹出"明细表属性"对话框，如图 7.3.3 所示。

图7.3.3 "明细表属性"对话框

7.3.1.1 设置"明细表属性"

（1）选择"字段"。在"字段"选项卡→"可用的字段"，选择创建明细表所需的字段，也就是明细表的内容，比如：型号、族、族与类型、体积、合计。选择的字段通过"添加参数" 导入到"明细表字段（按顺序排列）"。选择不需要的字段，可以通过"移除参数" 退回到"可用的字段"。

（2）"过滤条件"。在"过滤器"选项卡→"过滤条件"，设置过滤条件。

（3）"排序/成组"。选择"排序/成组"，通过设置排序条件、页眉、页脚，总计形式和列举实例的内容创建明细表外观形式。

（4）设置"格式"。选择"格式"，设置每个字段的排版样式。

（5）设置表格"外观"。选择"外观"，设置明细表表格线的形式及表内标题和正文字体大小。

（6）单击"确定"，在"项目浏览器"→"明细表/数量"下产生一个明细表，名称就是在"新建明细表"时创建的名称，同时在绘图区创建一个明细表，如图7.3.4所示。

7.3.1.2 编辑明细表

上述设置明细表属性的过程，实质上就是创建明细表的过程。创建好一个明细表，在"属性"选项卡，列出了设置的明细表属性，如图7.3.5所示。

\<常规模型明细表\>				
A	**B**	**C**	**D**	**E**
型号	族	族与类型	体积	合计
	排架基础	排架基础:排架基	3.42 m³	1
	排架大放脚	排架大放脚:排架	1.26 m³	1
	排架	排架:排架	2.17 m³	1
	牛腿1	牛腿1:牛腿	0.02 m³	1
	牛腿2	牛腿2:牛腿	0.02 m³	1

图7.3.4 常规模型明细表

图7.3.5 明细表"属性"

点击"属性"→"其他"中任何一个属性后的"编辑"，都能打开"明细表属性"对话框，按照设置"明细表属性"的方法，对明细表属性进行编辑。在"属性"选项卡也可以更改明细表名称。

7.3.2 创建材料明细表

材料明细表是用"材质提取"创建的。

在"视图"选项卡→"明细表"下拉选项中选择"材质提取",弹出"新建材质提取"对话框。

"新建材质提取"对话框相比"新建明细表"对话框内容变化不大。在"类别"中选择需要提取的材质,比如"结构钢筋",在"名称"中输入明细表的名称,单击"确定",弹出"材质提取属性"对话框。

"材质提取属性"对话框与"明细表属性"对话框内容一致。

设置材质明细表的"字段""过滤条件""排序/成组""格式""外观"等属性同设置"明细表属性"。编辑明细表也是如此,这里不再讲解。

7.3.3 导出明细表

(1)选择"文件"→"导出"→"报告"→"明细表",如图 7.3.6 所示。

图 7.3.6 导出明细表

(2)在"导出明细表"对话框,指定保存路径,命名文件名,如"常规模型材质提取",默认文件类型为".txt"格式,单击"保存"按钮,如图 7.3.7 所示。

(3)在"导出明细表"对话框,如图 7.3.8 所示,默认设置即可,单击"确定"按钮,"常规模型材质提取"明细表导出完成。

图 7.3.7 "导出明细表"对话框

图 7.3.8 "导出明细表"对话框

知 识 拓 展

创建水工模型构件明细表的一般步骤

如图 7.3.9 所示渡槽模型,创建渡槽构件明细表。

(1) 在"视图"选项卡中,选择"创建"面板中的"明细表"下拉列表框中的"明细表/数量"工具,弹出"新建明细表"对话框。

(2) 在"新建明细表"对话框,从"类别"列表中选择"常规模型",在"名称"中填写"渡槽构件明细表",单击"确定"按钮。

(3) 在"明细表属性"对话框中,选择创建明细表所需的字段;按"过滤条件"设置进行过滤;按"排序/成组"设置明细表排序方法;按个人喜好设置字段"格式";按要求设置表格和文本"外观"等属性,单击"确定"按钮,创建构件明细表。

(4) 对不符合要求的明细表外观和内容,在属性选项卡里进行重新调整。

(5) 导出明细表。

按上述步骤创建"渡槽构件明细表",如图 7.3.10 所示。

<渡槽构件明细表>				
A	B	C	D	E
族	类型	族与类型	体积	合计
支座	支座	支座: 支座	0.73	1
U型槽	U型槽	U型槽: U型槽	4.95	1
加筋	加筋	加筋: 加筋	0.13	1
边拉杆	边拉杆	边拉杆: 边拉杆	0.11	1
中间杆	中间杆	中间杆: 中间杆	0.06	1
中间杆1	中间杆	中间杆1: 中间杆	0.06	1
边拉杆1	边拉杆	边拉杆1: 边拉杆	0.11	1
中间杆2	中间杆	中间杆2: 中间杆	0.06	1
中间杆3	中间杆	中间杆3: 中间杆	0.06	1
支座1	支座	支座1: 支座	0.73	1
加筋1	加筋	加筋1: 加筋	0.13	1
总计: 11				

图 7.3.9　渡槽模型　　　　　　　　　　　图 7.3.10　渡槽构件明细表

技 能 训 练

创 建 钢 筋 明 细 表

钢筋明细表是用列表的方式表示钢筋的型式、直径、长度、重量等信息,以图 5.3.1 所示梁为例,提取钢筋明细表。

1. 制作钢筋形状图像

创建完成梁钢筋后,点击"结构"选项卡→"钢筋"面板→"钢筋"按钮,在工具条中点击"启动/关闭钢筋形状浏览器"按钮 □,如图 7.3.11 所示,截图保存钢筋形状的图像,保存 01、02、05、18、33 共 5 张图片,分别命名为 01.png、02.png、05.png、18.png、33.png。

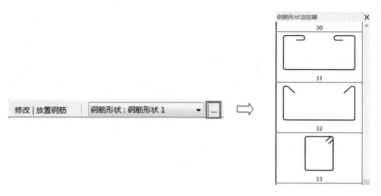

图 7.3.11 打开"钢筋形状浏览器"

2. 给钢筋形状族设置形状图像

（1）在"项目浏览器"→"族"→"结构钢筋"→"钢筋形状"中，如图 7.3.12 所示，选择 01，单击右键，在弹出的菜单中选择"编辑"，打开钢筋形状 01 族文件。

（2）在"创建"选项卡下，单击"族类型"按钮，打开"钢筋形状参数"对话框，如图 7.3.13 所示，单击"形状图像"→"值"最右侧按钮，打开"管理图像"对话框，如图 7.3.14 所示，单击"添加"，导入 01.png 并选择，单击"确定"，可以看到"钢筋形状参数"对话框中的"形状图像"值已修改为 01，单击"确定"，完成对形状图像的设置。

图 7.3.12 打开"钢筋形状"　　　　图 7.3.13 "钢筋形状参数"对话框

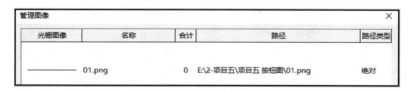

图 7.3.14 "管理图像"对话框

（3）单击"族编辑器"→"载入到项目并关闭"，在弹出的"保存文件"提示框，根据个人情况选择"是"或"否"；在弹出的"族已存在"提示框，选择"覆盖现有版本及其参数值"。

（4）继续采用此方法，给钢筋形状 02、05、18、33 族设置相应的形状图像。

3. 提取明细表

在"视图"选项卡→"明细表"下拉选项中选择"明细表/数量"，弹出"新建明细表"对话框，在"类别"中选择"结构钢筋"，单击"确定"，弹出"明细表属性"对话框。

（1）在"字段"选项卡→"可用的字段"，选择各项参数：钢筋编号、形状图像、类型、钢筋长度、数量、总钢筋长度、钢筋体积，如图 7.3.15 所示。

单击 f_x，添加"钢筋重量"计算参数，如图 7.3.16 所示。（钢筋密度为 7850kg/m^3）

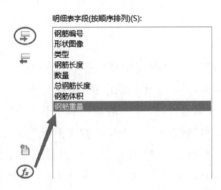

图 7.3.15　明细表字段

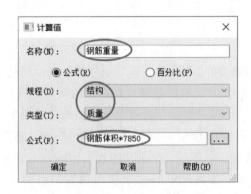

图 7.3.16　添加计算参数

（2）在"排序/成组"选项卡，设置排序方式：钢筋编号、升序，总计：仅总数。

（3）在"格式"选项卡→"字段"区域，选择"钢筋重量"，将默认的"无计算"修改为"计算总数"，用于统计钢筋重量之和。

单击"确定"，生成钢筋明细表，如图 7.3.17 所示，明细表里的钢筋形状图像没有显示图片，但把明细表放入图纸后，可以正确显示钢筋形状图像，如图 7.3.18 所示。

<钢筋明细表>

A	B	C	D	E	F	G	H
钢筋编号	形状图像	类型	单根钢筋长度	数量	总钢筋长度	钢筋体积	钢筋重量
1	33.png	8 HPB300	1680 mm	22	36960 mm	1857.81 cm³	14.58 kg
1	33.png	8 HPB300	1680 mm	9	15120 mm	760.01 cm³	5.97 kg
1	33.png	8 HPB300	1680 mm	9	15120 mm	760.01 cm³	5.97 kg
2	05.png	12 HRB400	6230 mm	2	12460 mm	1409.19 cm³	11.06 kg
3	01.png	18 HRB400	5930 mm	2	11860 mm	3018.00 cm³	23.69 kg
4	01.png	12 HRB400	5930 mm	2	11860 mm	1341.33 cm³	10.53 kg
4	01.png	12 HRB400	5930 mm	2	11860 mm	1341.33 cm³	10.53 kg
5	18.png	18 HRB400	6780 mm	2	13560 mm	3450.60 cm³	27.09 kg
6	02.png	8 HPB300	360 mm	11	3960 mm	199.05 cm³	1.56 kg
6	02.png	8 HPB300	360 mm	11	3960 mm	199.05 cm³	1.56 kg
6	02.png	8 HPB300	360 mm	5	1800 mm	90.48 cm³	0.71 kg
6	02.png	8 HPB300	360 mm	4	1440 mm	72.38 cm³	0.57 kg
6	02.png	8 HPB300	360 mm	4	1440 mm	72.38 cm³	0.57 kg
6	02.png	8 HPB300	360 mm	5	1800 mm	90.48 cm³	0.71 kg
							115.10 kg

图 7.3.17　钢筋明细表

钢筋明细表							
钢筋编号	形状图像	类型	单根钢筋长度	数量	总钢筋长度	钢筋体积	钢筋重量
1		8 HPB300	1680 mm	22	36960 mm	1857.81 cm³	14.58 kg
1		8 HPB300	1680 mm	9	15120 mm	760.01 cm³	5.97 kg
1		8 HPB300	1680 mm	9	15120 mm	760.01 cm³	5.97 kg
2		12 HRB400	6230 mm	2	12460 mm	1409.19 cm³	11.06 kg
3		18 HRB400	5930 mm	2	11860 mm	3018.00 cm³	23.69 kg
4		12 HRB400	5930 mm	2	11860 mm	1341.33 cm³	10.53 kg
4		12 HRB400	5930 mm	2	11860 mm	1341.33 cm³	10.53 kg
5		18 HRB400	6780 mm	2	13560 mm	3450.60 cm³	27.09 kg
6		8 HPB300	360 mm	11	3960 mm	199.05 cm³	1.56 kg
6		8 HPB300	360 mm	11	3960 mm	199.05 cm³	1.56 kg
6		8 HPB300	360 mm	5	1800 mm	90.48 cm³	0.71 kg
6		8 HPB300	360 mm	4	1440 mm	72.38 cm³	0.57 kg
6		8 HPB300	360 mm	4	1440 mm	72.38 cm³	0.57 kg
6		8 HPB300	360 mm	5	1800 mm	90.48 cm³	0.71 kg

115.10 kg

图 7.3.18　图纸中的钢筋明细表

巩 固 练 习

1. 单选题

（1）将明细表添加到图纸中的正确方法是（　　）。

A. 图纸视图下，在设计栏"基本－明细表/数量"中创建明细表后单击放置

B. 图纸视图下，在设计栏"视图－明细表/数量"中创建明细表后单击放置

C. 图纸视图下，在"视图"下拉菜单中"新建－明细表/数量"创建明细表后单击放置

D. 图纸视图下，从项目浏览器中将明细表拖曳到图纸中，单击放置

（2）钢筋明细表可以统计钢筋形状图像、类型、数量和（　　）等参数。

A. 总钢筋长度　　　B. 钢筋重量　　　　C. 单根钢筋长度　　D. 以上都是

（3）在 Revit 中关于明细表的说法错误的是（　　）。

A. 修改项目模型时，所有明细表都会自动更新

B. 修改项目中建筑构件的属性时，相关的明细表会自动更新

C. 在明细表视图中，可隐藏或显示任意项

D. 在明细表中不可以编辑单元格

（4）Revit 明细表中的数值具有的格式选项为（　　）。

A. 可以将货币指定给数值

B. 可以消除零和空格

C. 较大的数字可以包含逗号作为分隔符

D. 以上说法都对

（5）明细表可以导出成（　　）格式文件。

A. doc B. dwg C. excel D. txt

2. 多选题

（1）关于明细表，以下说法错误的是（　　）。

A. 同一明细表可以添加到同一项目的多个图纸中

B. 同一明细表经复制后才可添加到同一项目的多个图纸中

C. 同一明细表经重命名后才可添加到同一项目的多个图纸中

D. 明细表可以用于统计任何参数

（2）在材质提取明细表中，材质提取属性对话框包括字段、（　　）选项卡。

A. 过滤器 B. 排序/成组 C. 格式 D. 外观

（3）下列中属于水利专业常用的明细表是（　　）。

A. 构件明细表 B. 门窗表 C. 钢筋明细表 D. 材料明细表

（4）以下哪类属于 BIM 的视图类别？（　　）

A. 楼层平面 B. 天花板平面 C. 明细表 D. 隐藏线

（5）以下关于图纸的说法正确的是（　　）。

A. 用"视图-图纸"命令，选择需要的标题栏，即可生成图纸视图

B. 可将平面、剖面、立面、三维视图和明细表等模型视图布置到图纸中

C. 三维视图不可以和其他视图放在同一图纸中

D. 图纸视图可以直接打印出图

3. 判断题

（1）利用明细表统计功能，不仅可以统计项目中各图元对象的数量、材质、视图列表等信息，还可以通过设置"计算值"功能在明细表中进行数值运算。（　　）

（2）项目浏览器用于显示当前项目中所有视图、明细表、图纸、族、组和其他部分的逻辑层次。（　　）

（3）明细表是将项目中的图元属性，以表格的形式展现出来。（　　）

（4）可以在设计中的任何过程创建明细表，明细表将自动更新以反映项目的修改。

（　　）

（5）明细表不仅能够统计构件的数量、面积、体积等，还可以通过明细表对工程中构件进行修改。（　　）

4. 实操题

（1）根据图 5.2.1 的渡槽图纸，创建出渡槽三维模型。

（2）提取渡槽模型的材质明细表和钢筋明细表。

任务 7.4 图 纸 打 印

7.4.1 设置打印样式

打印样式包括线宽设置和控制视图显示。控制视图显示主要有"对象样式""可见性/图形替换""过滤器"三种方式。注意，"对象样式"设置对项目中的所有视图有效，"可

见性/图形替换"和"过滤器"的设置仅对当前视图有效。三者优先等级："对象样式"
＜"可见性/图形替换"＜"过滤器"。

7.4.1.1 线宽设置

点击"管理"选项卡→"设置"面板→
"其他设置"按钮，弹出下拉菜单，如图
7.4.1 所示。点击"线宽"按钮，弹出
"线宽"对话框，如图 7.4.2 所示。

Revit 的线宽设置，包括"模型线宽"
"透视视图线宽"和"注释线宽"三种
类型。

"模型线宽"共 16 种，默认是一个二
维矩阵列表，由横向的比例类型和纵向的
16 种线宽类型组成，控制除透视视图模

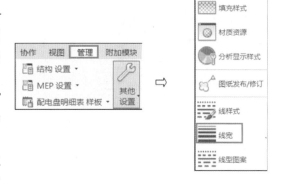

图 7.4.1 设置线宽

型以外的模型线宽。模型线宽不是固定值，随着比例发生变化。如"类型 10"的线宽，
其在比例 1∶10～1∶500 的线宽设置值分别为 5mm、4mm、4mm、2.8mm、2mm 和
1.4mm，图例中线宽值随着图形的缩小而不断变小。

"透视视图线宽"有 16 种线宽，控制透视模型的线型宽度。

"注释线宽"有 16 种线宽，控制剖面图案和尺寸标注等注释符号的线型宽度。

用 Revit 进行图纸打印，最终的图面结果因为比例的不同而显示出差异。这种不同于
CAD 的设置方法正是为了适应 Revit 新的模型管理输出思维。例如在 Revit 中建立一个水
闸模型，它可能出现在 1∶20 的图纸输出中，也可能出现在 1∶500 的图纸输出中，很难
找到一个合适的线宽数值满足所有比例图纸的输出。

7.4.1.2 控制视图显示

1. 对象样式

CAD 绘图需要规定图层的颜色和线型，通过设置图层打印样式对不同类型的图元设
置打印线宽、颜色及线型。而 Revit 出图则需要依靠软件自身对构件的分类来设置构件的
线宽和线型。

点击"管理"选项卡→"设置"面板→"对象样式"按钮 ⊞，打开"对象样式"对
话框，如图 7.4.3 所示。在"对象样式"对话框，可以对"模型对象""注释对象""分析
模型对象"和"导入对象"的线宽、线颜色、线型图案及材质进行参数设置。

例如钢筋这类构件，在水利模型中较为常用，我们可以将其样式设置成图 7.4.3 的
样式。

注意：线宽包括投影和截面两类数据，分别代表钢筋在投影时的线宽为第 1 种类型线
宽，剖切时的线宽为第 2 种类型线宽，结合图 7.4.2 的模型线宽列表，可以知道钢筋在不
同比例的视图中，实际打印线宽是多少。

2. 可见性/图形替换

打开"可见性/图形替换"对话框，使用"可见性/图形替换"功能，能够对每个视图
单独修改各类图元的显示，如图 7.4.4 所示。

图 7.4.2　"线宽"对话框

图 7.4.3　"对象样式"对话框

"可见性/图形替换"对话框中共包含五个选项版，分别是"模型类别""注释类别""分析模型类别""导入类别"和"过滤器"。

（1）"模型类别"控制模型构件的可见性，线的属性（线宽、线颜色、线图案样式），填充图案属性（颜色、填充图案样式），模型透明度，模型是否半色调以及模型显示的详细程度等。

（2）"注释类别"控制模型中附加的各项注释标记的可见性，线的属性，是否半色调。

（3）"分析模型类别"控制模型结构分析的可见性，线的属性，填充图案属性，模型透明度，模型是否半色调以及模型显示的详细程度等。

（4）"导入类别"控制导入到项目中图纸的可见性，线的属性，填充图案属性，模型是否半色调等。

（5）"过滤器"控制模型某一类构件的可见性，线的属性，填充图案属性，模型是否半色调等。

3. 过滤器

打开"可见性/图形替换"对话框，点击"过滤器"选项卡→"编辑/新建（E）"按钮，如图 7.4.5 所示，新建过滤器。

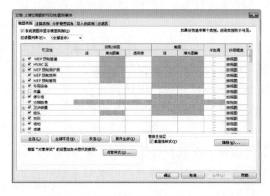

图 7.4.4　"可见性/图形替换"对话框

图 7.4.5　"过滤器"选项卡

在弹出的"过滤器"对话框中，勾选类别，根据系统类型进行过滤，如图 7.4.6 所示。如果菜单栏中没有合适的过滤器，可以点击左下方"新建"按钮，自定义规则新建过滤器。

注意：过滤器中的各条定义若存在包含关系，则通过点击"向上""向下"按钮，将定义范围较小的排在上方。如图 7.4.7 所示，"混凝土柱"包含了"混凝土柱 30mm×30mm"，将"混凝土柱 30mm×30mm"排在上方，才可使其设置的参数生效。

图 7.4.6 "过滤器"对话框

图 7.4.7 "过滤器"设置

7.4.2 图纸打印

Revit 打印过程和打印输出生成 PDF 文件的过程一致。下面以输出 PDF 文件为例讲解 Revit 的图纸打印。

7.4.2.1 打印设置

（1）单击"文件"→"打印"选项，分别有"打印""打印预览"和"打印设置"，如图 7.4.8 所示。

（2）打印设置。在打印选项下选择"打印设置"，打开"打印设置"对话框，如图 7.4.9 所示。

1）"名称（N）"：选择一种打印机的类型，有"默认"和"〈在任务中〉"。

2）在"打印设置"对话框设置纸张大小、打印方向、页面位置、缩放形式和打印内容选项。

3）"隐藏线视图"处理：可以选择矢量处理或者光栅处理，系统的默认设置为矢量处理。矢量处理生成的打印文件通常比光栅处理小得多，并且矢量处理的速度比光栅处理快。但是当矢量处理由于视图的复杂性而无法正确处理视图时，使用光栅处理来改进图形的显示。

7.4.2.2 打印预览

对设置好的打印样式进行预览，如预

图 7.4.8 打印

览效果符合要求，就可以进行打印。

7.4.2.3 打印图纸

（1）打印设置完毕，预览符合要求，选择"打印"选项，进入"打印"对话框，如图7.4.10所示。

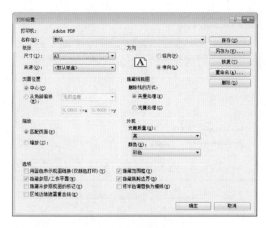

图7.4.9 "打印设置"对话框

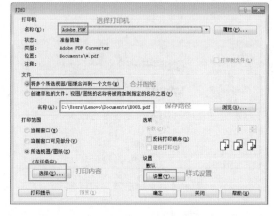

图7.4.10 "打印"对话框

（2）"名称（N）"：为默认打印机类型。在"打印设置"对话框中如果打印机的类型选择"〈在任务中〉"，在此可以选择 PDF 打印机，输出 PDF 格式文档。

（3）如果在"名称（N）"中选择 PDF 打印机，在"文件"选项中激活"将多个所选视图/图纸合并到一个文件（M）"和"创建单独的文件。视图/图纸的名称将被附加到指定的名称之后（F）"两个选项。如果打印多张图纸，选择合并图纸文件。设置文件保存路径。

（4）"打印范围"包括"当前窗口""当前窗口可见部分"和"所选视图/图纸"三个选项。选择"当前窗口""当前窗口可见部分"将关联"将多个所选视图/图纸合并到一个文件（M）"，可以对打印样式进行预览。选择"所选视图/图纸"将关联"创建单独的文件。视图/图纸的名称将被附加到指定的名称之后"，并选择打印内容。

（5）点击"设置"按钮，弹出"打印设置"对话框，可重新设置打印样式。

（6）调整完打印样式，点击"确定"按钮，就可进行图纸打印或输出 PDF 文件。

7.4.3 导出 DWG/DXF 格式及导出 IFC 格式文件

7.4.3.1 DWG/DXF 导出设置

（1）选择"文件"选项卡→"导出"→"选项"→"导出设置 DWG/DXF"，如图7.4.11所示。

（2）弹出"修改 DWG/DXF 导出设置"对话框，如图 7.4.12 所示。Revit 没有图层的概念，而 CAD 图纸中图元有自己对应的图层。该对话框可以分别对 Revit 模型导出为CAD 时的图层、线型、填充图案、文字和字体等进行设置。

（3）在"层"选项卡列表中指定各类别的投影和截面属性，确定导出 DWG/DXF 文件时对应的图层名称及线型颜色 ID。进行图层配置有两种方法：一是根据要求逐个修改图层的名称、线型颜色等；二是通过加载图层映射标准进行批量修改。

（4）在"根据标准加载图层"下拉列表框中，Revit 提供了 4 种国际图层映射标准，以及从外部加载图层映射标准文件的方式。在实际应用中根据专业不同选择相应的标准。

（5）选择图层映射标准后，根据项目需要还可以继续在"修改 DWG/DXF 导出设置"对话框对导出的线型、颜色、字体等进行映射配置。设置完成后单击"确定"按钮，关闭对话框。

7.4.3.2 导出 DWG/DXF 格式文件

（1）选择"文件"→"导出"→"CAD 格式"→"DWG"，如图 7.4.13 所示。

注意：Revit 除了可以导出 CAD 格式的文件外，还可以导出 DWF/DWFx 格式的文件。

（2）弹出"DWG 导出"对话框，如图 7.4.14 所示。在左侧可以预览图

图 7.4.11　导出 DWG/DXF 设置

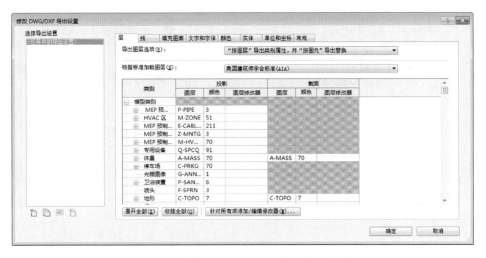

图 7.4.12　修改 DWG/DXF 导出设置对话框

纸内容，在对话框右侧"导出"的下拉列表框中选择"〈任务中的视图/图纸集〉"，在"按列表显示"中选择"集中的所有视图和图纸"，即显示当前项目中的所有图纸，在列表中勾选要导出的图纸即可。

（3）单击"DWG 导出"对话框中的"下一步"按钮，弹出"导出 CAD 格式-保存到目标根据夹"对话框，找到保存路径，填写"文件名/前缀"和"文件类型"（CAD 版

图 7.4.13　导出 CAD 格式

本号）。

（4）单击"确定"，完成 CAD 图纸的导出。

导出 DXF 格式文件与 DWG 格式文件的过程完全一样，只不过是导出的 DWG 格式文件是 CAD 图纸，导出 DXF 格式文件是用于 AutoCAD 与其他软件之间进行 CAD 数据交换的 CAD 数据文件。DXF 格式文件可以在其他软件中打开，比如 Lumion 软件。Revit 创建的模型导入到 Lumion 软件中进行渲染就是利用导出 DXF 格式文件实现的。

7.4.3.3　导出 IFC 格式文件

Revit 除导出 DWG 格式图纸以外，IFC 格式也是其导出的主要文件类型。IFC（Industry Foundation Classes）是国际通用的 BIM 标准文件格式，能够使不同专业或同一专业不同软件实现统一数据源的共享，从而实现建筑全生命周期各阶段的数据交换与共享。

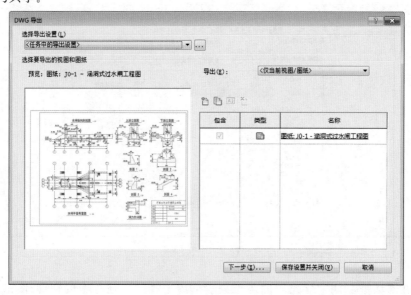

图 7.4.14　DWG 导出

选择"文件"→"导出"→"IFC"，如图 7.4.15 所示，打开"Export IFC"对话框。"Export IFC"对话框为英文，如图 7.4.16 所示，确定文件名称和输出内容，点击"Export"按钮。

图 7.4.15　IFC 导出　　　　　　　图 7.4.16　"Export IFC"对话框

注意：导出的 IFC 格式或其他格式文件可在其他软件中编辑或查看，但在编辑或查看时需明确与之前模型构件相比是否有缺失，其原因是软件之间的族可能不同，Revit 无法识别其他软件的构件类型。

Revit 同时也支持其他格式，导出的方式都是一样的。能够导出只能查看对于 BIM 来说不是首要的，能够明确构件信息才是 BIM 所需。将导出的格式文件命名或选择保存的位置即可。

知 识 拓 展

CAD 图 纸 打 印

用 AutoCAD 软件打开相关 CAD 图。

1. 添加绘图仪

在文件中，选择"打印"→"管理绘图仪"，如图 7.4.17 所示，或在功能区中选择"输出"选项卡→"打印"面板，单击"绘图仪器管理器"按钮，即可打开"绘图仪器管理"页面。在该页面中选择需要的绘图仪配置文件，或双击添加绘图仪向导 ，添加绘图仪或对绘图仪进行设置。

2. 设置打印样式

在文件中，选择"打印"→"管理打印样式"，如图 7.4.17 所示，即可打开"打印样式管理器"页面。在该页面中选择需要的打印样式表文件，或双击添加打印样式表向导 ，添加打印样式或设置新的打印样式表。

3. 页面设置

在文件中，选择"打印"→"页面设置"，如图 7.4.17 所示，或在功能区中选择"输出"选项卡→"打印"面板，单击"页面设置管理器"按钮，即可打开"页面设置管理器"对话框，如图 7.4.18 所示。

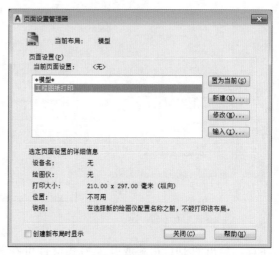

图 7.4.17　"打印"菜单栏　　　　图 7.4.18　"页面设置管理器"对话框

在此对话框中可以新建一个页面设置，也可以选择已创建好的页面设置进行修改。选择"修改"选项，即可打开"页面设置－模型"对话框，如图 7.4.19 所示。

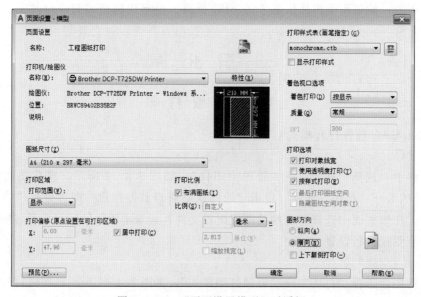

图 7.4.19　"页面设置模型"对话框

在该对话框内，按照要求配置"打印机/绘图仪""图纸尺寸""打印区域""打印比例""打印偏移""打印样式表""着色视口选项""打印选项"和"图形方向"。

图 7.4.19 是在"Brother DCP - T725DW Printer"打印机下配置"monochrome. ctb"打印样式、视口着色"按显示"着色、"A4"纸大小、按"显示""布满图纸""横向"打印的"工程图纸打印"页面设置。

4. CAD 图纸打印

在文件中,选择"打印"→"打印",如图 7.4.17 所示,或在功能区中选择"输出"选项卡→"打印"面板,单击"打印"按钮,即可打开"打印-模型"对话框。"打印-模型"对话框内容同"页面设置-模型"对话框内容。

技 能 训 练

打 印 水 闸 工 程 图

根据图 7.2.39 创建的水闸工程图,打印水闸工程图。

1. 在 Revit 软件环境中打印

选择"项目浏览器"→"图纸(全部)"→"J0 - 1 -涵洞式过水闸工程图"。

(1)设置打印样式。

1)线宽设置。采用软件默认线宽样式,不做调整。

2)对象样式。点击"管理"选项卡→"设置"面板→"对象样式"按钮,打开"对象样式"对话框。

a. 在"模型对象"选项卡中,"常规模型"线宽投影选择"1",线宽截面选择"4"。

b. "注释对象""分析模型对象"和"导入对象"参数按照默认样式。

3)可见性/图形替换。由于不同视图显示要求不同,建议在各视图中单独设置"可见性/图形替换"。

a. 平面视图中,打开"可见性/图形替换"对话框,在"注释类别"选项卡中设置"立面"不可见;"剖面""标高""轴网"等类别选择可见。

b. 立面视图中,打开"可见性/图形替换"对话框,在"注释类别"选项卡中设置"轴网""标高"不可见。

c. 剖视图中,打开"可见性/图形替换"对话框,在"注释类别"选项卡中设置"标高""剖面"不可见;"轴网"选择可见。

d. 详图视图中,打开"可见性/图形替换"对话框,在"注释类别"选项卡中设置"剖面""标高""轴网"不可见。

4)过滤器。Revit 过滤器工具,可以帮助快速选中指定类型的图纸内容。在此不做设置。

(2)打印水闸工程图。

1)在当前图纸状态下,选择"文件"→"打印",弹出"打印"对话框。

2)在"打印"对话框中,打印机名称选择"Adobe PDF",也可以是别的 PDF 虚拟打印机;在"设置"中设置图纸尺寸"A3"图纸,打印方向选择"横向";勾选"将多个所选视图/图纸合并到一个文件";打印范围选择"所选视图/图纸"。

3)单击"确定",完成水闸图纸的 PDF 虚拟打印。

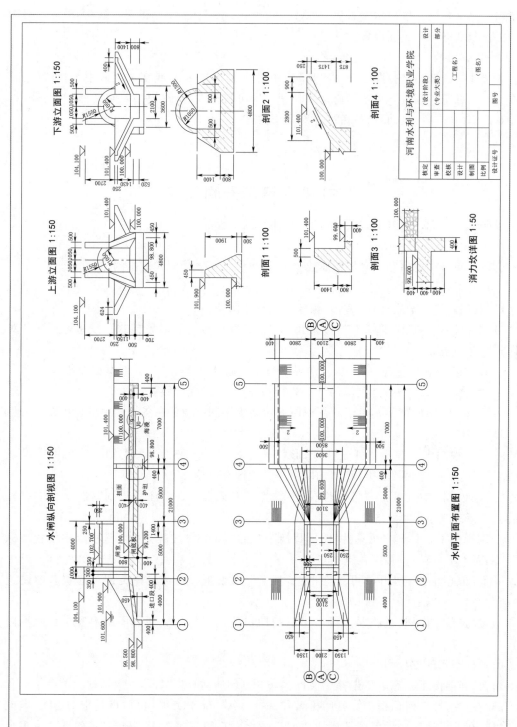

图 7.4.20　涵洞式过水闸工程图（图纸空间）

2. 在 AutoCAD 软件环境中打印

（1）导出水闸 CAD 图纸。

1）选择"项目浏览器"→"图纸（全部）"→"J0-1-未命名"，右键重命名为"J0-1-涵洞式过水闸工程图"。

2）在当前图纸状态下，选择"文件"→"导出"→"CAD 格式"→"DWG"，弹出"DWG 导出"对话框点击"下一步"。

3）进入"导出 CAD 格式－保存到目标文件夹"，选择路径；自动填写"文件名/前缀"为"涵洞式过水闸-图纸-J0-1-涵洞式过水闸工程图"；选择"文件类型"为"AutoCAD 2010 DWG 文件（＊.dwg）"；勾选"将图纸上的视图和链接作为外部参照导出"。

4）单击"确定"，导出水闸 CAD 图。

注意：随"涵洞式过水闸-图纸-J0-1-涵洞式过水闸工程图"（图纸空间）导出的还有涵洞式过水闸工程图内所有视图。

（2）在 AutoCAD 软件中打印水闸工程图。

1）用 AutoCAD 软件打开"涵洞式过水闸-图纸-J0-1-涵洞式过水闸工程图"，在 CAD 模型空间列出了涵洞式过水闸工程图内所有视图，同时在"布局1"里显示"涵洞式过水闸-图纸-J0-1-涵洞式过水闸工程图"。

2）"布局1"里显示的涵洞式过水闸工程图内所有视图都带有视口边线。在图层里关掉视口边线。

3）"涵洞式过水闸-图纸-J0-1-涵洞式过水闸工程图"（图纸空间）显示结果如图 7.4.20 所示。

4）在"布局1"（图纸空间），选择"文件"→"打印"→"打印"，或在功能区中选择"输出"选项卡→"打印"面板，单击"打印"按钮，打开"打印－模型"对话框。在此对话框设置打印参数，然后单击"确定"按钮。

打印水闸工程图也可以输出水闸 PDF 图纸文件。

巩 固 练 习

1. 单选题

（1）当前在 BIM 工具软件之间进行 BIM 数据交换可使用的标准数据格式是（   ）。

A. GDL   B. IFC   C. LBIM   D. GJJ

（2）Revit 的线宽设置，不包括（   ）。

A. 模型线宽   B. 透视视图线宽   C. 注释线宽   D. 导入的对象

（3）导入场地生成地形的 DWG 文件必须具有（   ）数据。

A. 颜色   B. 图层   C. 高程   D. 厚度

（4）下列有关文件和数据库多种形式数据交互常用格式无错误的是（   ）。

A．IFC CSV   B. DWG IFC   C. SAT PNG   D. EXE SAT

（5）以下有关视口编辑说法有误的是（   ）。

A. 选择视口，鼠标拖曳可以移动视图位置。

B. 选择视口，点选项栏，从"视图比例"参数的"值"下拉列表中选择需要的比例，或选"自定义"在下面的比例值框中输入需要的比例值可以修改视图比例。

C. 一张图纸多个视口时,每个视图采用的比例都是相同的。

D. 鼠标拖曳视图标题的标签线可以调整其位置。

2. 多选题

(1)"可见性/图形替换"对话框中共包含 ( ) 和"过滤器"。

A."模型类别"   B."注释类别"

C."分析模型类别"   D."导入类别"

(2)水利工程图纸主要包括 ( )。

A. 平面布置图   B. 纵向剖视图   C. 上下游立面图   D. 剖面图和详图

(3)Revit 导出 CAD 格式文件包括 ( )。

A. DWG   B. DXF   C. DGN   D. SAT

(4)在 AutoCAD "页面设置"对话框内,可以设置 ( )。

A."打印机/绘图仪"   B."图纸尺寸"

C."打印区域"   D."打印比例"

(5)Revit "打印"界面"打印范围"包括 ( )。

A."当前窗口"   B."当前窗口可见部分"

C."所选视图/图纸"   D. 视口

3. 判断题

(1)单击"注释对象"选项卡,可以编辑修订云线样式的线宽、线颜色和线型。

( )

(2)在线样式中不能设置线比例,可以设置线型、线宽和线颜色。   ( )

(3)过滤器中将定义范围较小的类别排在定义范围较大的类别下方也可以生效。

( )

(4)不同比例的视图其打印线宽应设置成一样的宽度。   ( )

(5)打印图纸出现半色调线条印刷成黑色,解决方法是在打印设置中取消选中"用细线替换半色调"。   ( )

4. 实操题

(1)对任务 7.2 中创建的水闸工程图纸输出 CAD 图纸,并在 AutoCAD 软件中打印。

(2)对任务 5.2 巩固练习实操题创建的渡槽模型创建工程图纸,并输出 PDF 格式文件。

项目8 创建场地模型和在场地上放置水利工程模型

【项目导入】

水利工程建筑物都是和水、土紧密结合的，创建水利工程建筑物模型不融入水、土，就没有"灵性"。现实中不但要考虑水，还要考虑建筑物下的土。项目5创建的几种常见水利工程模型是不接"地气"的，给人以悬空的感觉。把这些模型放置地面上，也就是融入场地，并给场地周围配置场地构件，这就增加了模型的真实性。这就是项目8的主要内容。

【项目描述】

本项目解决两个问题，一是场地建模，二是在地形表面上放置水利工程模型。场地建模首先是创建地形表面，既可以用放置点创建，也可以用导入点文件或等高线文件创建；其次是对地形表面编辑，拆分场地、创建子面域、创建地坪和平整场地；三是创建场地构件。在地形表面上放置水利工程模型主要是拆分场地，解决地形表面与模型的吻合问题。

【学习目标】

1. 知识目标

（1）掌握用放置点、导入点文件或等高线文件创建地形表面的方法。

（2）了解拆分表面、创建子面域等场地修改方法。

（3）掌握场地构件的载入和场地构件的放置。

2. 能力目标

（1）能够根据点文件或等高线文件创建地形表面。

（2）会对地形等高线标注高程。

（3）能够在创建的地形表面上进行拆分和创建子面域。

（4）能够在地形表面上放置水利工程模型。

3. 素质目标

（1）通过选择场地构件的类型以及将场地构件放置在地面上，培养学生的空间美感。

（2）通过综合运用地形测量、工程CAD的知识，培养学生驾驭多学科综合运用的能力。

（3）提高学生的专业素养，培养学生职业精神。

【思政元素】

（1）将水利工程建筑物放置在场地上后增加了模型的真实感，增强了学生专业兴趣，从而激发学生热爱专业、热爱祖国的大好河山。

（2）创建地形表面，丰富场地构件，增长了学生对建筑场地的见识，培养学生对水利工程建筑物的认知。

（3）场地建模需要测量知识，更需要CAD技术，协同建模增强了学生的综合素养。

任务8.1　创建场地模型

8.1.1　创建地形表面

8.1.1.1　场地设置

选择"体量和场地"选项卡，在"场地建模"面板，单击右下角的斜向箭头，打开"场地设置"对话框，如图8.1.1所示。

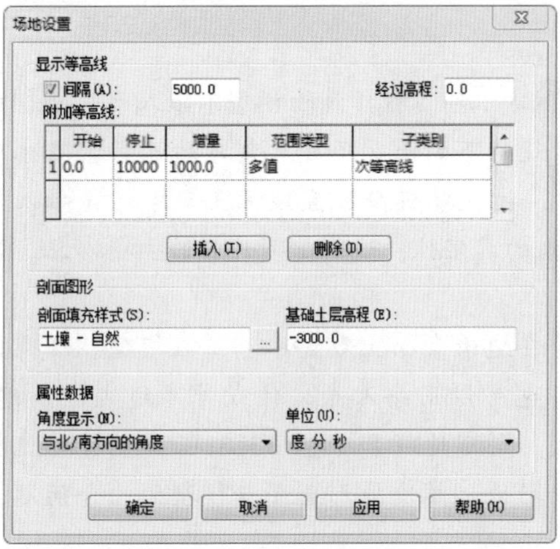

图 8.1.1　场地设置

在此，可以设置等高线的显示形式、设置地面的剖面图案和地形表面属性。

（1）显示等高线：设置主等高线和次等高线的间距。

1）间隔：设置主等高线的间隔距离。

2）经过高程：设置主等高线经过的高程，通常设置第一条主等高线的高程。

3）附加等高线：在主等高线中间附加次等高线或主等高线。在"范围类型"中选择单一值，只附加一条等高线；选择多值，按增量间距附加多条等高线。选择单一值时，只有"开始"可用，选择多值时，"开始""停止"同时可用。"开始"是附加等高线开始的高程，"停止"是指附加等高线结束的高程。

4）插入、删除：插入或删除附加等高线。

注意：在快速工具栏单击"细线"按钮或在"视图"选项卡→"图形"面板，单击"细线"按钮  ，可以显示主等高线为粗实线，次等高线为细实线。

（2）剖面图形。

1）剖面填充样式：单击后面的" ... "，打开"材质浏览器"可以选择地面剖面图案，默认为"土壤-自然"图案。

2）基础土层高程：基础土层的厚度，±0.000以下土层的深度。

（3）属性数据：设置地形表面角度显示和单位属性。

8.1.1.2　创建地形表面

选择"体量和场地"选项卡，在"场地建模"面板，单击"地形表面" 工具，激活"修改|编辑表面"选项卡。在"工具"面板可以通过"放置点""通过导入创建"创建地形表面，同时还可以对创建的地形表面进行"简化表面"操作。

（1）"放置点"：通过输入点的高程，将带有高程的点放置在地面上。

注意：放置三个高程相同的点时，就形成一条闭合等高线。高程为绝对高程，默认单位为 mm。

（2）"通过导入创建"：一是通过导入的 DWG、DXF、DGN 格式的三维等高线数据创建地形表面，二是通过其他软件生成的高程点数据创建地形表面。

（3）"简化表面"：减少地形表面点数，减少地形表面点数可以提高系统性能。

8.1.1.3　标记等高线

在"体量和场地"选项卡，选择"标记等高线"工具，激活"修改 | 标记等高线"选项卡，在此状态下可以对具有不同等高线的地形表面标注高程。

8.1.2　修改地形表面

8.1.2.1　创建地坪

建筑地坪是指建筑物底层与土层相接触的部分。无论是创建结构模型还是建筑模型，在创建楼板时都没创建一楼地坪层，因为地坪层是建立在基础土层上的，与下部土层有关，所以地坪层在场地建模中完成。

（1）根据 8.1.1 小节的内容创建一个地形表面。

（2）在地形表面状态下，选择"体量和场地"→"场地建模"→"建筑地坪"，激活"修改 | 创建建筑地坪边界"选项卡，在"绘制"面板，用"边界线"创建地坪边界线，用"坡度箭头"可以调整地坪的坡度。绘制完封闭的边界线后，单击"完成"按钮 ✓。

注意：创建建筑地坪必须先创建地形表面。创建地坪后，地形表面被分成室内地坪和室外地坪两部分。

（3）在楼层平面状态下，单击室内地坪，激活"修改 | 建筑地坪"选项卡，同时激活建筑地坪"属性"选项板，在此选项板可以对室内地坪进行属性修改和类型属性编辑。如创建消力池地坪，如图 8.1.2 所示。

（a）类型属性

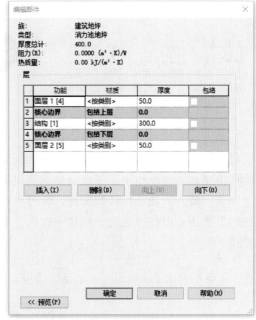

（b）编辑部件

图 8.1.2　消力池地坪

（4）在楼层平面状态下，单击室内地坪，在建筑地坪"属性"选项板中调整地坪的标高，可以改变建筑地坪的高程。

创建建筑地坪在建筑工程建模中有其独特的作用，在水利工程建模中主要用于基槽开挖。

8.1.2.2　修改场地

在楼层平面，选择"体量和场地"→"修改场地"，如图8.1.3所示。在此对建筑场地可以进行拆分表面、合并表面、创建子面域、创建建筑红线、平整区域等操作。

（1）拆分表面与合并表面：将地形表面拆分为两个不同的表面，以便独立地编辑每个表面。合并表面为拆分表面的逆操作。

（2）子面域：在地形表面上创建一个面域，它不能将地形表面拆分为两个单独的表面。但它可以为该面域添加属性，如材质。

（3）建筑红线：在平面视图中创建建筑红线。

（4）平整区域：平整地形表面区域、更改选定点处的高程，从而进一步制定场地设计。若要创建平整区域，先选择一个地形表面，该地形表面应该为当前阶段中的一个现有表面。

8.1.3　创建场地构件

与创建建筑构件类似，在室外地坪上创建场地构件首先要载入相应的族文件，如树木、停车场、路灯、游乐设施等，这些构件在环境族文件里。

Revit对环境渲染常用环境族，这些族文件大致分为：植物、人物、配景、汽车、场地设施等，这些族的制作是基于RPC渲染外观，然后在真实场景中予以呈现。

如在"配景"文件夹下的"RPC甲虫.rfa"。当用户将这个族放置在项目中，着色显示和真实显示如图8.1.4所示。

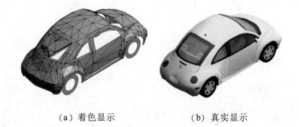

（a）着色显示　　　　　（b）真实显示

图8.1.3　修改场地　　　　图8.1.4　RPC族着色显示和真实显示

将环境族载入项目中，使用"体量和场地"→"场地建模"→"场地构件"，选择相应构件类型放置到场地中，完成场地景观渲染。

注意：载入的场地构件族文件，既可以在场地建模中使用，也可以在"建筑→构建→构件"里使用，但在"建筑→构建→构件"里载入的门、窗等专用族文件在场地建模中不能使用。

知　识　拓　展

RPC　构　件　族

从Revit 2009开始，Revit提供了可以使用RPC文件创建族的新功能。

RPC 族文件是基于 RPC 渲染外观创建的，它无需三维建模，只需在创建族文件时进行二维表达，即可利用第三方提供的渲染外观实现真实的渲染效果。多用于环境配景和植物。

1. 将 RPC 文件添加到 Revit 的渲染外观库

Revit 软件默认安装 114 个 RPC 渲染外观，均由 ArchVision 公司提供，可到官方网站下载更多的 RPC 渲染外观。

如果要把从网上下载的一些的 RPC 文件导入到 Revit 的渲染外观库，只需要将要添加的 RPC 文件拷贝到 Revit 安装目录下的文件夹（如 C：\ ProgramData \ Autodesk \ RVT 2022 \ Libraries \ China \ 建筑 \ 植物 \ RPC）即可将其导入 Revit 渲染外观库，然后就可以在项目中选择自己添加的 RPC 文件。

2. 创建 RPC 族文件

（1）新建→族，选择"公制 RPC 族 . rft""公制环境 . rft"或者"公制植物 . rft"族样板之一。

（2）在绘图区域中，绘制几何图形以代表二维和三维视图中的环境，或者导入包含该几何图形的 CAD 文件。

（3）选择"创建→属性→族类别和族参数 ⊞"，在族类别和族参数对话框中的"渲染外观源"中选择"第三方"，单击"确定"，如图 8.1.5 所示。

（4）选择"创建→属性→族类型 ⊞"，在"族类型"对话框中添加一个类型名称，如"杨树"，单击"确定"，如图 8.1.6 所示。

图 8.1.5　族类别和族参数　　　　图 8.1.6　族类别名称

（5）在"族类型"对话框中，单击"标识数据"标题以显示其参数，如图 8.1.7 所示。

（6）在"渲染外观"中，单击"值"列中的按钮会显示渲染外观库，如图 8.1.8 所示。

（7）在渲染外观库中，选择所需的渲染外观，然后单击"确定"。

（8）在"族类型"对话框中，单击"渲染外观属性"对应的"编辑"，打开渲染外观属性对话框，如图 8.1.9 所示。

（9）为渲染外观指定参数，然后单击"确定"。

（10）在"族类型"对话框中，单击"确定"。

（11）保存对 RPC 族的修改，并对族文件命名。

（12）将创建的 RPC 族文件载入到项目。

3. 使用 RPC 族文件

（1）在项目中，载入一个 RPC 族文件，如上述创建的"杨树"。

（2）选择"体量和场地→场地建模→场地构件"或"建筑→构建→构件→放置构件"，在"属性"选项板中选择"杨树"。

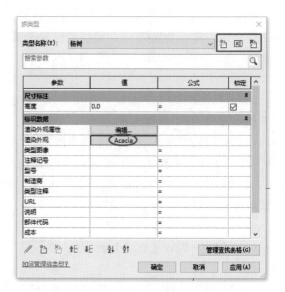

图 8.1.7　族类型

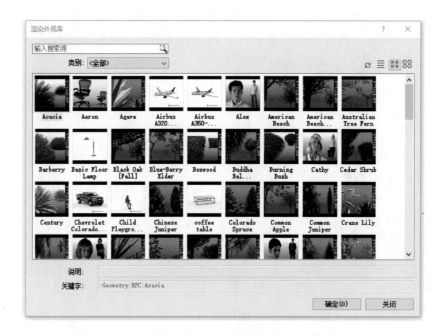

图 8.1.8　渲染外观库

（3）单击"编辑类型"，打开类型属性对话框。

（4）在"类型属性"对话框中复制一个构件类型，如"白毛杨树-6000"，并修改类型参数，如高度 6000、渲染外观和渲染外观属性，如图 8.7.10 所示。

（5）单击"确定"，族文件属性选项板中类型就改成了"白毛杨树-6000"。

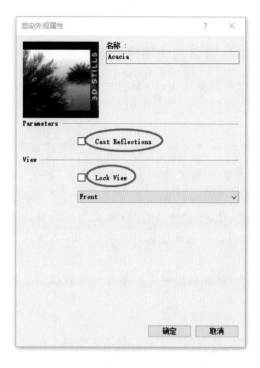

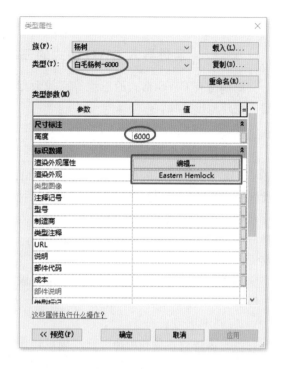

图 8.1.9　渲染外观属性　　　　　　　　　图 8.1.10　类型属性

（6）在属性选项板中修改"标高"和"偏移"参数，如"标高 1"，偏移值为构件放置距选定标高之间的距离，如图 8.1.11 所示。

图 8.1.11　构件属性

（7）单击鼠标左键放置选定构件。

技　能　训　练

通过导入 DWG 格式的三维等高线数据创建地形表面

如果已有 DWG 格式的三维等高线数据，可以将其导入 Revit 软件中，"通过导入创建"创建地形表面。

1. 导入 DWG 格式的三维等高线数据文件

（1）在"项目浏览器"中，选择"楼层平面"→"场地"，则"场地：项目基点" ⚠ 出现在平面图形的中间，作为场地项目的基准点。如果在项目中不可见，则在"属性"面板里打开"可见性/图形替换"对话框，勾选"场地"项。

（2）选择"插入"→"导入"→"导入 CAD"，打开"导入 CAD 格式"对话框，选择一个 DWG 格式的三维等高线数据文件，这个文件是经过测绘软件得来的。导入方法同前面内容。

注意：勿选择"仅当前视图"选项，放置于 0.00 标高。导入三维等高线数据后，在"场地"界面三维等高线数据可见。

2. 创建地形表面

（1）选择"体量和场地"→"场地建模"→"地形表面"工具，激活"修改｜编辑表面"选项卡。在"工具"面板通过"通过导入创建"，选择"选择导入实例"，选择刚才导入的 CAD 文件。有时系统会发出"警告"，如图 8.1.12 所示，提示创建的地形图元可能不可见。关掉"警告"，按照提示调整"可见性设置"和"视图范围"。

图 8.1.12　警告

图 8.1.13　从所选图层添加点

（2）正如"警告"中提示，在"场地"视图或三维视图中编辑地形较为容易。我们将视图调整为三维视图，选择刚才导入的 CAD 文件，激活"从所选图层添加点"，如图 8.1.13 所示。

（3）从列表中选择需要的点，单击"确定"，原 CAD 文件形成一个具有很多个点组成的地形面，如图 8.1.14 所示。如果 CAD 文件中高程点数据有错误，地形表面上会有个别特别突兀的点存在，这恰好可以验证原测量数据中的错误。选中这些点，修改高程

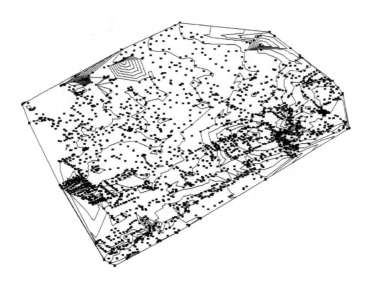

图 8.1.14　带高程点地形表面

值，或删除这些点，使地形表面趋于合理。

（4）单击"完成" ✅ 按钮，则创建一个地形表面，如图 8.1.15 所示。

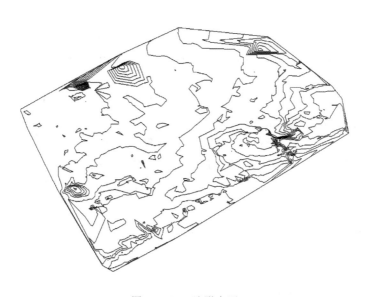

图 8.1.15　地形表面

（5）给地形表面赋予材质。选择刚才创建的地形表面，在"属性"面板，选择材质，打开材质浏览器，通过自定义一个材质，命名为"地面"，外观为"草－通用"，结果如图 8.1.16 所示。

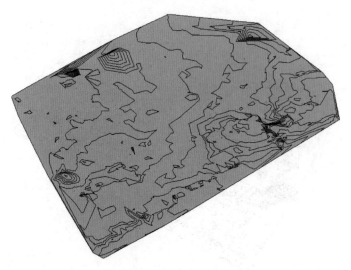

图 8.1.16　添加材质

巩 固 练 习

1. 单选题

(1) 下列哪项是 Revit 提供的创建建筑红线的方式？（　　）

A. 通过角点坐标来创建　　　　　　　　B. 通过导入文件来创建

C. 通过拾取来创建　　　　　　　　　　D. 通过输入距离和方向角来创建

(2) 把带有高程的点放置在地面上，当放置（　　）个高程相同的点时，可以形成一条闭合等高线。

A. 2　　　　　　　　B. 3　　　　　　　　C. 4　　　　　　　　D. 5

(3) Revit 提供的创建地形表面的方式不包括（　　）。

A. 放置点　　　　B. 通过导入创建　　　C. 简化表面　　　D. 平整区域

(4) RPC 植物族在以下哪个视觉样式中会显示渲染外观？（　　）

A. 线框　　　　　　B. 一致的颜色　　　　C. 真实　　　　　　D. 着色

(5) 下面说法中，（　　）是正确的。

A. BIM 技术主要是三维建模，只要能够看到三维模型就已经完成了 BIM 的深化设计。

B. BIM 技术不仅仅是三维模型，还应包含相关信息。

C. 使用 BIM 技术进行深化设计，建筑、结构、机电所有专业只能用同一个软件搭建模型。

D. 使用 BIM 技术进行深化设计，建筑、结构、机电各专业只能在一个平台上搭建模型。

2. 多选题

(1) 视图控制栏的操作命令中包含（　　）。

A. 缩小两倍　　　B. 放大两倍　　　　C. 区域放大　　　　D. 缩放图纸大小

（2）Revit 软件中对图元的基本选择方式主要有（　　）。

A. 单击选择　　　　　B. 框选　　　　　　C. 多选　　　　　　D. 特性选择

（3）在项目的视图显示中，以下哪种显示样式不能显示材质外观？（　　）

A. 线框　　　　　　　B. 着色　　　　　　C. 一致的颜色　　　D. 真实

（4）为防止因误操作而将图元意外删除，可以对图元进行什么操作？（　　）

A. 锁定　　　　　　　B. 固定　　　　　　C. 隐藏　　　　　　D. 解锁

（5）"修改场地"可以进行哪些操作？（　　）

A. 拆分表面　　　　　B. 子面域　　　　　C. 建筑红线　　　　D. 平整区域

3. 判断题

（1）Revit 提供的创建建筑红线的方式是通过绘制来创建。　　　　　　　　（　　）

（2）场地中，建筑红线包含标高。　　　　　　　　　　　　　　　　　　（　　）

（3）场地中，地形包含标高实例参数。　　　　　　　　　　　　　　　　（　　）

（4）导入场地生成地形的 DWG 文件必须具有图层。　　　　　　　　　　（　　）

（5）绘制建筑红线的方法包括直接划线绘制和用表格生成。　　　　　　　（　　）

4. 实操题

（1）用放置点的方式创建一个场地。

（2）用导入点文件的方式创建一个场地。

任务 8.2　在场地上放置水利工程模型

8.2.1　编辑场地表面

编辑地形表面就是在指定地形表面上拆分表面、合并表面、创建子面域。拆分表面和创建子面域都是在地形表面上创建一个区域，不同的是前者创建的是一个地形表面，后者是在地形表面上创建一个面积，它并没有将原来的地形表面拆分开来。

8.2.1.1　拆分表面与合并表面

（1）在"场地"楼层平面状态下，选择"体量和场地→场地建模→地形表面"，激活"修改｜编辑表面"选项卡，在"工具"面板通过"放置点"创建一个地形表面，如图8.2.1 所示。

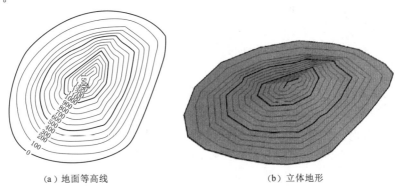

(a) 地面等高线　　　　　　　　　　　　　(b) 立体地形

图 8.2.1　地形表面

（2）选择"体量和场地→修改场地→拆分表面"，激活"修改｜拆分表面"选项卡，在"绘制"面板选择相应工具绘制"拆分表面"的边界，单击"完成"按钮 ✅ 。

这样就创建了一个独立的地形表面，如图8.2.2（a）所示。

合并表面是拆分表面的逆操作。选择"体量和场地→修改场地→合并表面"，命令行提示选择要合并的主表面，选择主表面后，命令行提示选择要合并到主表面上的次表面，选择次表面后，两个表面合并一起了。

8.2.1.2　创建子面域

还在上述地形表面上，选择"体量和场地→修改场地→子面域"，激活"修改｜创建了面域边界"选项卡，在"绘制"面板选择相应工具绘制"子面域"的边界，单击"完成"按钮 ✅ 。

这样就创建了一个独立的子面域，如图8.2.2（b）所示。

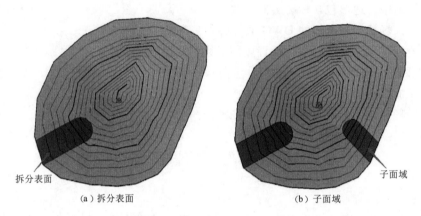

（a）拆分表面　　　　　　　　　　　（b）子面域

图8.2.2　拆分表面和子面域

由创建拆分表面和子面域的过程可知：

（1）激活的选项卡不同，但都出现"绘制"面板，都需要绘制边界。

（2）创建"拆分表面"的边界可以不封闭，系统会自动与等高线组成封闭边界，创建"子面域"的边界必须是自身封闭的。

（3）创建"拆分表面"时拆分边界一次只能将地形表面分成两个部分，创建"子面域"时可以同时创建多个子面域的边界。

（4）在平面状态，单击"拆分表面"编辑的是地形表面，"编辑表面"时修改的是表面上的高程点；单击"子面域"编辑的是子面域的边界，"编辑边界"时修改的是组成边界的边界线。

（5）移动或删除"拆分表面"，原位置失去拆分表面；移动或删除"子面域"，原位置还原原地形表面。

水利工程建模时，常用"拆分表面"修改地形表面的高程，以期获得与模型等高的地面；用"子面域"创建一个新的面积，修改新面积的材质可以得到一个新的表面，比如创建路面。

8.2.2　平整区域

平整区域的前提是必须先创建一块场地，通过在平整区域中添加或删除高程点，修改高程点的高程，达到修改地形表面的目的。

（1）创建一个地形表面，在"属性"选项板中，创建的阶段选择"现有"。

（2）选择"体量和场地→场地修改→平整区域"，打开"编辑平整区域"对话框，如图 8.2.3 所示。

（3）选择"创建与现有地形表面完全相同的新地形表面"，命令行提示选择要平整的地形表面。

（4）单击上述地形表面，在"属性"选项板中，创建的阶段选择"新构造"；激活"修改｜编辑表面"选项卡，在"工具"面板通过"放置点"在平整区域中添加几个高程点，或在平整区域中删除几个高程点，或修改高程点的高程，创建一个新的地形表面。

图 8.2.3　编辑平整区域

例如，运用 8.2.1 小节中的创建的地形表面，将北部 0 等高线上的两个点的高程调整为 500，将 1000 等高线上两个点的高程也调整为 500，移动它们的位置；在"工具"面板通过"放置点"在平整区域中添加几个点，高程为 500。这样就创建一个新的地形表面，实际上是一个高程为 500 的平整区域，如图 8.2.4（a）所示，立体显示如图 8.2.4（b）所示。

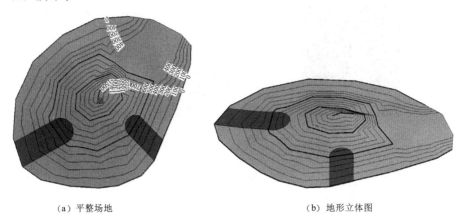

(a) 平整场地　　　　　　　　　　　(b) 地形立体图

图 8.2.4　平整场地

知 识 拓 展

用 Revit 在河道上创建河水

无论是在河道上创建河水，还是在池塘里创建池水，都需要先创建一个地形表面，然后在地形表面上开挖河道或池塘，也就是盛水的地方。河水或池水等用内建体量的方式创建，再给内建体量添加材质，并调整内建体量的高程至合适位置，则完成河水或池水等的创建。

以在河道上创建河水为例，方法如下：

1. 创建地形表面

在 F1 楼层平面，单击"体量和场地"→"地形表面"→"放置点"，创建一个标高为±0.000 的地面。

2. 拆分地形表面

（1）选择"体量和场地"→"修改场地"→"拆分表面"，将地形表面拆分为两部分。

（2）依此方法将地形表面拆分为五个部分，中间部分为河底，两边部分为河坡，最外面两部分为河堤，如图 8.2.5 所示。

注意："拆分表面"一次只能将地形表面拆分为两部分。

3. 编辑地形表面

（1）单击 1 部分，激活"修改 | 地形"选项卡，在"表面"面板单击"编辑表面"
，在 1 表面四周出现若干个黑点（边界点），修改边界点的高程为 1500，然后单击"完成"按钮 ✔ 。

（2）依此方法，修改 2 部分左边边界点高程为 1500，右边边界点高程为 0.000；3 部分高程不变；修改 4 部分左边边界点高程为 0.000，右边边界点高程为 1500；修改 5 部分边界点高程为 1500。

三维观察地形表面，如图 8.2.6 所示。

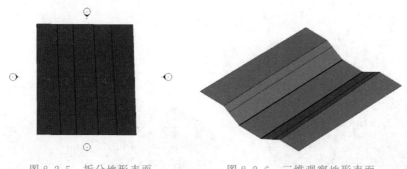

图 8.2.5　拆分地形表面　　　　图 8.2.6　三维观察地形表面

4. 给地形表面添加材质

为河底和河坡添加混凝土材质，为河堤添加"土壤-自然土"。方法略。

5. 创建河水体量

（1）单击"体量和场地"→"概念体量"→"内建体量"，在出现的"名称"对话框里输入"河水"，然后单击"确定"，激活内建体量工作界面。

（2）在"创建"→"绘图"面板，用绘图工具画一个和地形一样大小的封闭线框，全选刚画的线条，选择"修改 | 放置线"→"形状"→"创建形状"，选择"实心形状"，单击"完成体量"。

注意：根据自己的需要或者地形修改水"体量"到适当大小。

6. 调整河水体量的高程

（1）在"项目浏览器"里单击"立面"→"南"（东西南北都可以）。

（2）调整体量的大小，或者移动体量位置，把体量的顶部放置在需要建立水的平面，比如 1000 高程上。

7. 给体量添加"河水"材质

（1）选择刚创建的体量，在"属性"面板里单击"材质"后边的空白框，会出现一个"…"的按钮，单击出现"材质浏览器"，在左边找到"默认"材质，右键复制一个命名为"河水"，然后在右边单击"外观"→"替换此资源"，出现"资源浏览器"。

（2）选择"资源浏览器"→"文档资源"→"外观库"→"液体"，"资源名称"里找到"清澈湖泊"材质，单击它右边的"使用此资源替换编辑器中的当前资源"，然后单击"确定"→"完成体量"。

最后回到三维视图，渲染一下即可看到效果，如图 8.2.7 所示。

这只是部分效果图，可以根据实际需要创建完整的效果图。水的效果好坏跟渲染质量有关，还跟软件有关系。Revit 渲染效果不如 3DMAX 等其他专业软件。

注意：不要太计较建立的水"体量"，Revit 还不能去建造和维护水。想要得到更好的效果图，需要使用 3DMAX 等软件进行渲染。

图 8.2.7　河水三维渲染效果

技 能 训 练

将水闸模型放置在场地模型中

任务 8.2 的技能训练是将任务 5.1 中创建的水闸模型放置在地形表面上。思路是在水闸模型这个项目文件中放置场地，然后再通过修改场地，使水闸融入场地中。

1. 识读图纸

在任务 5.1 中，阅读图纸得知：

（1）水闸进水口伸入到渠底，标高为 48.000。进水口段为八字翼墙，融嵌在渠堤内坡，坡度为 1 : 2.5，渠顶高程为 52.100。据此可知，渠底宽度自定，堤坡段水平投影长 10250。

（2）闸室段人行桥与渠顶平齐，闸室段长 7000。

（3）消力池段位于闸室段外，前段由 1 : 3 的坡面至标高 51.000 平面组成，此平面一直延续到尾渠。

（4）消办池段长 15600，柱面段长 6200，海漫段长 8800。

（5）水闸总长 47850。

（6）由下游半立面图可知，水闸尾部宽度 12000＋6500×2＝25000。

2. 创建地形表面

由于创建水闸模型时是用绝对标高 48.000 放置在标高 ±0.000 上，因此渠底相对标高为 ±0.000。识读图纸可知，创建地形表面可以先创建一个标高为 48.000 的地形面，换算为相对标高 ±0.000，然后利用"拆分表面"和"编辑表面"，将地形表面调整为水闸地面。

（1）打开水闸模型图。

（2）在"项目浏览器"中，选择"楼层平面"→"场地"。

（3）单击"体量和场地"→"地形表面"→"放置点"，设置边界点高程为 0.000，创建一个标高为 ±0.000 的地面。

水闸总长 47850，水闸尾部宽度 25000，加上水闸前端渠底和部分尾渠，创建地形表面可以在此范围上扩大面积，同时为便于满屏显示，面积可以更大一些。

为了便于通过放置点的形式创建一个矩形地形面，先选择"建筑"→"模型"→"模型线"，用"矩形"命令绘制一个矩形（比如 70000×90000），然后在矩形的四个角点处通过"放置点"放置四个高程为 0.000 的点。

（4）单击刚才创建的地形表面，在"属性"面板，修改"材质和装饰"中的"材质"为"地面"，地面外观为"草-通用"。真实显示如图 8.2.8 所示。

由此可见，水闸底板低于地形面的，都被盖在下面。

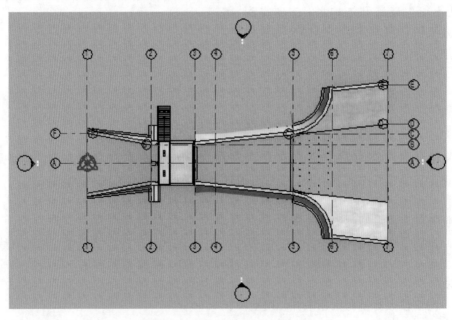

图 8.2.8　水闸地形表面

3. 修改场地

（1）在"场地"平面，选择"体量和场地→修改场地→拆分表面"，单击水闸地形表面，激活"修改 | 拆分表面"选项卡，在"绘制"面板选择"直线"工具，沿 1 轴线将地形表面进行分割，单击"完成"按钮 ✔ 。

（2）用此方法沿 2、3、4、5、6、7 轴线处将地形表面进行分割。结果如图 8.2.9 所示。

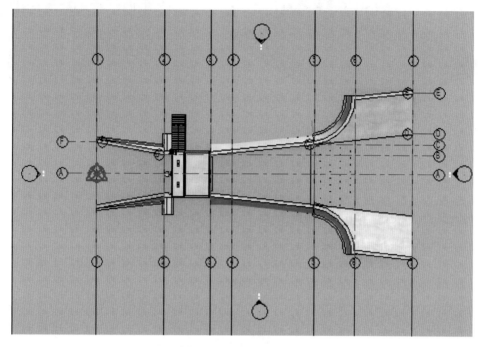

图 8.2.9　分割地形表面

4. 编辑地形表面

（1）单击渠顶前坡（1、2 轴线间）表面，激活"修改｜地形"，单击"编辑表面"，激活"修改｜编辑表面"，修改渠顶前坡左边边界点高程为 0.000，右边边界点高程为 4100，单击"完成"按钮 ✔ 。

（2）以此方法，修改渠顶左、右边界点高程为 4100；渠顶下游 1∶3 斜坡面左边边界点高程为 4100，右边边界点高程为 3000；修改渠顶下游所有平面边界点高程为 3000，单击"完成"按钮 ✔ 。

由于渠底标高为±0.000，所以不用调整渠底地形表面。

（3）三维显示地形表面，如图 8.2.10 所示。

5. 开挖水闸基础基坑

（1）在"场地"平面，选择"体量和场地→修改场地→拆分表面"，单击渠顶前坡表面，激活"修改｜拆分表面"选项卡，在"绘制"面板选择"直线"工具，沿八字翼墙顶部外边线对渠堤前坡表面进行分割，单击"完成"按钮。

（2）以此方法，沿另一侧八字翼墙顶部外边线对渠堤前坡表面进行分割，单击"完成"按钮。

注意：由于"拆分表面"一次只能将地形表面拆分为两部分，所以要沿八字翼墙顶部外边线两次（两翼）对渠堤前坡表面进行分割，得到水闸进水口底板地形表面，如图 8.2.11 所示。

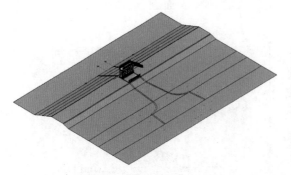
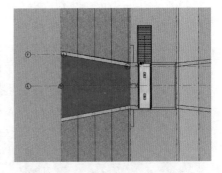

图 8.2.10　编辑地形表面　　　　　　　　图 8.2.11　拆分水闸进水口底板地形表面

（3）单击水闸进水口底板地形表面，激活"修改｜地形"，单击"编辑表面"，激活"修改｜编辑表面"，修改水闸进水口底板地形表面上边界点的高程为−300（因为水闸进水口底板厚度为 300），单击"完成"按钮。

（4）三维显示地形表面，如图 8.2.12 所示。

（5）用上述方法编辑闸室段地形表面。注意闸室段地形表面沿闸室边墩上部外边线分割地形表面，闸室段地形表面的边界点高程调整为−700。

（6）用上述方法编辑下游消力池 1∶3 斜坡地形表面。注意消力池 1∶3 斜坡地形表面沿消力池上部外边线分割地形表面时，左边边界点高程调整为−700，右边边界点高程调整为−1800。如果沿消力池上部外边线有边界点，需要删除掉。

（7）用上述方法编辑消力池平缓地形表面。注意消力池平缓地形表面沿消力池上部外边线分割地形表面时，地形表面左、右边边界点高程调整为−1800。

（8）用上述方法编辑下游柱面段地形表面。注意下游柱面段地形表面柱面上部外边线用"起点-终点-半径弧"和"直线"命令分割地形表面时，调整柱面地形表面上所有边界点高程为−500。

柱面段前水闸基础基坑结果如图 8.2.13 所示。

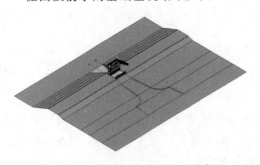

图 8.2.12　编辑进水口底板地形表面　　　　图 8.2.13　柱面段前水闸基础基坑

（9）由于海漫段是一段梯形渠，在开挖基坑时需要将海漫底面和坡面分别创建。在"场地"平面，选择"体量和场地→修改场地→拆分表面"，单击海漫地形表面，激活"修改｜拆分表面"选项卡，在"绘制"面板选择"直线"工具，沿海漫一侧坡面顶部外边线进行分割，单击"完成"按钮。同理，分割海漫另一侧坡面。

（10）用同样方法，将上述分割的海漫底板地形表面沿海漫底板两侧内边进行分割，分成一块海漫底板和两块坡面。

（11）单击海漫底板地形表面，激活"修改 | 地形"，单击"编辑表面"，激活"修改 | 编辑表面"，修改海漫底板地形表面边界点的高程为－500，单击"完成"按钮。同理，修改海漫两侧边坡地形表面底部边界点的高程为－500，顶部边界点高程不变（3000），单击"完成"按钮。

（12）在"场地"平面，选择"体量和场地→修改场地→拆分表面"，单击尾渠地形表面，激活"修改 | 拆分表面"选项卡，在"绘制"面板选择"直线"工具，沿海漫一侧坡面顶部内边线进行分割，单击"完成"按钮。同理，沿海漫另一侧坡面顶部内边线进行分割。

（13）用同样方法，将上述分割的尾渠底面地形表面沿海漫底板两侧内边进行分割，分成一块尾渠底板和两块坡面。

（14）单击尾渠底板地形表面，激活"修改 | 地形"，单击"编辑表面"，激活"修改 | 编辑表面"，修改尾渠底板地形表面边界点的高程为0，单击"完成"按钮。同理，修改尾渠两侧边坡地形表面底部边界点的高程为0，顶部边界点高程不变（3000），单击"完成"按钮。

三维显示水闸基础基坑，如图8.2.14所示。

本任务的技能训练演绎的是创建水闸基础基坑的问题，实质上它也是将水闸放置在地形表面上的过程。同理，其他水工建筑放置在地形表面上的问题，都可以这样解决。

为了使地形表面更有真实性，在"场地"平面，选择"体量和场地→修改场地→合并表面"，单击渠顶下游地形表面，合并地形表面。

6. 给水闸场地放置场地构件

将水闸放置在地形表面之后，为了使场景具有真实感，常给场地配置一些室外场景，如树木、路灯、交通工具、人物等。

（1）配景设计。在渠顶放置汽车，迎水坡边放置路灯，背水坡边放置树木；水闸下游消力池边墙、柱面边墙、海漫边坡放置栏杆；下游地形表面放置人物和树林。

（2）在"场地"平面，选择"插入→从库中载入→载入族"，进入"载入族"对话框，在此对话框里，找到"建筑→照明设备→室外照明→街灯1"。

（3）在"场地"平面，选择"建筑→构件→放置构件"，在"属性"面板里找到"街灯1"，然后在渠顶迎水坡边均匀放置若干路灯。

注意：载入的"街灯1"不是环境族，不能在"体量和场地→场地建模→场地构件"里使用，必须在"建筑"或"结构"选项里的"放置构件"中使用。

（4）在"场地"平面，可以选择"插入→从库中载入→载入族"载入常规族或使用"体量和场地"→"场地建模"→"场地构件"，通过"载入族"选择相应环境族放置到场地中，这里选择几种：植物、人物、配景、汽车、场地设施等。

（5）使用"体量和场地"→"场地建模"→"场地构件"，在"属性"面板中找到相应场地构件，将它们分别放置场地的不同位置，三维显示如图8.2.15所示。

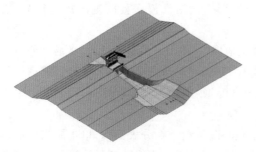

图 8.2.14　三维显示水闸基础基坑

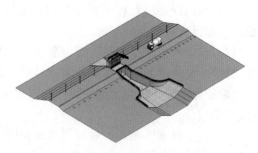

图 8.2.15　三维显示水闸场地构件

巩 固 练 习

1. 单选题

（1）在 Revit 中绘图时可以打开多个窗口或多个项目视图，使用（　　）快捷键可以将当前打开的所有窗口层叠地出现在绘图区域。

A. WV　　　　　B. WC　　　　　C. WT　　　　　D. WR

（2）Revit 软件可通过导入等高线数据来创建地形，但不支持下列哪种格式？（　　）

A. DWG　　　　B. DXF　　　　C. DGN　　　　D. RVT

（3）建筑工程设计信息模型精细度分为五个等级，在日常使用中，可根据使用需求拟定模型精细度，方案设计阶段建模精细度的需求为（　　）。

A. LOD100　　　B. LOD200　　　C. LOD300　　　D. LOD400

（4）导入 CAD 图纸进入 Revit 时，如何定位图纸？（　　）

A. 中心到中心　　B. 中心到圆点　　C. 圆点到圆点　　D. 圆点到中心

（5）平整区域的前提是必须先创建（　　）。

A. 子面域　　　　B. 拆分表面　　　C. 建筑地坪　　　D. 场地

2. 多选题

（1）在"修改｜编辑表面"选项卡，可以进行以下操作（　　）。

A. 可以修改地形表面边界点的高程

B. 可以移动地形表面边界点的位置

C. 可以通过"放置点"添加边界点

D. 以上均可

（2）在创建"场地构件"时，可以载入哪些环境族文件？（　　）

A. 树木　　　　　B. 路灯　　　　　C. 交通工具　　　D. 街灯

（3）创建 RPC 族文件一般选择（　　）。

A. "公制 RPC 族 . rft"　　　　　　　B. "公制环境 . rft"

C. "公制植物 . rft"　　　　　　　　D. "公制动物 . rft"

（4）下列软件产品中，属于 BIM 可视化软件的是（　　）。

A. Lightscape　　B. 3DS MAX　　C. Accurebder　　D. MagiCAD

（5）场地中，绘制地形表面的方法包括（　　）。

A. 放置点　　　　　　B. 选择导入实例　　C. 指定点文件　　　D. 简化表面

3. 判断题

（1）拆分表面和创建子面域都是在地形表面上创建一个地形表面。　　　　　　（　　）

（2）平整区域是在一块场地上，通过对需要平整的区域中添加或删除高程点，修改高程点的高程，实现修改地形表面的。　　　　　　　　　　　　　　　　　（　　）

（3）"拆分表面"一次只能将地形表面拆分为两部分。　　　　　　　　　　（　　）

（4）只要是通过"载入族"载入的族文件都能通过"场地构件"放置在场地上。

（　　）

（5）通过导入 CAD 文件中高程点数据创建地形表面，有时会出现个别特别突兀的点，这是由于 Revit 版本不同造成的。　　　　　　　　　　　　　　　　　（　　）

4. 实操题

（1）用放置点的方式创建一个场地模型，然后将任务 5.1 实操中的涵洞式过水闸放置在场地模型中。

（2）用导入点文件的方式创建一个场地模型，然后将任务 5.2 实操中创建的渡槽模型放置在场地模型中。

项目9　水利工程模型的渲染与动画

【项目导入】

创建水利工程模型的目的是对工程进行全过程管理，但本教材创建模型更多的是为了对模型进行效果表达。对水利工程模型进行渲染与动画实质上就是这种效果表达，它体现为静态渲染和动态漫游。无论是创建水利工程模型还是将模型放置在地面上，它们都是静态的。项目9就是对这种静态的模型进行相机拍照，得到相机视图，然后对相机视图进行不同等级的渲染处理，得到相应的效果图片，即渲染。对处于不同位置的静态模型或对模型从不同方位进行连续拍照，得到一系列的相机视图，然后再把这些相机视图进行连续播放，得到一段视频，即漫游或叫动画。

【项目描述】

本项目是对水利工程模型进行效果表达，它体现为静态渲染和动态漫游。不同软件对模型渲染和漫游的效果并不相同。本项目讲述在 Revit 软件中创建渲染与漫游和在 Lumion 软件中创建渲染与动画，一是让读者学会用两种软件对模型进行渲染和漫游，二是让读者对比这两种软件在对模型渲染和漫游时的优劣。当然对模型进行渲染和漫游还有其他方法，读者可以自行选择。

【学习目标】

1. 知识目标

（1）掌握创建相机视图和对相机视图渲染的方法。

（2）掌握创建漫游视图和导出漫游动画的方法。

（3）熟悉 Lumion 软件的放置物体、添加材质、增设环境等基本操作。

（4）掌握 Lumion 软件拍摄照片和制作动画的方法。

2. 能力目标

（1）能够用 Revit 软件创建相机视图和对相机视图渲染，并导出渲染图片。

（2）能够用 Revit 软件创建漫游视图并导出漫游动画。

（3）会操作 Lumion 软件。

（4）能够运用 Lumion 软件拍摄照片和制作动画。

3. 素质目标

（1）通过创建相机视图和对相机视图渲染培养学生的审美观念。

（2）通过创建漫游视图和导出漫游动画，培养学生声、光、色综合搭配的艺术美感。

（3）培养学生的专业素养和职业精神。

【思政元素】

（1）无论 Revit 软件还是 Lumion 软件在进行创建三维模型中都有强大的优势，但这些软件均不是国产软件，更没有针对水利水电行业的专业软件，以此激发学生爱科学、爱国家，培养学术志向与科学精神，厚植爱国主义情怀。

（2）通过动画对水利工程建筑的真实表达，培养学生职业精神和职业规范，增强工匠精神。

（3）Revit 软件和 Lumion 软件协同对模型进行渲染和动画，培养学生综合素养。

任务 9.1　在 Revit 软件中创建渲染与漫游

9.1.1　在 Revit 软件中创建渲染

渲染就是对赋予材质属性的模型添加光源（自然光或人造光），再用"真实"视觉样式在模型视图中显示其真实材质外观，得到模型的立体图片。因此，渲染的前提是要有一个反映模型真实材质外观的视图。在 Revit 软件中创建渲染首先要创建相机视图。

9.1.1.1　创建相机视图

相机视图实质上就是模拟真实相机对具有真实感（具有材质、阴影效果）的模型进行拍照，产生具有透视效果或轴测效果的三维视图。三维透视图的立体效果较强。

创建的相机视图在项目浏览器的三维视图里显示。

1. 设置相机位置

相机在三维空间的位置由相机距投影面的高度和相机在投影面上的投影点位置决定，因此设置相机位置需要先确定相机在投影面上的投影点位置，其次确定相机距投影面高度。投影面就是选定的楼层平面，一般为场地。

（1）在"场地"楼层平面状态下，选择视图→创建→三维视图→相机 📷相机 ，绘图区光标则变成一个相机和一个箭头 📷 。

（2）在视图"属性"选项板上方出现一个相机"属性"工具条，如图 9.1.1 所示。

图 9.1.1　相机"属性"工具条

在此勾选透视图，则创建的是三维透视图，去掉对勾，则创建的是三维轴测图。"偏移"值为相机距基准投影面的距离，也就是相机高度。"自"后面的选项为项目模型中的楼层平面，从中选择一个楼层平面，即为基准投影面。

（3）在合适位置单击鼠标放置相机，移动鼠标到第二点目标点，如图 9.2.2 所示，单击鼠标则系统自动切换到三维状态，在绘图区显示一个三维视图，即相机视图。同时在项目浏览器中的三维视图增加了一个三维视图样式。

2. 创建相机视图

事实上在确定相机位置和目标位置时，就创建了一个相机视图，如图 9.1.3 所示。

除非事前设计好了相机位置，否则创建的相机视图并不理想，如图 9.1.3 所示，故需要对相机视图进行调整。

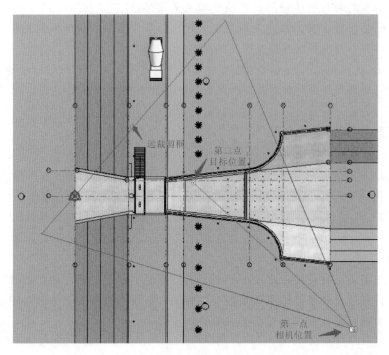

图 9.1.2 相机位置和目标位置

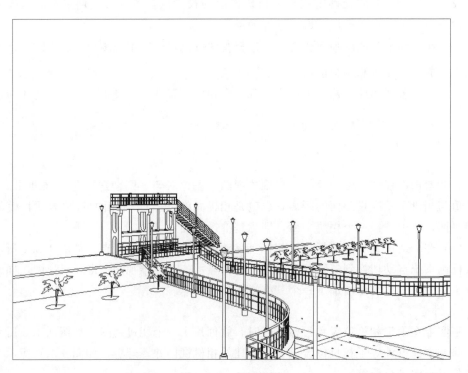

图 9.1.3 相机视图

（1）选择"场地"楼层平面，进入"场地"楼层平面状态。在项目浏览器里找到刚才创建的三维视图，如三维视图 1，单击选中它，然后单击鼠标右键，在出现的即时菜单里选择"显示相机"，如图 9.1.4 所示。在"场地"面楼层平面中就显示出相机、目标点和裁剪框，如图 9.1.2 所示。

（2）在三维视图"属性"选项板里，修改远裁剪偏移值，或拖动远裁剪边框上的拖曳点，调整远裁剪边框距相机的距离，以达到取景深度；修改视点高度和目标高度值，以达到相机仰视取景或俯视取景的效果，如图 9.1.5 所示。

图 9.1.4　三维视图即时菜单

图 9.1.5　三维视图属性

注意：此处的视点高度和目标高度值是指相机距项目 ±0.000 标高的值，不是距地面的值。

（3）在三维视图"属性"选项板里调整远裁剪偏移、视点高度和目标高度值，解决了相机视图的取景问题，有时景物并不一定完全在视图范围内，还需要调整视图范围。

此时双击项目浏览器里刚创建的三维视图，在绘图区显示调整后的相机视图。再在这个三维视图名称上单击鼠标右键，在出现的即时菜单里选择"显示相机"，或在绘图区中单击相机视图的边框，在相机视图的每个边框中间上产生一个控制柄。拖曳控制柄，调整视图边框直到景物在视图框内合适为止，如图 9.1.6 所示。

图 9.1.6　相机视图

9.1.1.2　设置相机视图的视觉表现

相机视图只是对项目模型的一种表现形式，它主要通过三维视图达到模型的立体感。通过选择合适的视觉样式，可以让相机视图的立体效果和真实效果更加满意。

1. 创建视图样板属性

（1）在视图控制栏中，选择视觉样式→图形显示选项，打开"图形显示选项"对话框，如图 9.1.7 所示。

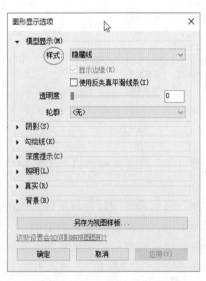

图 9.1.7　图形显示选项

（2）打开"模型显示"下拉选项，里面的"样式"列出了线框、隐藏线、着色、一致的颜色和真实五种显示样式，这里的选项内容与视图控制栏里的"视觉样式"一致。

"显示边缘"和"使用反失真平滑线条"可以调整模型轮廓线的光滑度。"透明度"是调整模型图元的透明程度。"轮廓"是轮廓线宽的几种选项。

（3）打开"阴影"下拉选项，里面有"投射阴影"和"显示环境阴影"两个选项，勾选这两个选项，给项目模型添加阴影。这种显示在隐藏线、着色两种显示样式中效果最好。

（4）打开"勾绘线"下拉选项，勾选"启用勾绘线"给模型添加勾绘线，可以达到素描的效果。

（5）打开"深度提示"下拉选项，勾选"显示深度"给模型添加淡入、淡出效果。

（6）打开"照明"下拉选项，显示的是"日光设置"里的"照明"样式，也可以在此重新进行"日光设置"。在这里可以调节"日光""环境光"和"阴影"的强弱。

（7）打开"真实"下拉选项，可以模拟相机设置曝光值。此选项只能在"真实"样式下可用，分自动曝光和手动曝光。在此可以对视图进行"颜色修改"。

（8）打开"背景"下拉选项，首先选择"背景样式"：无、天空、渐变、图像。选择"天空"，背景是单色的，选择"渐变"，背景由天空颜色、地平线颜色和地面颜色三色过渡而成。选择图像，需要载入一张图片作为背景图。

在对相机视图进行表现时，上述八个功能不一定都要选用，针对不同需求进行设置。一般用到"样式""阴影""照明""背景"这几项，如图 9.1.8 所示，运用了"隐藏线"样式、勾选"投射阴影"和"显示环境阴影""渐变色"功能。

图 9.1.8　相机视图的"隐藏线"样式

注意："模型显示"里选择了"透明"，则"阴影"里"投射阴影"和"显示环境阴影"两个选项不可用，也就是说模型透明了，则无阴影。

2. 创建视图样板

（1）在"图形显示选项"对话框"模型显示"下拉选项中选择一种显示样式，如"隐藏线"，根据需要分别对模型显示、阴影、照明、真实和背景选项设置视图样板属性。

（2）单击 ▢▢▢▢▢▢ 另存为视图样板… ▢▢▢▢▢▢ 将上述设置的显示样式保存为一种视图样板。根据需要可创建若干个视图样式。

3. 对相机视图进行视觉表现

对"图形显示选项"对话框中"模型显示"的线框、隐藏线、着色、一致的颜色和真实五种显示样式分别设置视图属性，那么在视图控制栏里的"视觉样式"将根据设置对相机视图进行视觉表现。

（1）"线框"。显示绘制了所有边和线而未绘制表面的模型图像。

（2）"隐藏线"。显示绘制了除被表面遮挡部分以外的所有边和线的图像。

（3）"着色"。显示处于着色模式下的图像，而且具有显示间接光及其阴影的选项。

（4）"一致的颜色"。显示所有表面都按照表面材质颜色设置进行着色的图像。

（5）"真实"。在模型视图中即时显示真实材质外观。可以创建实时渲染以使用"真实"视觉样式显示模型，也可以渲染模型以创建照片级真实感的图像。

9.1.1.3　对相机视图进行渲染

渲染是对三维可视化图片更加逼真的表达，因此创建渲染必须先创建要渲染的三维相机视图。

1. 打开相机视图

打开一个相机视图，调整视图范围，直到模型视图在合适位置。

2. 设置渲染属性

选择视图→演示视图→渲染 🖼，打开"渲染"对话框，如图 9.1.9 所示。

图 9.1.9　渲染

"渲染"对话框中的"渲染"按钮 ▢ 渲染(R) ，是在对下面选项内容设置完成后，对相机视图进行渲染的开始键。

（1）"质量"设置，是图片渲染的质量级别，分绘图、中、高、最佳、自定义（视图专用）。"绘图"级别最低，"最佳"质量最好。除非特殊需要或你的电脑配置很高，一般情况不要选择"最佳"质量级别渲染，它占用电脑内存很大，渲染很慢，让电脑发热，搞不好让电脑死机。

（2）"输出设置"的分辨率有"屏幕"和"打印机"两种选项。"屏幕"是当前打开的相机视图，"打印机"是根据像素输出的图片，有 75dpi、150dpi、300dpi、600dpi 四种选择。在相同大小的图片，像素越大，图像越清晰，图片所占的空间也就越大。

（3）"照明"分室外、室内照明，共有六种方案，就是日光和人造光的单独选择和组合选择，如图 9.1.10 所示。"照明"里的"日光设置"可以通过其后的"选择太阳位置"按钮 ▭ 打开"日光设置"对话框。在"日光设置"对话框里选择"照明"样式，在"预设"选项里选择"来自左上角的日光"，即方位角 225°，仰角 35°。如果选择"人造光"，激活下面的"人造光"按钮，可以对人造光进行分组，根据灯光分组情况有计划地控制灯光的亮与不亮。

（4）"背景"与前面"图形显示选项"里讲的背景有所不同，虽然都是对相机视图的渲染，但这里更注重"天空"的表达。

（5）"图像"也就是成像结果，通过"调整曝光"可以控制图片亮度、饱和度等。

3. 渲染相机视图

做好上述设置，单击"渲染"对话框中的"渲染"按钮 ![渲染(R)]，激活"渲染进度"对话框，显示渲染进度，如图 9.1.11 所示。渲染完毕，相机视图转换成比较满意的渲染图片，如图 9.1.12 所示。

图 9.1.10　照明方案　　　　　　图 9.1.11　渲染进度

图 9.1.12　渲染照片

如果选择的渲染质量级别为绘图，电脑很快就能将图片渲染完成。

4. 保存渲染图片

（1）渲染完成，在"渲染"对话框中单击"保存到项目中" ![保存到项目中(V)...]，则出现"保存到项目中"对话框，在此填写图片名称，单击"确定"，在项目浏览器的"渲染"分支中添加了一个渲染视图。

（2）在"渲染"对话框中单击"导出" ![导出(X)...]，则出现"保存图像"对话框，在此选择图片保存路径，给图片命名，选择图片文件类型，单击保存，渲染图片则保存起来。

（3）在"渲染"对话框中单击"显示模型" ![显示模型]，则在绘图区中的渲染视图自动转换为相机视图，再单击"显示渲染" ![显示渲染]，则在绘图区中的相机视图自动转换为渲染视图。

注意：渲染视图的渲染效果是以真实材质和阴影表现的，所以效果更加逼真。清晰度则是靠渲染的质量级别和图片像素决定的。

渲染质量还可以自定义。在"渲染"对话框,"质量"设置中选择"编辑",打开"渲

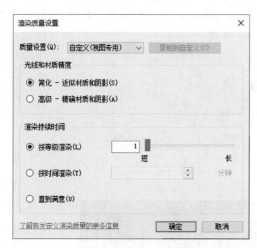

图 9.1.13 渲染质量设置

染质量设置"对话框,如图 9.1.13 所示。在质量设置中选择"自定义(视图专用)",则可以对光线和材质精度进行设置。如果选择绘图、中、高、最佳级别渲染,其他选项不可用,同时激活"复制到自定义",单击"复制到自定义"则将选定的渲染级别复制到了自定义设置中。

9.1.2 在 Revit 软件中创建漫游

渲染是对相机视图进行真实化表现,得到的是图片。而漫游则是用相机沿着定义的路径移动,拍下一幅幅相机视图,再将这一幅幅相机视图连续播放,则就成了漫游动画。

相机在移动过程中每拍一幅视图就叫一帧。路径由一系列帧和关键帧组成。关键帧是指可以修改相机方向和位置的帧。

9.1.2.1 设置相机位置,创建漫游路径

(1)在"场地"楼层平面状态下,选择视图→创建→三维视图→漫游,在漫游属性选项板上方出现一个修改│漫游工具条,如图 9.1.14 所示。

图 9.1.14 漫游"属性"工具条

此处漫游属性内容完全同相机属性内容。

(2)在合适位置单击鼠标放置相机,连续放置相机,在平面视图中绘制漫游路径。每次单击鼠标放置得到的相机视图即为一个关键帧。

(3)选择修改│漫游→漫游→完成漫游 ✔ ,完成漫游路径的创建,如图 9.1.15 所示。同时在项目浏览器→漫游目录下添加一个漫游分支,如漫游 1。

9.1.2.2 编辑漫游

双击项目浏览器下的漫游 1(刚才创建的漫游),如果在绘图区出现的相机视图不完整或裁剪框内没有显示内容,这是因为相机位置没有放置合适,放置的相机没有指向建筑物,需要对漫游路径上的相机进行调整。

(1)选择视图→窗口→平铺,将"场地"楼层平面和漫游 1 视图在绘图区中平铺,如图 9.1.16 所示。

(2)激活"场地"楼层平面视图,单击项目浏览器下的漫游 1,在漫游 1 上单击鼠标右键,在即时菜单中选择"显示相机",激活"修改│相机"选项。

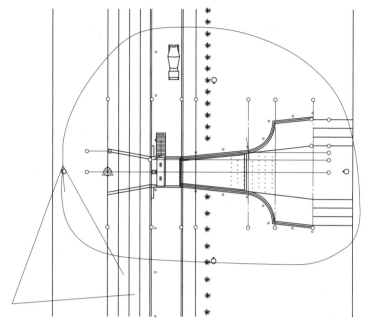

图 9.1.15　漫游路径

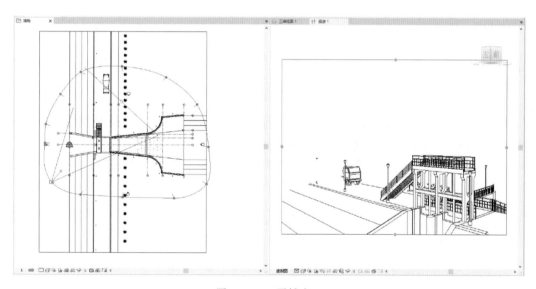

图 9.1.16　平铺窗口

（3）选择修改｜相机→漫游→编辑漫游

，激活"编辑漫游"选项，如图 9.1.17
所示。

（4）在编辑漫游面板下方，激活"修改
｜相机"工具条中的几个选项 。

图 9.1.17　编辑漫游面板

"控制"选项有活动相机、路径、添加关键帧、删除关键帧四个选项。选择"活动相机"只能对相机的朝向和位置编辑，选择"路径"只能调整路径迹线，"添加关键帧、删除关键帧"增减关键帧。

1）选择"活动相机"，漫游路径上的关键帧显示为红点，最后一帧显示为相机。移动相机到第一关键帧，拖动目标点，调整相机方向，移动到建筑物上。此时如果漫游视图裁剪框里画面不合适，则拖动裁剪框四周的控制柄直至漫游视图裁剪框里的画面合适，如图9.1.18 所示。

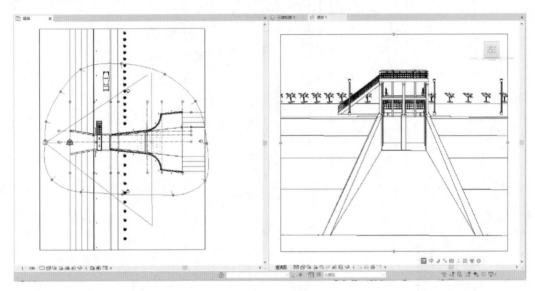

图 9.1.18　编辑相机

调整完第一帧画面，再拖动相机移动到下一关键帧。重复上述动作，调整第二关键帧相机方向和画面，直至把每一关键帧画面调整合理。

2）选择"路径"，漫游路径上的关键帧显示为蓝点，拖动关键帧蓝点，改变路径迹线，使路径迹线更加光滑。

3）当路径迹线的关键帧分布不合理时，通过选择"添加关键帧、删除关键帧"来增减关键帧，使漫游画面更趋完美。

4）"帧"显示当前相机所在帧。

5）"共"设置当前漫游动画的总帧数。

6）完成后按〈Esc〉键退出。

9.1.2.3　输出漫游动画

（1）在"场地"楼层平面状态，鼠标右键单击刚创建的漫游，选择"显示相机"。选择"修改｜相机→漫游→编辑漫游🖐"，激活"编辑漫游"选项。移动相机至第一帧，选择"编辑漫游→漫游→播放"。激活"场地"楼层平面视图，则相机沿路径运动；激活漫游视图，在相机视图框内滚动播放漫游动画。

（2）调试播放没有问题后，导出漫游动画。

1）在漫游视图下，选择"文件→导出→图像和动画→漫游"，打开"长度/格式"对话框，如图 9.1.19 所示。

输出长度：设置每帧时间后，选定播放帧数来确定。

格式：选择输出视觉样式、播放画面大小（有长、宽尺寸和缩放为实际尺寸的百分比两种）。

包含时间和日期戳：在画面上是否显示时长和日期。

2）设置好输出选项后，单击"确定"。在"导出漫游"对话框内选择保存路径，输入漫游文件名，选择文件类型，单击"确定"，就导出了漫游动画。

图 9.1.19　长度/格式

注意：在保存漫游动画时，需要按帧压缩文件，过程较慢，帧数越多，时间越长。

知 识 拓 展

设 置 日 光 与 阴 影

1. 设置日光与阴影

创建项目地理位置，主要是为了给项目设置符合当前位置的日光。在 Revit 里通过设置太阳位置和时刻，就可以在当前时刻下为项目创建阴影。

在 Revit 里还可以设置多个太阳位置与时刻，为项目创建不同时刻的阴影。

（1）三维状态下，在视图控制栏单击"日光"按钮 ，选择"日光设置"选项，打开"日光设置"对话框（也可以从管理→设置→其他设置→日光设置 日光设置 中打开），如图 9.1.20 所示。

在"日光设置"对话框里有"静止""一天""多天"和"照明"四种日光设置样式，前三种样式用于模拟分析指定地理位置的某一时刻、某一天内动态和多天内动态日照和阴影情况，"照明"样式用于基于方位角和仰角的日光设置。

"方位角"是相对于正北的角度（单位为度）。方位角的角度范围从 0°（北）到 90°（东）、180°（南）、270°（西）直至 360°（回到北）。

"仰角"是指相对地平线测量的地平线与太阳之间的垂直角度。仰角角度的范围从 0°（地平线）到 90°（顶点）。

（2）选择"静止"样式，则"设置"选项出现"地点""日期"和"时间"。单击"地点"后的"浏览" 按钮，打开"位置、气候和场地"对话框，在此可以重新设置项目地理位置。设置好项目地理位置后，再设置某一日期的某一时刻，比如"中国郑州；2022/6/6；8：15"，如图 9.1.21 所示，就确定了某地、某日、某一时刻的太阳位置，按此日光设置，项目模型将通过这一位置的太阳照射在地面上产生阴影。

也可以在"预设"选项里选择某一特定时间，如"夏至"。

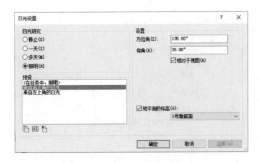

图 9.1.20 日光设置

图 9.1.21 "静止"日光设置

（3）选择"一天"或"多天"样式，是设置某地、某日、某一时间段或某地、某几日、某一时间段的太阳位置，按此日光设置，项目模型将通过这一位置的太阳照射在地面上产生阴影，如图9.1.22和图9.1.23所示。

图 9.1.22 "一天"日光设置

图 9.1.23 "多天"日光设置

注意：选择"一天"或"多天"样式产生的阴影是按照设置好的"时间间隔"为一帧的一段视频。

对于"一天"和"多天"研究，日光位于动画的第一帧。在视图中看到的阴影是从该日光位置投射的。

对于"多天"样式，要查看一段日期范围内同一时间点的日光和阴影样式，需要为开始时间和结束时间输入相同的值，也可以通过将"时间间隔"指定为"一天"来实现这一目的。

（4）选择"照明"样式，在"预设"选项里可以确定日光来自的方向，比如"来自右上角的日光"，在"日光设置"对话框右侧的"设置"选项里方位角和仰角按默认值发生变化（方位角135°，仰角35°），如图9.1.20所示。按此预设日光选项，项目模型将通过这一位置的太阳照射在地面上产生阴影，如图9.1.24所示。也可以在"设置"里输入方位角和仰角调整

图 9.1.24 "照明"样式模型阴影

太阳的位置，以得到不同方向的日光照射，产生阴影。

注意：选中"地平面的标高"时，系统会在二维和三维着色视图中指定的标高面上投射阴影。清除"地平面的标高"时，系统会在地形表面（如果存在）上投射阴影。

要相对于视图的方向来确定日光方向，请选中"相对于视图"，要相对于模型的方向来确定日光方向，请清除"相对于视图"。

2. 设置日光路径

按照上述方式，设置日光位置，设置好的日光就应用到三维视图中。

（1）三维状态下，在视图控制栏单击"日光"按钮 ，选择"☼ 打开日光路径"选项，当日光路径被打开后，我们就可以在视图中看到项目中预先设置好的日光路径，如图9.1.25 所示。

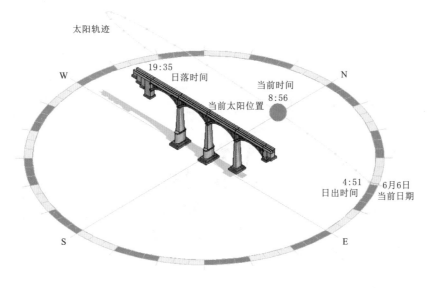

图 9.1.25 日光路径

日光路径，主要是用于显示自然光和阴影对建筑和场地产生的影响。

（2）可以通过直接拖拽太阳，也可以通过修改时间来模拟不同时间段的光照情况，如图 9.1.26 所示，也可以在日光设置对话框中进行设置并进行保存。

3. 创建阴影

（1）根据上述过程，创建一个日光样式，进行日光设置，比如"静止"样式，地点"中国北京"，日期"2022/6/6"，时间"9：58"。

（2）三维状态下，在视图控制栏单击"阴影"按钮 ，由"关闭阴影"状态转换为"打开阴影"状态，项目模型在地平面上产生阴影。

（3）调整项目模型的三维姿态，使阴影显示更充分，如图 9.1.27 所示。

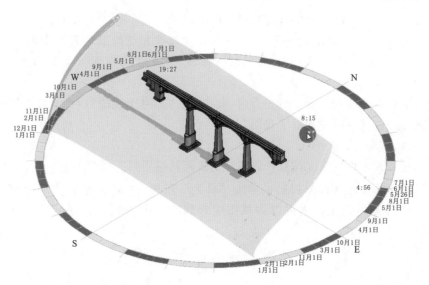

图 9.1.26　"多日"日光路径

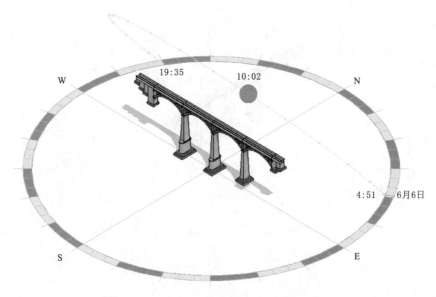

图 9.1.27　打开阴影

技　能　训　练

创建水闸的室外夜景图片和漫游动画

1. 创建水闸的室外夜景图片

（1）创建水闸相机视图

打开水闸模型，选择"场地"楼层平面，创建一个相机视图，调整视图范围，直到模型视图在合适位置，如图 9.1.28 所示。

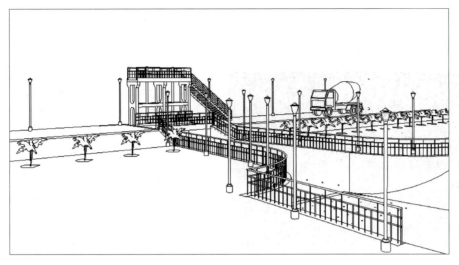

图 9.1.28 相机视图

（2）设置渲染模式。

1）选择视图→演示视图→渲染🖳，打开"渲染"对话框，"渲染"对话框中"质量"设置为"中"，"照明"方案里选择"室外：仅人造光"，如图 9.1.29 所示。"日光设置"选择"来自右上角的日光"，选择"人造灯光"对里面的人造光源进行分组和调整。

2）在"渲染"对话框中，设置"图像"中的"调整曝光"，如图 9.1.30 所示。

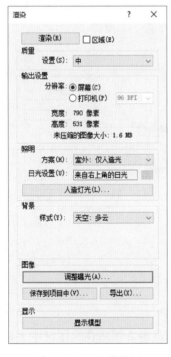

图 9.1.29 渲染设置

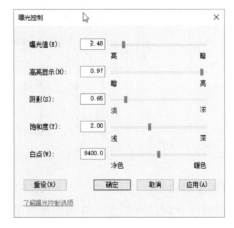

图 9.1.30 曝光控制

（3）渲染视图。

1）设置完成后，单击"渲染"对话框中的"渲染"按钮，系统进入渲染过程。完成渲染后如图 9.1.31 所示。

图 9.1.31　夜景渲染

2）渲染完成，在"渲染"对话框中单击"保存到项目中"和"导出"，在项目中保存为渲染视图和输出夜景图片。

2. 创建水闸漫游动画

（1）创建水闸漫游路径。

1）打开水闸项目，选择"场地"楼层平面，选择视图→创建→三维视图→漫游。

2）在漫游"属性"工具条里选择"透视图"，"偏移"填写"3750.0"，"自"后选择"工作桥顶标高"，如图 9.1.32 所示。

图 9.1.32　漫游"属性"工具条

3）沿水闸对称轴线（A 轴线）从北向南至下游渠道后再折转向北，单击鼠标放置相机，连续放置相机，在平面视图中绘制漫游路径。

4）选择修改｜漫游→漫游→完成漫游 ，完成漫游路径的创建，如图 9.1.33 所示。同时在项目浏览器→漫游目录下添加一个漫游分支，如漫游 2。

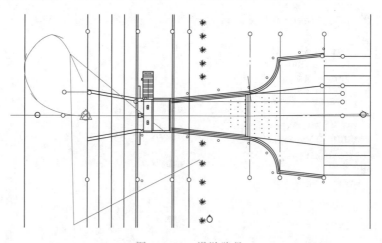

图 9.1.33　漫游路径

（2）编辑漫游路径。

1）选择视图→窗口→平铺，将场地楼层平面和漫游 2 视图在绘图区中平铺。

2）在"场地"楼层平面视图，单击项目浏览器下的漫游 2，在漫游 2 上单击鼠标右键，在即时菜单中选择"显示相机"，激活修改｜相机选项。

3）选择修改｜相机→漫游→编辑漫游 ，激活"编辑漫游"选项。

4）选择"活动相机"，将相机移到第一关键帧，拖动目标点，调整相机方向；移动远裁剪框，调整相机的取景深度。

5）激活"漫游 2"视图，单击裁剪框，拖动裁剪框四周的控制柄直至漫游视图裁剪框里的画面合适，如图 9.1.34 所示。

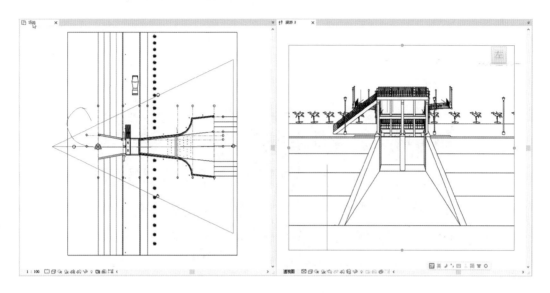

图 9.1.34　编辑漫游

6）调整完第一帧画面，再拖动相机移动到下一关键帧。重复上述动作，调整第二关键帧相机方向和画面，直至把每一关键帧画面调整合理。

7）选择"路径"，拖动关键帧蓝点，改变路径迹线，使路径迹线更加光滑。

8）选择"添加关键帧、删除关键帧"增减关键帧，使漫游画面更趋完美。

9）完成后按〈Esc〉键退出。

（3）设置视觉表现。

1）激活"漫游 2"视图。在视图控制栏中，选择视觉样式→图形显示选项，打开"图形显示选项"对话框。

2）打开"模型显示"下拉选项，选择里面的"真实"样式。不勾选"显示边缘"，勾选"使用反失真平滑线条"调整模型轮廓线的光滑度。

3）打开"阴影"下拉选项，勾选"投射阴影"和"显示环境阴影"两个选项。

4）打开"照明"下拉选项，按图 9.1.35 进行照明设置。

5）打开"背景"下拉选项，选择"背景"：渐变，如图 9.1.36 所示。

6）上述设置完成，单击"确定"按钮。

7）在视图控制栏里"视觉样式"中选择"真实"，"漫游 2"视图将根据设置对漫游视图进行视觉表现，如图 9.1.37 所示。

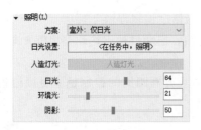

图 9.1.35　"照明"设置

图 9.1.36　"背景"设置

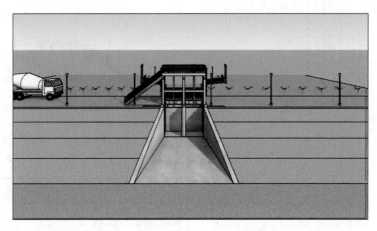

图 9.1.37　"真实"漫游视觉样式

（4）创建漫游动画。

1）激活"漫游 2"面视图，单击裁剪框，选择"修改｜相机→漫游→编辑漫游 "，激活"编辑漫游"选项。

2）选择"编辑漫游→漫游→播放"，调试播放，没有问题后，导出漫游动画。

3）在漫游视图下，选择"文件→导出→图像和动画→漫游"，打开"长度/格式"对话框，在对话框中设置好输出选项后，单击"确定"。

4）在"导出漫游"对话框内选择保存路径，输入漫游文件名，选择文件类型，单击"确定"，导出漫游动画。

巩 固 练 习

1. 单选题

（1）漫游视频导出的格式不包含（　　）。

A. mp4　　　　　　B. png　　　　　　C. avi　　　　　　D. gif

（2）在对模型效果图渲染时，可设置渲染的分辨率为（　　）。

A. 基于屏幕显示　　B. 基于打印精度　　C. 以上都是　　　　D. 以上都不是

（3）通过调整相机的下列哪个选项，可以获得更深更远的视野？（　　）

A. 相机本身　　　　B. 远裁剪框　　　　C. 目标位置　　　　D. 删掉重新创建

（4）在三维视图图形显示选项中，背景选择为渐变，其中不包含以下哪项设置？（　　　）

A. 天空颜色　　　　B. 水面颜色　　　　C. 地平线颜　　　　D. 地面颜色

（5）默认相机视图高度偏移量为（　　　）。

A. 0　　　　　　　B. 1200　　　　　　C. 1700　　　　　　D. 1750

2. 多选题

（1）项目中渲染，可以实现的渲染设置为（　　　）。

A. 背景　　　　　　B. 树木量　　　　　C. 灯光选项　　　　D. 材质颜色

（2）设置项目地理位置的方式包含（　　　）。

A. 在给出的默认城市列表中选取位置

B. 在给出的默认城市列表中输入项目地址

C. 使用 Internet 映射服务链接到谷歌地图拖动图标到指定位置

D. 通过输入经纬度定义位置

（3）有关图形显示设置描述正确的是（　　　）。

A. 背景选项不仅可以用于三维视图，也可以适用于立面图和剖面图中

B. 在平面视图的"图形显示选项"对话框中没有"背景"选项

C. "摄影曝光"选项仅在选择"真实"视觉样式的时候可以使用

D. "阴影"选项仅在选择"真实"或"光影追踪"视觉样式的时候可以使用

（4）在日光路径设置中属于日光研究方式的是（　　　）。

A. 一天　　　　　　B. 多天　　　　　　C. 照明　　　　　　D. 多云

（5）在【图形显示选项】设置中，当背景设置为渐变时，可设置的背景颜色类别为（　　　）。

A. 天空颜色　　　　B. 地平线颜色　　　C. 地面颜色　　　　D. 以上均有

3. 判断题

（1）传统设计表现手法在结合 BIM 技术之后，包括三维视图和实时漫游等，设计团队能够传递复杂想法，并更好地把这些想法交给业主查看。　　　　　　　　　　（　　　）

（2）通过 BIM 模型数据生成的实时漫游，能够让业主获得对建筑的视觉化体验，以便让业主觉得此项目值得额外的投资。　　　　　　　　　　　　　　　　　　（　　　）

（3）三维可视化视角能体现室内装修细节，在项目还没开始的时候，就能让业主理解这种独特设计的意图，以及结合业主的建议来优化设计方案。　　　　　　　　（　　　）

（4）三维视角仅能用于方案设计和业主交流，不能在施工现场展示。　　　　（　　　）

（5）BIM 在建筑设计阶段的价值主要体现在优化方面。　　　　　　　　　（　　　）

4. 实操题

（1）对任务 5.1 巩固练习部分实操题中的涵洞式过水闸模型进行渲染，得到一张仅室外日光、背景少云、中等质量的渲染图片。

（2）对任务 5.1 巩固练习部分实操题中的涵洞式过水闸模型进行漫游，创建一段 600 帧，20 帧/秒的漫游动画。

任务 9.2 在 Lumion 软件中创建渲染与动画

9.2.1 Lumion 软件界面介绍

Lumion 是一款实时的 3D 可视化工具，用来制作静帧作品和视频，涉及的领域包括建筑、规划和设计。它可以导入来自 Revit、3ds max、SketchUp、AutoCAD、Rhino 或 ArchiCAD 等众多建模程序的模型。Lumion 本身包含了一个庞大而丰富的内容库，里面有建筑、汽车、人物、动物、街道、街饰、地表、石头等，能够提供逼真的景观、城市背景和时尚的效果。

Lumion 软件发展至今，已有多种版本。本教材使用的版本为 Lumion10.0。

Lumion10 是 Lumion 系列软件的新版本，也是目前行业优秀的 3D 渲染软件，专为建筑师和设计师而开发，能够轻易将想法转换为现实，将创意十足的 3D 模型进行轻松渲染，帮助用户以最短的时间创建出最佳的效果。新版本功能进行了全面升级和更新，比如 Lumion10.0 添加了高品质预览功能，用户可以体验在照片、电影或全景模式下的效果如何影响最终结果，从而在更改照明、阴影、材质和相机位置时增强信心并节省时间。同时新增加了 167 种位移贴图，364 个新对象，133 种新材料等；另外软件还改进了对象库，用户借助较大的缩略图，可首次找到并放置正确的对象，并具有最小化对象库以最大化屏幕空间的功能。

与上一版本相比，Lumion10 还支持一键变森林，只用几分钟就能"画"出各种环境；还新增加了上百个素材，包括 62 种精细的自然植物，30 个高质量的人物，11 辆汽车；另外新版本还融合了艺术风格，新添加了人工智能艺术家风格（AI Artist Style），可以帮助用户更好地诠释各种艺术风格等。

打开 Lumion10.0 软件，进入"开始"模式设置，如图 9.2.1 所示。

在"创建新项目"选项里选择一个场景模板，如"Plain"，进入 Lumion 界面，如图 9.2.2 所示。

Lumion 首入界面是编辑模式下的界面。

（1）模式面板。在 Lumion 界面的右下角是模式面板，集中了编辑模式、拍照模式、动画模式、文件管理模式、360 全景模式、开始设置模式和帮助按钮。

（2）功能区。在 Lumion 界面的左下角是功能区，功能区有功能选项面板和修改面板。选项面板集中了物体放置、材质编辑、景观处理和天气设置四个选项，每个选项下面都集成了若干功能；修改面板对模型进行放置、移动、旋转、缩放、删除、撤回等操作。

（3）图层。在 Lumion 界面的左上角有一个眼睛样的图标，显示/隐藏模型的图层。

（4）显示质量。在 Lumion 界面的右上角有一个实时显示的数字，显示显卡每秒处理的帧数，反映显卡处理的速度。

（5）相机目标。也称相机的"十字光标"，是相机聚焦点。

（6）坐标。在 Lumion 场景里有一个三维坐标符号，用来确定模型位置的原点。

（7）快捷键。在 Lumion 界面的右边有一组快捷键，在不同模式下显示的快捷键也不一样，主要方便用户快速操作。

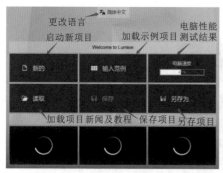

（a）开始界面

（b）创建新项目

（c）载入范例

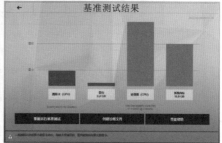

（d）基准测试结果

图 9.2.1　"开始"模式设置

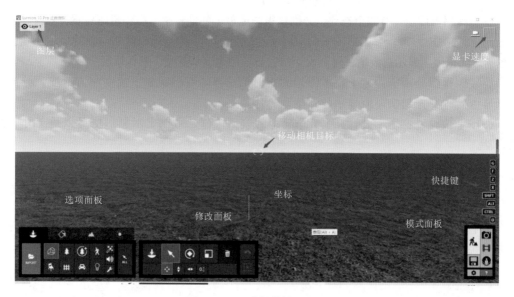

图 9.2.2　"编辑模式"界面

9.2.2　Lumion 软件的基本设置

在 Lumion 界面，选择模式区的"设置"按钮 ![按钮] ，打开"设置"界面，如图 9.2.3
所示。

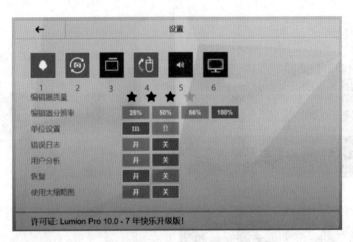

图 9.2.3　"设置"模式界面

（1）高质量树编辑器：开启与禁用高质量树。

（2）高质量显示编辑器：开启与禁用高质量显示。

（3）画板：开启与禁用画板。前提是电脑里需安装有画板软件。

（4）反转鼠标移动：开启与禁用鼠标右键移动与画面旋转正置与倒置。

（5）静音：开启静音与取消静音。

（6）全屏：开启全屏与退出全屏。

上面六个选项，启用则图标呈彩色，关闭则图标呈黑色。

（7）编辑器质量：有四个选项，分别代表图像显示的低、中、高、超高品质，对应〈F1〉、〈F2〉、〈F3〉、〈F4〉键。它影响场景画面的显示质量，不影响渲染图像和动画的显示质量。品质越高，场景画面显示越清晰、越全面，但它显示的速度却越慢。默认质量为高级。

（8）编辑器分辨率：显卡显示图像大小时的比率，它决定显示速度和清晰度。分辨率越低显卡处理图像越快，但显示越不清晰。

（9）单位设置：用于设置在 Lumion 中的模型单位。可以是米制，也可以是英寸，默认米制。

设置完毕，单击左上角的"返回"按钮 ← 。

9.2.3　Lumion 软件的基本操作

9.2.3.1　快速查询

在 Lumion 界面，鼠标放在模式区的"帮助"按钮 ? ，即时显示当前界面的操作功能和快捷键，如图 9.2.4 所示。在不同模式下，显示的内容也不同。

9.2.3.2　键盘操作

1. 移动键

（1）平面方向键：〈W〉〈S〉〈A〉〈D〉键控制场景平面前、后、左、右四个方向移动。同键盘上的上、下、左、右箭头。

（2）立面上下键：〈Q〉〈E〉键控制摄像机立面上、下移动。

2. 加速与减速键

〈Shift〉键快速移动，〈Space〉键减速移动；〈Shift〉＋〈Space〉键快速 2 倍移动。

图 9.2.4　"快速查询"界面

3. 快捷键

〈Z〉沿轴 Z 移动模型，〈X〉沿轴 X 移动模型；〈G〉地面捕捉键；〈Alt〉复制键；〈Ctrl〉方形选区键。

9.2.3.3　鼠标操作

（1）右键：自由旋转。

（2）中键（滑轮）：压住中键移动鼠标，左右上下平移相机；内外滑动滑轮，前后移动相机。

9.2.4　Lumion 软件的编辑模式

在 Lumion 界面，选择模式区的"编辑模式"按钮，打开"编辑模式"界面，如图 9.2.2 所示。

9.2.4.1　物体放置

选择"放置"选项，如图 9.2.5 所示。

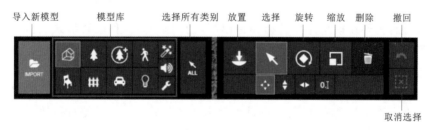

图 9.2.5　"放置"功能面板

1. 模型面板

（1）导入新模型：从外部导入模型，可以导入 Revit、3ds Max、SketchUp、AutoCAD、Rhino 或 ArchiCAD 等众多建模程序的模型。

（2）模型库：Lumion 自带的内容库。

1）导入的模型库：从外部导入的模型都在这里，再次使用时可以从这里直接插入。

2）自然库：包括各种花、草、树木、岩石、叶子等自然景观。

3）精细细节自然对象：更加精细的树木，它使场景更加清晰，但也能让运行速度减慢。

4）人和动物库：包括人类、飞禽、走兽、海洋鱼类等动物。

5）室内库：室内桌椅床、储藏柜子、室内照明、卫浴设备、厨房设备、食品和饮料、电子和电器产品、室内装饰、室内杂物等模型。

6）室外素材库：包括室外通道、建筑物、照明设备、室外家具、交通标志、室外设备/工具、室外工业设备、室外杂物等。

7）交通工具库：包括水路、公路、铁路、航空等交通运输工具模型。

8）光源和工具库：点光源、聚光灯、区域光源。

9）特效库：喷泉、火焰、烟雾、雾气、落叶等特效。

10）声音库：各种场所声音、自然界声音、环境事件声音、人群声音等模拟声音。

11）选择所有类别：选择模型库中的所有模型。一般需要对模型进行分组，以便在放置时加载组。

2. 修改面板

（1）放置模型：将载入模型或从模型库中选择的模型放置到场景中。如果放置的模型是单个的，有四种放置形式：单一布局（单个放置）、人群安置（呈直线放置）、集群布局（无规则多个散放）和绘图放置（在一定区域内根据放置密度密集放置，主要用于放置树，快速绘制森林）。如果放置的是"选择所有类别"，只能加载组。

如图 9.2.6 所示为人群安置（呈直线放置）模型的参数选项。

图 9.2.6　"人群安置"参数选项

放置模型首先要在模型库中选择一种模型，然后选择一种放置形式放置。放置模型时，在模型下有一个黄色十字光标，用以精准定位。按〈Esc〉键退出放置模型。

（2）选择模型：对选中的模型进行移动操作。

移动选中的模型有三种方式：一是自由移动（既可平面移动也可以上下移动），二是上下移动（在立面上抬高或降低），三是水平移动（在平面上前后左右移动），如图 9.2.7 所示。如果精确定位，选择"键入"，输入定位坐标即可。

"选择"状态下，光标所经过区域内的模型都将显示定位点。光标指向某一定位点，则该模型呈绿色显示；单击模型定位点或选择该模型，则该模型被选中，呈蓝色。默认选中模型为最后放置的模型。选中模型，则在其下部以定位点为中心出现方向箭头，沿箭头方向可以移动模型。

图 9.2.7　"选择"功能面板

（3）旋转模型：对选中的模型进行旋转操作。

旋转选中的模型有三种方式：一是绕 X 轴旋转，二是绕 Y 轴旋转，三是绕 Z 轴旋转，如图 9.2.8 所示。如果精确旋转，调整精确度数即可。

图 9.2.8　"旋转"功能面板

"旋转"状态下，光标所经过区域内的模型都将显示定位点。光标指向某一定位点，则该模型呈绿色显示；单击模型定位点或选择该模型，则该模型被选中，呈蓝色。默认选中模型为最后放置的模型。选中模型，则在其下部以定位点为中心出现一个转盘和一个方向箭头，沿箭头指向可以旋转模型。

（4）缩放模型：对选中模型进行缩放操作。

缩放选中的模型默认缩放范围是 0.001～1000 倍之间，如图 9.2.9 所示。如果精确缩放，调整精确缩放倍数即可。

图 9.2.9　"缩放"功能面板

"缩放"状态下，光标所经过区域内的模型都将显示定位点。光标指向某一定位点，则该模型呈绿色显示；单击模型定位点或选择该模型，则该模型被选中，呈蓝色。默认选中模型为最后放置的模型。

（5）删除模型：删除选中的模型。

"删除"状态下，光标所经过区域内的模型都将显示定位点。光标指向某一定位点，则该模型呈红色显示，单击模型定位点或选择该模型，则该模型被删除。默认选中模型为最后放置的模型。

（6）撤回删除：撤回上一次操作。Lumion 一次只能撤回一次操作，所以不要连续删除多次，再企图靠撤回挽回。

（7）取消所有选择：取消选择状态。

注意：上述修改操作，选中模型时必须是同一模型库的模型才能选中。

9.2.4.2 材质编辑

编辑材质是对导入的模型重新赋予材质属性。因此，首先导入模型，才能进行材质编辑。

单击"材质"选项按钮，系统提示：单击导入的模型以修改其材质。如果场景中没有导入的模型，回到"放置"状态，"导入新模型"。

选择"材质"选项 ，单击导入的模型后，出现如图 9.2.10 所示界面。

1. 材质库

单击材质库图标，进入材质库对话框。在材质库对话框里可以选择相应的材质赋予模型。材质包括自然环境材质、室内装饰材质、室外装饰材质和自定义材质。

2. 材质贴图

给选定的材质赋予新的贴图。

3. 文件操作

对材质进行复制、粘贴、保存、保存为自定义等操作。

4. 材质视觉样式

对材质进行色、光、反射率、视差进行调整。

操作完成，单击右下角的确定按钮 ✔。

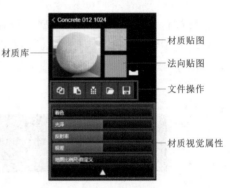

图 9.2.10 "材质"编辑面板

9.2.4.3 景观处理

在场景里进行人造景观。主要是进行抬升降低地面、增加水、增加海洋、景观石头、增加街景图、景观草等。

选择"景观"选项 ▲，如图 9.2.11 所示。

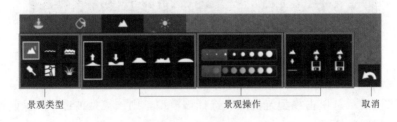

图 9.2.11 "景观"功能面板

1. 景观类型

景观类型有抬升降低地面、增加水、增加海洋、景观石头、增加街景图、景观草等。

2. 景观操作

对应不同景观类型，景观操作的内容和方法也不相同。

（1）如图 9.2.11 所示，"高度"是对地面进行抬高和降低，用以创建高山和洼地。中间是在创建地形时的画笔大小与速度，右边是景观文件操作。

（2）如图 9.2.12 所示，"水"是在地面上创建水，用以创建池水、河水等，如图 9.2.13 所示，共有六种水的类型，首先选择一种水的类型，通过放置命令放置水的位置，然后调整大小或删除。

放置水　移动水　水的类型

图 9.2.12　"水"景观操作面板

图 9.2.13　"水"景观类型

（3）如图 9.2.14 所示，"海洋"是在地面上创建海洋。创建海洋需要开启，默认是关闭的。开启海洋，在地形面 0.000 以上形成一片汪洋，可以通过海洋属性面板里的"高度"调整海水的深度，低于地形面时看不见海水。通过海洋属性可以设置海浪的高度、强度、大小和方向，可以设置海水的浑浊度、亮度和颜色。关闭海洋，则添加的海洋景观在地面上消失。

海洋开启关闭开关　　海洋属性　　　海水颜色

图 9.2.14　"海洋"景观操作面板

（4）如图 9.2.15 所示，"描绘"是创建地面类型。创建地面类型，需要先选择地面类型，如图 9.12.16 所示。系统可以一次提供四种地面类型，地面默认选项为第一种类型。选择其中一种类型，通过景观操作可以创建多种类型的地面。还可以通过选择预设地面景观，来创建地面类型。如果地面有高山或深坑，可以通过侧面岩石的开关来显示地面岩石。

（5）如图 9.2.17 所示"景观草"是在地面上创建景观草。创建地面景观草，需要先选择草类型，如图 9.2.18 所示。系统可以一次提供八种草的类型，地面默认选项为第一

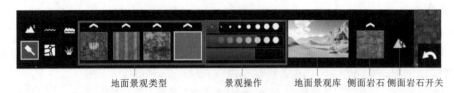

地面景观类型　　　　景观操作　　地面景观库 侧面岩石 侧面岩石开关

图 9.2.15 "描绘"景观操作面板

种类型。选择其中一种类型，修改草的属性，在地面上创建多种类型的草。关闭景观草，则添加的景观草在地面上消失。

（6）街景地图这里不再介绍。

9.2.4.4 天气设置

设置当前场景里的太阳和云，如图 9.2.19 所示。

1. 选择云的类型

单击云图标，出现如图 9.2.20 所示云的类型选择。选择一种云作为场景的云。

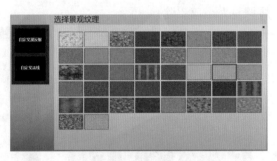

图 9.2.16 "景观纹理"选项

景观草开关 景观草属性　　　　　　景观草类型

图 9.2.17 "景观草"操作面板

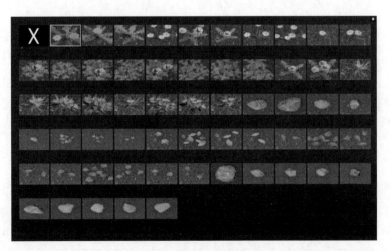

图 9.2.18 "景观草"选项

2. 太阳方位

拖动太阳指针，调整太阳在地面上东、南、西、北四个方位及其之间的位置。

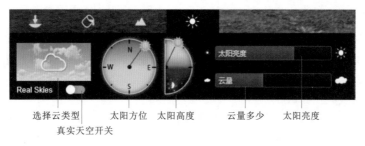

选择云类型　　太阳方位　太阳高度　　云量多少　　太阳亮度
真实天空开关

图 9.2.19　"天气"功能面板

3. 太阳高度

拖动太阳指针，调整太阳在地面线以上或以下的位置，用以确定太阳距地面的高度。高于地面线的是白天，低于地面线以下的是黑夜。

4. 太阳亮度

调整太阳的明亮程度，可以设置阴晴天。

5. 云量多少

调整云的多少，可以设置天气的晴朗程度。

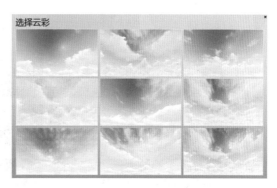

图 9.2.20　"云"类型选择

9.2.5　Lumion 软件的拍照模式

在 Lumion 界面，选择模式区的"拍照模式"按钮 📷 打开"拍照模式"界面，如图9.2.21 所示。

图 9.2.21　"拍照模式"界面

"拍照模式"主要是对编辑好的图片（相机视图）进行拍照、特效处理、保存、渲染等操作。

9.2.5.1 图片名称及图片文件操作

在图 9.2.21 中，单击"1-Photo"可以修改当前相机视口名称，拍照时在图片集里产生一张以此命名的图片。单击右边的菜单按钮 ☰，可以对当前图片进行编辑和文件操作。

9.2.5.2 图片风格

单击图 9.2.21 中的"自定义风格"，出现图 9.2.22 的选项，从中选择相应的图片风格载入相机视口，同时出现当前风格的"特效"选项，如图 9.2.23 所示。关闭"特效"选项，回到自定义状态。

图 9.2.22 "选择风格"选项　　　　　　图 9.2.23 "图片特效"选项

9.2.5.3 图片特效

单击图 9.2.21 中的"特效"，出现图 9.2.24 的图片效果选项，从中选择相应的图片效果载入相机视口。

图 9.2.24 "图片效果"选项

9.2.5.4 返回编辑

单击图 9.2.21 中的"创建效果" ，系统返回编辑模式，重新对场景进行编辑。编辑完成，单击"完成"按钮，返回到拍照模式。

9.2.5.5 相机视口

当光标进入相机视口，视口下部出现如图 9.2.25 所示的工具条，在此可以调整相机的视线水平高度和焦距。

图 9.2.25 "视线高度和焦距"选项

9.2.5.6 拍照

当光标经过图片集中的某一张图片时，在其上方出现一个相机图标 ，单击相机图标，在此就保存一个相机视口，也就拍成了一张照片。

9.2.5.7 图片及图片集

按照拍照的方法可以拍出一张张图片，若干图片组成一个图片集。

9.2.5.8 图片渲染

单击图 9.2.21 中的"渲染图片" ，激活"渲染照片"对话框，如图 9.2.26 所示。

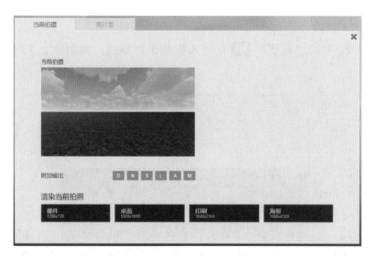

图 9.2.26 "渲染照片"对话框

1. 渲染当前拍摄

渲染当前拍摄的图片。

2. 渲染图片集

从图片集中选择一张或多张照片进行渲染。

3. 渲染级别

Lumion 渲染照片的级别共分四级：邮件、桌面、印刷、海报。渲染质量从左至右依次增高，海报质量最清晰，但渲染慢，对电脑要求最高。单击任何一种渲染级别，都保存一张渲染图片。

9.2.6　Lumion 软件的动画模式

在 Lumion 界面，选择模式区的"动画模式"按钮 ，打开"动画模式"界面，如图 9.2.27 所示。

图 9.2.27　"动画模式"界面

9.2.6.1　录制视频

单击图 9.2.27 中的"录制" ，进入视频录制界面，如图 9.2.28 所示。

图 9.2.28　"视频录制"界面

1. 相机视口

在编辑模式下设置的场景。在此不能修改景观内容，但可以调整相机位置和高度。

2. 播放设置

设置一段视频的播放时间，时间越短，播放速度越快。同时可以调试播放，观看视频效果。调试播放是播放从第一关键帧到最后一帧关键里的所有帧。

3. 关键帧

在相机视口里调整好一个相机视图，单击"添加相机关键帧"，就在关键帧集里添加一个关键帧。单击关键帧可以更换关键帧和删除关键帧。还可以插入关键帧。

4. 保存并返回

单击"确定"按钮，保存视频片段并返回到动画模式，在动画模式里增加了一段视频，如图 9.2.29 所示。

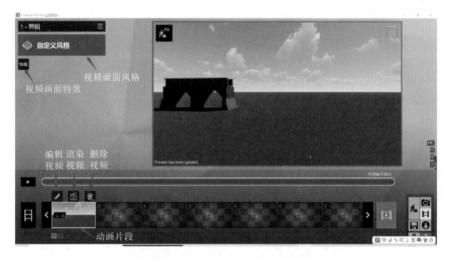

图 9.2.29　"视频片段"界面

9.2.6.2　导入图片

单击图 9.2.27 中的空白视频片段，回到"动画模式"的初始状态。在此单击"来自文件的图像"　，进入打开文件对话框，要求选择相应的图片文件。选择图片文件后，再设置图片在动画中停留时间，单击"确定"按钮，则在动画模式中增加一个图片片段。

9.2.6.3　导入视频

单击图 9.2.27 中的空白视频片段，回到"动画模式"的初始状态。在此单击"来自文件的电影"　，进入打开文件对话框，要求选择相应的视频文件。这里只支持 MP4 格式文件。选择视频文件后，单击"确定"按钮，则在动画模式中增加一个视频片段。

9.2.6.4　动画片段

动画片段是由录制视频、载入图片和载入视频组成。

9.2.6.5　整个视频

显示整个动画片段。选择整个动画按钮，在播放时将整个动画片段连续播放。

9.2.6.6　渲染动画

单击图 9.2.29 中的"渲染影片"　，激活"渲染影片"对话框，如图 9.2.30 所示。

在"渲染影片"对话框中单击渲染级别中的一种，进入保存文件对话框，输入文件名，则保存一个视频文件。

注意：Lumion10 只能保存 MP4 格式文件。

9.2.7　Lumion 软件的文件管理

在 Lumion 界面，选择模式区的"文件模式"按钮 ，打开图 9.2.1（a）"开始"界面。在此可以新建场景，同时可以将场景项目保存为 Lumion 格式（*. ls10）文件。

图 9.2.30　"渲染影片"对话框

知 识 拓 展

怎 么 制 作 视 频 短 片

1．准备素材文件

素材文件包括：通过采集卡采集的数字视频 AVI 文件，由 Adobe Premiere 或其他视频编辑软件生成的 AVI 和 MOV 文件、WAV 格式的音频数据文件、无伴音的动画 FLC 或 FLI 格式文件，以及各种格式的静态图像，包括 BMP、JPG、PCX、TIF 等等。

2．进行素材剪切

各种视频的原始素材片断都称作为一个剪辑。在视频编辑时，可以选取一个剪辑中的一部分或全部作为有用素材导入到最终要生成的视频序列中。

剪辑的选择由切入点和切出点定义。切入点指在最终的视频序列中实际插入该段剪辑的首帧；切出点为末帧。也就是说切入和切出点之间的所有帧均为需要编辑的素材，使素材中的瑕疵降低到最少。

3．对画面粗略编辑

运用视频编辑软件中的各种剪切编辑功能进行各个片段的编辑、剪切等操作。完成编辑的整体任务，目的是将画面的流程设计得更加通顺合理，时间表现形式更加流畅。

4．给视频后期加特效

添加各种过渡特技效果，使画面的排列以及画面的效果更加符合人眼的观察规律，更进一步进行完善。

5．添加字幕（文字）

在视频片段中，必须添加字幕，以更明确地表示画面的内容，使人物说话的内容更加清晰。

6．处理声音效果

在片段的下方进行声音的编辑（在声道线上），可以调节左右声道或者调节声音的高低、渐近，淡入淡出等等效果。这项工作可以减轻编辑者的负担，减少了使用其他音频编辑软件的麻烦，并且制作效果也相当不错。

7. 生成视频文件

对建造窗口中编排好的各种剪辑和过渡效果等进行最后生成结果的处理称编译，经过编译才能生成为一个最终视频文件，最后编译生成的视频文件可以自动地放置在一个剪辑窗口中进行控制播放。

技 能 训 练

在 Lumion 软件中对水闸进行拍照和创建动画

1. 在场景中放置水闸模型

（1）在 Revit 软件中导出水闸 DXF 格式文件。

（2）打开 Lumion 软件，选择 Mountain Range 场景。

（3）在编辑模式中，导入水闸 DXF 格式文件并把它放置合适位置。

（4）调整水闸模型的方向，使水闸模型方向合理。

（5）用"景观"选项里的"高度"功能抬升或降低地面，使水闸模型融入地面。

2. 围湖造水

（1）用"景观"选项里的"高度"功能抬升或降低地面，将周围山地与水闸大坝封闭起来，围成一定面积的湖面。

（2）用"景观"选项里的"水"功能在湖面上铺设湖水，在水闸下游渠道里同样方法铺设水面。注意水面要大于湖面或渠道面积，湖面标高要大于渠道水面标高。

3. 添加材质

导入的水闸模型基本是不继承 Revit 软件中设置的材质，需要在 Lumion 软件中重新设置材质。

用"材质"选项里提供的材质重新对水闸模型赋予材质。注意在 Revit 软件中设置的同一类材质，在 Lumion 软件中也是同一类性质。要想在 Lumion 软件渲染丰富的材质，在 Revit 软件中要对不同材质的构件分别赋予材质。

4. 布置景观

在坝顶迎水边放置栏杆，大坝上放置汽车，湖里放置游船，下游地面放置树、人、汽车、室外景观等。

5. 设置太阳

用"天气"选项里的选项内容，选择云彩类型，设置太阳位置和高度。

经过上述设置，调整场景，结果如图 9.2.31 所示。

6. 渲染照片

选择拍照模式，进入拍照模式界面，刚才设置的水闸场景就进入相机视口。如果对视口的场景不满意，还可以返回编辑模式进行重新编辑，也可以在此视口里调整场景的位置。

图9.2.31 "水闸"场景

选择"自定义风格"和"特效",对相机视图进行特效处理。过程不再赘述。经过特效处理后的相机视图,单击相机进行拍照,在照片集中就保存一张照片。调到另一个空白照片位置,再拍摄另一张照片,得到不同类型的照片。

分别对每一张照片进行渲染,即可得到渲染照片。

图9.2.32所示是黎明风格、阳光风格、夜晚风格、水彩风格拍摄的四张照片。

(a) 黎明风格   (b) 阳光风格

(c) 夜晚风格   (d) 水彩风格

图9.2.32 "渲染"照片

7. 创建视频动画

选择动画模式,进入动画模式界面。选择第一个空白视频片段,单击"录制" ▧ ,进入视频录制界面。刚才设置的水闸场景就进入相机视口。如果对视口的场景不满意,还可以返回编辑模式进行重新编辑,也可以在此视口里调整场景的位置。

调整好相机视口里的场景,单击"添加相机关键帧",就在关键帧集里添加一个关键帧。继续调整相机视口的场景，使第二个场景与第一个场景有一定的连续性和关联，再单击"添加相机关键帧"，在关键帧集里添加第二个关键帧。如此添加若干个关键帧，将这些关键帧连续播放就是一个动画片段。单击"确定"按钮，保存视频片段并返回到动画模式，在动画模式里增加了一段视频。

如果就对这段动画进行渲染，则可以直接单击"渲染影片"按钮 ，激活"渲染影片"对话框，在"渲染影片"对话框中单击渲染级别中的一种，进入保存文件对话框，输入文件名，则保存一个视频文件。

如果只是把刚录制的视频片段作为一段插入整个视频中，则可以继续录制视频片段，或导入图片，或导入视频，这样就把需要的整个视频片段集中在视频片段集里。单击"渲染影片"按钮 ，激活"渲染影片"对话框，在"渲染影片"对话框中选择渲染"整个动画"单击渲染级别中的一种，则对整个动画进行渲染。

巩 固 练 习

1. 单选题

（1）下列选项中，负责应用 BIM 支持和完成工程项目生命周期过程中各专业任务的专业人员的工程师岗位的是（　　）。

A. BIM 工具研发类工程师　　　　　B. BIM 工程应用类工程师

C. BIM 标准管理类工程师　　　　　D. BIM 教育类工程师

（2）组成动画片段的素材不包含以下哪一种形式？（　　）

A. 录制视频　　　B. 载入图片　　　C. 载入视频　　　D. 载入文本

（3）"天气"选项里的选项内容不包含（　　）。

A. 云彩类型　　　B. 太阳位置　　　C. 太阳高度　　　D. 太阳路径

（4）一项目漫游动画模型共是 800 帧，先设置从 300～600 帧导出，根据"帧/秒"为 20，这样这段截取的漫游动画总时间为（　　）。

A. 15 秒　　　B. 20 秒　　　C. 30 秒　　　D. 40 秒

（5）地面捕捉快捷键是（　　）。

A.〈G〉　　　B.〈Alt〉　　　C.〈Ctrl〉　　　D.〈Shift〉

2. 多选题

（1）使场景能够快速移动的快捷键是（　　）。

A.〈Shift〉　　　B.〈Space〉　　　C.〈Shift〉+〈Space〉　D.〈Enter〉

（2）下列软件产品中，属于 BIM 可视化软件的是（　　）。

A. 3ds Max　　　B. Lightscape　　　C. Accurebder　　　D. Navisworks

（3）Lumion 软件创建模式包括（　　）。

A. 编辑模式　　　B. 拍照模式　　　C. 动画模式　　　D. 文件管理

（4）Lumion 软件编辑模式包括（　　）。

A. 放置物体　　　B. 创建材质　　　C. 创建景观　　　D. 设置天气

（5）Lumion 渲染照片的级别包括（　　）。

A. 邮件　　　　　　B. 桌面　　　　　　C. 印刷　　　　　　D. 海报

3. 判断题

（1）在设置"漫游帧"时，如果把一个关键帧 1 的加速器设置为 10，那么关键帧的速度就变为其他关键帧的 10 倍。　　　　　　　　　　　　　　　　　（　　）

（2）Lumion 软件可以直接导入 Revit 软件创建的项目文件。　　　　　（　　）

（3）Lumion 软件录制动画可以导入任何格式的视频文件。　　　　　　（　　）

（4）拍照模式或动画模式下的相机视口只能进行移动操作改变场景位置，而不能进行场景内容的编辑与修改。　　　　　　　　　　　　　　　　　　　　　　（　　）

（5）动画模式下视频片段集里面的片段只能是视频。　　　　　　　　　（　　）

4. 实操题

（1）将任务 5.2 巩固练习部分实操题中创建的渡槽模型合理地放置在 Lumion 系统里的一个场景里，使渡槽架设在两山之间，两端连接渠道。

（2）对放置在 Lumion 系统里的渡槽模型进行拍照，根据需要自选特效，得到一张室外日光效果的效果图片。

（3）对放置在 Lumion 系统里的渡槽模型录制一段 1min 的动画视频，在此视频中可自选添加图片和视频文件。

参 考 文 献

［1］ 关炜，孙庆宇，朱清帅. BIM 技术发展现状及其在南水北调工程中的应用［J］. 河南水利与南水北调，2021，50（9）：38－40，43.

［2］ 朱春光，王义坤，祁仰旭，等. BIM 与三维 GIS 集成在水利工程中的应用［J］. 江苏水利，2021（10）：46－48.

［3］ 吴晓飞，吴斌，兰飞. BIM 技术在水利工程中的应用研究［J］. 居舍，2022（9）：166－167，177.

［4］ 杨昌龄. 工程制图［M］. 北京：水利电力出版社，1991.

［5］ 郑万勇，杨振华. 水工建筑物［M］. 郑州：黄河水利出版社，2003.

［6］ 沈刚，毕守一. 水利工程识图实训［M］. 北京：中国水利水电出版社，2010.

［7］ 朱溢镕，焦明明. BIM 建模基础与应用［M］. 北京：化学工业出版社，2017.

［8］ 龚静敏. 桥梁 BIM 建模基础教程［M］. 北京：化学工业出版社，2018.

［9］ 杨海涛. 智慧水务 BIM 应用实践［M］. 上海：同济大学出版社，2018.

［10］ 李军，潘俊武. BIM 建模与深化设计［M］. 北京：中国建筑工业出版社，2019.

［11］ 牛立军，黄俊超. BIM 技术在水利工程设计中的应用［M］. 北京：中国水利水电出版社，2019.

［12］ 工业和信息化部教育与考试中心. BIM 建模工程师教程［M］. 北京：机械工业出版社，2019.

［13］ 广东省城市建筑学会. REVIT 族参数化设计宝典［M］. 北京：机械工业出版社，2020.

［14］ 罗晓峰，甘静艳. 桥梁 BIM 建模与应用［M］. 北京：机械工业出版社，2020.

［15］ 卢德友. 建筑建模基础与应用（基于 BIM 技术-Revit2018）［M］. 北京：中国铁道出版社有限公司，2021.

［16］ 四川省交通勘察设计研究院有限公司. 道路工程 BIM 建模［M］. 北京：电子工业出版社，2021.

［17］ 刘明辉，殷爱国. BIM 技术在道桥工程中的应用［M］. 北京：科学出版社，2021.

［18］ 中华人民共和国水利部. 水利水电工程制图标准 基础制图：SL 73.1—2013［S］. 北京：中国水利水电出版社，2013.